INTERNET AND ENTERPRISE OFFICE

Game On

互联网+企业办公

玩转智能移动办公就这么简单

杨光瑶◎编著

中国铁道出版社
CHINA RAILWAY PUBLISHING HOUSE

内 容 简 介

在互联网时代，一种新的办公模式正影响着广大职场人士，那就是智能移动办公。本书运用计算机、移动终端和智能手机三大工具，来帮助企业重新定义工作，从而实现高效现代化办公。

本书介绍了市场上主流的沟通、协同办公工具，如企业微信、阿里钉钉、IMO班聊、汇讯WiseUC、Worktile和坚果云等。特别适合需要协同办公的企业和单位使用，通过这些工具，能让管理者、高端商务人士和业务精英以及其他办公人员摆脱时间和空间的束缚，工作也将更加轻松有效。

图书在版编目（CIP）数据

互联网+企业办公:玩转智能移动办公就这么简单/杨光瑶编著.—北京：中国铁道出版社，2018.9

ISBN 978-7-113-24665-5

Ⅰ.①互… Ⅱ.①杨… Ⅲ.①办公室自动化－应用软件 Ⅳ.①TP317.1

中国版本图书馆CIP数据核字（2018）第138510号

书　　名： 互联网+企业办公：玩转智能移动办公就这么简单

作　　者： 杨光瑶　编著

责任编辑： 于先军　　**读者热线电话：** 010-63560056

责任印制： 赵星辰　　**封面设计：** MXK DESIGN STUDIO

出版发行： 中国铁道出版社（100054，北京市西城区右安门西街8号）

印　　刷： 三河市宏盛印务有限公司

版　　次： 2018年9月第1版　2018年9月第1次印刷

开　　本： 700mm×1 000mm　1/16　**印张：** 15.75　**字数：** 219千

书　　号： ISBN 978-7-113-24665-5

定　　价： 45.00元

版权所有　侵权必究

凡购买铁道版图书，如有印制质量问题，请与本社读者服务部联系调换。电话：（010）51873174

打击盗版举报电话：（010）51873659

在现代办公生活中，高效已成为耳熟能详的词汇。一个高效的企业不一定是出色的，但一个出色的企业，其办公生活一定是高效的。在互联网时代，智能移动办公正影响着广大办公人士，因为它改变了人们的工作方式，甚至是工作时间，让高效办公变得简单。

移动办公是一种全新的办公模式，它可以让办公人员摆脱时间和空间的束缚，使企业成员可以随时随地无障碍的交流。移动办公的重要媒介是各式各样的应用程序，这些应用程序既能安装在计算机上，也能安装在手机或平板电脑等移动终端上。

它们能使手机与计算机互连互通，从而实现随身化的企业管理和员工沟通。

主要内容

本书共9章，主要从不同的移动办公应用出发，介绍了如何利用各种办公软件让企业实现高效协同办公，具体内容如下。

1章

介绍了互联网如何使企业办公更加“智能化”以及移动办公如何提高企业办公效率等内容。旨在引领读者走进互联网智能移办公世界。

2~3章

介绍了两大主流的智能移动办公平台，包括企业微信和阿里钉钉。企业微信是腾讯为企业打造的沟通及协同工具；阿里钉钉是阿里巴巴集团开发的，用于商务沟通和工作协同的平台。大多数企业都在使用这两大工具。

4~6章

介绍了三大工具，包括IMO班聊、BigAnt大蚂蚁和汇讯WiseUC。作为专业的企业沟通和协同专家，这三大工具能帮助企业实现以工作事务为中心的沟通协同。

7~9章

介绍了四大工具，包括Worktile、Evernote、坚果云和云盒子。Worktile 是新一代企业协作平台，专注于提高企业员工的工作效率；Evernote能帮助办公人士轻松简化一切，让生活更美好，让工作更省力；坚果云和云盒子能实现企业文档协作的移动办公，让文件存储更加简单和安全。

内容特点

内容丰富

涵盖了市场上大多数主流的，能帮助企业解决移动办公的工具，使企业可根据自身情况进行选择。

实用性强

本书语言通俗易懂，是能够全面帮助企业提高管理效率，轻松实现高效协同办公的书籍。

操作性强

通过详尽的操作步骤介绍了各种工具从下载、安装到办公使用的全流程，手把手教会企业运用工具。

读者对象

本书适用于需要随时随地通畅地进行交流互动，以及想要实现协同办公的企业、单位及团队使用，同时也适用于管理者、高端商务人士和业务精英以及其他办公人员使用。

编 者

2018年8月

CONTENTS 目录

第1章

移动办公：摆脱办公场所与设备的束缚

移动互联网时代，企业办公移动化已经成为许多企业追求的目标，当前也取得了一些成效，如无线邮件客户端和垂直应用程序等。同时，随着智能终端的普及，企业办公更加随时随地，员工不再局限于狭窄的工作室进行固定办公，而是可以灵活地选择办公地点和设备。

1.1 互联网使企业办公更加“智能化”

随着互联网时代的到来，智能家居、智能制造、智能控制、智能传感器、智能机器人及控制系统等不断走进了我们的生活，随着企业对智能办公的需求日益强烈，写字楼的智能化也不断加速，很多企业为了提高办公效率，纷纷利用互联网注入了智能化的元素。

NO.001 互联网+企业办公，将迎来移动互联网时代

互联网（Internet），又称网际网络、因特网或英特网，始于1969年美国的阿帕网，是网络与网络之间所串连成的庞大网络，这些网络以一组通用的协议相连，形成逻辑上的单一巨大国际网络。这种将计算机网络互相连接在一起的方法可称作“网络互连”，在这基础上发展出覆盖全世界的全球性互联网络称互联网，即互相连接在一起的网络结构。互联网并不等同万维网，万维网只是一种基于超文本相互链接而成的全球性系统，且是互联网所能提供的服务其中之一。

“互联网+”是创新2.0下的互联网发展的新业态，是知识社会创新2.0推动下的互联网形态演进及其催生的经济社会发展新形态。“互联网+”是互联网思维的进一步实践成果，是推动经济形态不断地发生演变，从而带动社会经济实体的生命力，为改革、创新和发展提供广阔的网络平台。其实，“互联网+”就是“互联网+各个传统行业”，但这并不是简单的两者相加，而是利用信息通信技术以及互联网平台，让互联网与传统行业进行深度融合，创造新的发展生态。

“互联网+”不仅仅是互联网移动了、泛在了或者应用于某个传统行业，它更加强调技术带来的全方位创新和对生产、工作和生活方式的改变。从实际情况来看，从互联网诞生之日起，传统行业的互联网化就没有停止过，并且经历了4个主要阶段：营销互联网化、渠道互联网化、产品互联网化和运营互联网化。

目前，“互联网+”正处于运营互联网化阶段。在该阶段，企业管

理、沟通和协作都将实现移动互联网化的建设，同时企业效率和运作模式也得到了革命性的提升。与传统的办公模式相比较，互联网化的企业办公将完全实现数字化、移动化和云端化。不管是国外的Dropbox、Box和Google Drive for Work，还是国内的阿里钉钉、IMO云办公室和文件云存储等，都是在企业需求和技术进步双重推动下，为适应新阶段企业互联网办公需求而生的。

新阶段企业互联网办公最主要的需求是协同，协同已经融入了企业运营的点点滴滴。如何对企业资料数据进行科学管理，同时把企业战略融入管理的每个流程中，并在高效协同的基础上进行创新，这些都是企业移动互联网化亟须解决的问题，也是企业协作产品的出发点所在。由此可知，互联网化不仅使企业办公效率得到提升，还有效地降低了企业的办公成本，使其整体的竞争力得到提高。

NO.002

移动办公的定义和优势，你知道吗

移动办公也称为“3A办公”，也称移动OA，即办公人员可在任何时间（Anytime）和任何地点（Anywhere）处理与业务相关的任何事情（Anything）。通过这种全新的办公模式，办公人员不但可以突破时间和空间的限制来进行办公，而且能提高工作效率和协同办公的强度，尤其是可轻松处理常规办公模式下难以解决的紧急事务。

简单来说，移动办公可以让企业管理人员无论何时何地，都可以通过智能手机掌控企业内部的管理，不受时间和地点的约束，实现随时随地的移动办公。

移动办公系统以人为中心，通过全面而丰富的软件功能，将人与人、人与事、人与物、人与钱和人与信息这5种最重要的关系，以科学高效的方式管理起来，从而实现规范工作流程、及时传递信息、有效利用资源、减少沟通障碍、保障信息安全、提高办公效率和降低管理成本，最终提高企业的竞争力，推动企业快速发展。

1. 移动办公的发展历程

由于办公人员常常需要出差，也就会远离公司的办公地点，但办公人员希望能在任何地方都可以获取到自己需要的信息。不过，这个过程因为技术的局限性，经历了一个逐步演变的过程。随着互联网技术和移动设备技术的发展，移动办公系统建设主要经历了3个阶段，其具体介绍如下。

（1）第一阶段：离线移动办公

20世纪90年代出现了笔记本电脑，这为离线移动办公需求首次提供了技术上的支持。于是，职场人士可以带着笔记本电脑到任何地方进行工作，但又受到通信技术的局限，访问内部网很难得到实现。此时，信息交换则通过职场人士回到办公室后的同步来实现，这也是邮件同步和日程同步技术出现的时期。在这一时期，移动终端也加入了新的家族，即PAD（掌上电脑）。

（2）第二阶段：有线移动办公

随着VPN（虚拟专用网络）技术的出现，为移动办公带来了重要的契机。于是，职场人士借助VPN提供的安全通道，可以安全地通过通信有线接入提供商和运营商提供的网络，在酒店、机场或会议现场接入公司内部网，实现有线的移动办公。

（3）第三阶段：无线移动办公

CDMA（码分多址）和GPRS（通用分组无线服务技术）移动通信技术的出现，为移动办公带来了质的飞跃，移动办公才正式进入了无线时代。随着通信技术的发展，移动通信已经由2G进入了3G时代，然后由3G进入4G时代，这为移动办公提供了更加先进的移动通信平台。

2. 移动办公优势明显

移动办公最重要的优势是使用的便利性，并从技术上、投资、维护和管理等方面都得到体现，真正帮助企业实现跨地域的办公。企业采用移动办公软件，在效果上与企业自建信息系统基本上没有多大的区别，但帮助企业节省了大量用于购买网络设备、技术和维护运行的费用，更加方便地利用信息化系统，从而大幅度降低了企业信息化的门槛与风险。对于企业而言，移动办公系统的优势主要有以下几点。

- **操作简单便利：** 移动办公的使用不需要计算机或网线，只要一部可以上网的智能手机或者平板电脑。这样就免去了携带笔记本电脑的麻烦，操作简单，也不用一直待在办公室，即使下班也可以很方便地处理紧急事务。
- **处理事务高效快捷：** 使用移动办公，办公人员出差在外、在上班的路上或是休假，都可以及时审批公文、浏览公司公告或处理个人事务等。这种办公模式将时间有效地利用起来，从而提高工作效率和时间的使用效率。
- **功能强大且灵活：** 由于移动信息产品发展速度较快，同时移动通信网络日益优化，很多要在计算机上处理的工作都可以通过移动办公的手机终端来完成，即移动办公的功能堪比计算机办公。另外，针对不同行业领域的业务需求，可以对移动办公进行专业的定制开发，根据自身需求灵活多变地设计移动办公的功能。

移动办公通过多种接入方式与企业的各种应用进行连接，将办公的范围无限扩大，真正地实现了移动着的办公模式，从而提高企业整体的竞争力，进一步推动企业的发展。

NO.003

移动办公对现代企业而言，具备哪些意义

移动办公也叫“无线”办公，也就是说无论何时何地，只要在全球通信网络信号覆盖的地方，办公人员就可以利用手机和平板电脑等移动终端设备进行随时随地的办公。通过多种方式与企业的网络进行连接，从而将企业内部局域网扩大成为一个安全的广域网，实现移动办公。那么，移动办公对企业的实际意义有哪些呢？

（1）实现工作流程的自动化

移动办公自动化系统牵涉流转过程的实时监控、跟踪，解决多岗位和多部门之间的协同工作问题，实现高效率的协作。各个单位都存在着

大量流程化的工作，而移动办公系统对于公文的处理、收发文、各种审批、请示、汇报等，都是一些流程化的工作，通过实现工作流程的自动化，就可以规范各项工作，提高单位协同工作的效率。

（2）实现互助办公

移动办公系统的目的，是要支持多分支机构、跨地域的办公模式以及移动办公。目前，地域分布越来越广，移动办公和协同办公成为亟须实现的需求，使办公人员可以有效地获得公司整体的信息，提高公司整体的反应速度和决策能力。

（3）建立信息集成发布和沟通单位

移动办公自动化系统，是在内部建立一个有效的信息集成发布和交流的平台。通常情况下，许多协同办公软件都具备公告、规章制度、签到以及审批等功能，促使技术交流、公告事项以及工作审核等行为，能够在企业内部员工之间得到广泛的传播，使员工能够了解单位的发展动态。同时，清晰企业组织架构，彻底告别跨部门沟通难题，自由创建群组，设置讨论话题，远离社交干扰。

（4）实现知识管理的自动化

传统的办公模式下，文档的保存、共享、使用和再利用是十分困难的。在传统办公模式的情况下，如果要对文档进行检索操作，则有非常大的难度。而移动办公自动化系统使各种文档实现电子化，通过电子文件柜的形式实现文档的保管，并按权限进行使用和共享。如果企业实现了移动办公自动化系统，则可以方便员工完成许多工作。例如，企业新进了一名员工，此时系统管理员只需给他注册一个身份文件，并给其一个口令，该员工就能通过自己所拥有的权限进入系统中学习企业内部积累下来的各种知识，从而减少很多培训环节，为企业节省了成本。

（5）辅助人力资源

移动办公自动化系统创新和自动化的人力资源管理方案，帮助整合人力资源信息，为企业的发展提供先进和科学的人力资源管理模式。在许多协同办公软件中都具有该功能，实时云端同步，企业级HR移动办公解决方案。另外，还具备移动化便捷易用的考勤、薪资、培训、人事档案、绩效和招聘管理，从而为企业打造高效的人事管理体系。

NO.004

移动互联网的发展趋势

目前，PC端互联网已经处于了日渐饱和的境况，而移动互联网却正在蓬勃发展，传统的互联网巨头们也开始将目光聚集到了移动互联网上，这是否预示着移动互联网时代的到来呢？未来移动互联网的发展趋势是怎样的呢？这是企业管理者不能忽视的问题。其中，国内移动互联网未来的发展趋势主要表现在以下4个方面，其具体介绍如下。

- **搜索是重中之重**。无论是传统互联网还是移动互联网，对于搜索都有着较高的要求，通过搜索功能可以给企业带来更多流量。因此，移动搜索仍然是移动互联网时代的主要应用。
- **LBS是发展趋势**。基于本地化的位置服务LBS，将会在未来发挥着巨大的作用，它是移动互联网时代的一个突破性发明。其中，传统互联网和移动互联网的最大差别在于，后者非常本地化，在LBS方面具有较大优势，企业可以把用户在其位置的信息进行更多的整合服务。
- **APP进入快死阶段**。从APP的发展历程来看，可以将其大致分成两部分：一部分是习惯性的分成，用户寻找适合的品牌；另一部分是变动性的分成，使用者的变动性达到了60%，促使APP应用的生命周期急剧缩短，进入快死阶段。其中，最严重的是游戏产业。
- **移动电商蓬勃发展**。目前，我国移动电子商务市场朝着良好的方向成长与发展。在未来两年内，用户规模和市场规模也都将进一步扩大，同时保持着高速的增长。由此可知，中国当前已经步入了电子商务快速发展的时期。在市场运作上，移动电子商务主导者（包括传统电子商务服务商、电信运营商和新兴的移动电子商务提供商等）都已经开始在移动电子商务领域的布局，市场用户越来越多，服务形式也开始呈现多样性发展，行业结构不断进行良性更新，移动互联网已经具备跨越新时代的必备条件。

1.2 互联网时代，办公系统该不该升级

互联网模式的根本是改变信息交换和共享的模式，那么在互联网时代，企业在进行信息化建设的过程中，该如何实现企业资源的共享，打破企业内部信息的不对称呢？办公系统该不该随之升级呢？而升级后又有哪些好处呢？下面就来看看。

NO.005

企业还未部署移动办公？小心被out

2016年3月22日，移动信息化研究中心联合云适配发布了《2016企业移动信息化白皮书》，该白皮书通过总结2015年中国企业信息化市场建设现状，对比现有企业移动应用开发模式研究，提出了“统一办公入口+安全管理平台+移动适配开发工具”的一体化办公移动化解决方案，以满足企业对各类办公的全生命周期管理需求，帮助企业安全、高效地实现移动化战略。

根据《2016企业移动信息化白皮书》中的数据显示，有84.5%的企业已经部署或者计划在未来一年内实现移动化办公。其中，贴近业务支撑的移动应用成为企业用户首次部署的方向。除了微信、阿里钉钉以及联通蓝信等即时通信软件，不少企业为了适应移动办公的需求，还纷纷为自家企业投资研发了独立的APP，但是由于不少企业已经建立了相对完善的PC网站，如果再重新开发APP，不仅需要投资较高的费用，还会使后台改造面临着风险。

同时，《2016企业移动信息化白皮书》还指出，企业在进行移动化规划时，77.3%的企业希望在原有的信息化系统上进行“移动化”升级，实现原有信息化系统与移动终端对接与融合。同时，随着企业应用场景日益多样化，涉及通信、管理、开会、签到及审批等多方面应用，也给移动办公带来了新的挑战。

如果你的企业错过了前两年移动办公化的大好时机，那么接下来就不要再与移动办公擦肩而过。移动办公不仅是企业信息化发展的必然趋势，更重要的是能有效提升企业员工的办公效率。毕竟，在这个争分夺

秒的企业竞争时代，还有什么比高效率办公更能振奋人心的事呢？

NO.006

移动办公四大阵营，谁能笑到最后

从目前的市场发展来看，移动办公成为各方想要占领的领域，不仅是互联网公司在加速布局，也有传统企业和新兴企业的相互竞争。此外，还有互联网公司联合运营商的积极参与，几方割据之下构成了当前移动办公的战国时代。

1. BAT阵营：企业微信与阿里钉钉竞争激烈

BAT，即百度公司（Baidu）、阿里巴巴集团（Alibaba）和腾讯公司（Tencent），三大互联网公司首字母的缩写，其已经成为中国最大的三家互联网公司。中国互联网发展了20多年，现在形成了三足鼎立的格局，三家巨头各自形成自己的体系和战略规划，分别掌握着信息型数据、交易型数据和关系型数据，然后利用与大众的通道不断兼并后起的创新企业。

在BAT中，最为积极的当属阿里钉钉，因为阿里巴巴一直不愿放弃社交市场，虽然有阿里旺旺和点点虫等社交产品，但其在2C市场上仍然不敌微信。这也推动了阿里巴巴在BAT中率先把眼光看向企业级市场，从而推出了战略级产品阿里钉钉。其实，阿里钉钉的研发团队主要来自点点虫，这也就决定了阿里钉钉主打企业社交，同时适配的还有签到、审批和工作汇报等基础OA功能，通过移动互联网技术将企业办公移动化。

相比阿里钉钉的先发制人，腾讯的反应则要慢一些，不过也随后推出了独立的企业微信APP。从企业微信APP的功能上看，其与阿里钉钉的功能高度相似，这也符合当前企业的社交需求。虽然企业微信对四大主流平台同步布局，但在功能点设计上缺乏突破，只能说是中规中矩，更像是为了占据市场份额而在已有的主流功能上进行了重新包装。

2. 互联网+运营商阵营：易信继续一枝独秀

相比BAT阵营的激烈竞争，互联网+运营商阵营就简单许多。网易通过与中国电信联合打造移动社交平台——易信，直接切入2B市场，并在2014年上线了易信企业版。易信企业版除了在移动社交领域中有独家优势的语音通信外，还在移动办公方面进行了强化。另外，易信企业版定位于专门针对政府及中小企业打造的企业级SaaS应用，围绕企业沟通和管理推出了商务号码、企业通讯录、工作群、电话会议和短信群发、考勤打卡、请假审批及工作报告等功能。

无论是产品功能，还是服务模式，易信企业版和市场主流的移动办公应用的功能基本相似，但它凭借运营商的优势，在商务通信层面却更胜一筹。与此同时，作为兼具运营商和互联网双重优势的产品，易信也成为当前“互联网+运营商”阵营中唯一一个扛起移动办公大旗的品牌。

3. 传统企业阵营：金蝶、用友艰难转型

移动互联网的高速发展推动了移动办公的兴起，而移动办公在功能模块上还是源于传统OA软件。在SaaS市场拼打多年的传统企业，如金蝶和用友等，在传统OA领域积累了大量的用户和数据，这也让传统企业更加自信。在企业级市场，虽然用户和数据积累带来的好处不能忽略，但相比当前的移动办公市场，移动互联网带来了新的希望。

随着大量互联网企业的进入，移动办公领域可以整合更多移动社交元素，这直接威胁到了传统企业。因为移动互联与传统时代具有截然不同的产品思维和用户需求，使得传统企业的转型面临着一定的风险与困难。

4. 资本新贵阵营：纷享逍客们迎难而进

目前，企业级市场有较多的新兴企业进入，相对于传统企业而言，这些新兴企业也更受到资本的青睐，纷享逍客就是其中一个比较典型的案例。不过，虽然现阶段资本更加倾向于新兴企业，但这并不意味着在这场移动办公大战中新兴企业具有更多的优势。

事实上，纷享逍客如今正也受到了来自另外几个阵营的冲击。阿里钉钉对纷享逍客等企业的压力不言自明，2016年3月纷享逍客召开发布会进

行了更名，同时重新将自身定位明确在移动办公领域，这一切看起来更像在压力之下与阿里钉钉展开正面对抗。除了BAT方面的压力，运营商阵营和传统企业阵营也在对新兴企业施压。传统企业方面，其数据、客户、技术和经验上的积累足以对新兴企业构筑起一道难以逾越的壁垒。运营商阵营层面，易信这样的厂商在技术和资源上也更具有独特优势。

如今，移动办公市场已经十分火热，竞争也趋于白热化，各阵营、各企业之间已经开始“真枪实剑”，想要在竞争激励的市场中分得一杯羹，都需要拿出更加有竞争力的数据和表现。

NO.007

移动办公大潮来袭，企业是坚守还是反击

智能终端的高速发展，使得APP呈现出多样化，如企业微信、阿里钉钉、联通蓝信及IMO云办公等，这也给移动办公带来了无限的可能。云计算技术、通信技术与终端硬件技术融合在一起，所生成的产物就是移动办公。可以说，移动办公是继计算机无纸化办公和互联网远程化办公之后的新一代办公模式。

移动办公软件通过组织建立与员工、上下游供应链及内部IT系统间的连接，有效地简化了管理流程，提高了信息沟通和协同效率，并提升了对一线员工的服务及管理能力。移动办公的目的，是实现员工移动考勤、外勤管理、线上手机审批、企业培训以及多方通话等服务，使手机也具备与计算机一样的办公功能。同时，移动办公还摆脱了在固定场所和固定设备上进行办公的限制，对企业管理人员和职场人士提供了极大便利。

企业办公的核心就是快速、高效，移动办公则提供了很好的解决方案。基于移动互联网的第三方应用服务商，即办公APP，实现了移动考勤，手机签到，摆脱了打卡机的定点要求；做到了内外勤统一管理，位置签到、拍照及汇报拜访等情况；企业与个人邮件收发，即时提醒；员工随时随地提交审批申请，领导及时审批，工作进度不受影响，工作效率得到提高；多种形式的企业公告，图文并茂地展现企业资讯，更直观也更具视觉效果；不受时间与地点限制的员工培训，受训者随时随地在

线学习。另外，移动办公在信息安全方面也更有保障，能更有效地解决企业信息安全问题。

传统办公会受到时间与地点的限制，员工上下班固定打卡点；企业内部培训定时定点安排；领导出差使得文件审批被拖延，从而影响工作进度；传统会议地点固定，还需要依靠复杂的会议系统，这些都会使会议效果受到影响。如果企业想要实现信息化，随时随地进行工作，沟通能够及时，就需要将办公迁移到手机上来，实现移动办公与远程办公，这就需要使传统办公模式转型，不过任何时代的企业转型都将面临一定的风险与困难，甚至有可能转型失败，最终导致企业被淘汰。

那么，传统企业到底应该跟上移动办公的潮流，还是坚守当前的经营模式呢？这都是企业需要思考和决策的。

NO.008

中小型企业为什么需要移动办公

中小企业在国民经济中占有十分重要的地位，在当前全国工商注册登记的中小企业占全部注册企业总数的99%，其中80%的企业急需移动信息化变革。面对市场，中国智能手机用户超5.6亿，这为移动办公打下了良好的基础环境。

人才是众多中小企业赖以生存和发展的核心问题，如何高效地管理内外勤人员以及公司内外协同办公以形成标准化办公管理，是绝大部分中小企业管理者比较头痛的问题，也是亟须解决的重点问题。那么，移动办公软件是否真的可以解决企业管理中的问题呢？下面就来看看。

（1）对日常工作进行跟踪与归档

通过移动办公软件，可以记录每个员工的工作流程，并对其进行实时跟踪。员工的每次操作都会在系统中产生记录，避免某些不安分的员工窃取企业的核心信息，导致企业经济损失。另外，移动办公软件还能帮助企业积累更多的文档和资源，使企业创造良好的学习环境为员工学习企业文化提供机会。

（2）优化流程，提高工作效率

由于移动办公软件具有即时通信和企业邮件等功能，所以利用这些功能，可以让管理人员更有目的地安排下属，让员工更加方便地计划工作或协助其他部门工作。可以说，移动办公软件就像一名监督人员，将责任落实到具体的员工身上，从而有效地减少员工消极怠工的情况发生。在日常工作中，公司各层次的员工可以通过使用移动办公软件来优化工作流程，从而缩短工作时间，提高工作效率。

（3）优化对员工的管理与考核

通常情况下，移动办公软件都具备工作日志功能，该功能可以帮助企业上下级管理当天或将来的工作任务，上级可以通过它来安排下级的日、周和月任务，同时下级及时做出回应，且在完成工作之后提交报告，然后上级需要及时的对其进行批复。这样就极大地提高了管理人员与员工之间的工作效率，即便是遇到问题也可以及时获得帮助，并得到解决。另外，这种日志功能也是管理人员考核下属的最好依据。

（4）实现信息共享，学习沟通更方便

因为移动办公软件融合了多种在线沟通工具，同时不受空间和时间的限制，员工使用它可以随时随地与同事或客户进行联系和沟通。移动办公软件中整合的销售管理、人事管理、任务管理和审批等功能，可以让企业在任何时间与地点完成工作，从而实现移动办公。对于中小企业而言，利用移动办公软件，管理人员可以更加深入地了解员工的工作，直接与员工进行交流和互动，并利用在线服务系统，为客户提供高质量的服务，从而提高客户满意度。

TIPS *移动办公软件的特点*

移动办公软件不仅仅是一个工具，更是一种沟通和协作的方式，采用不同的方式，可能带来不同的组织结构和团队氛围。从某种程度上讲，一个创新的移动办公软件，更容易激发一个组织的活力，营造更强的信任。

NO.009

移动办公：为现场服务带来更高效的工作效率

现场服务，通常是指要通过服务团队在现场来交付的服务，它有别于类似Call Center（呼叫中心）的远程服务，所以称为现场服务。目前，很多行业都有现场服务的需求，如设备制造型企业的安装、维护和维修等服务场景，多见于需要售后服务的业务场景。

当前，许多企业开始意识到自己直接接触客户的基础是现场服务，该服务也是企业未来走向成功的关键要素。可以说，现场服务团队代表着企业的整体面貌，如果企业能够为客户带来优质的现场服务，那么该企业的客户满意度将会得到很大的提升。

而企业的现场服务移动化，可以促进业务流程得到更好的优化。因此，对于需要实时数据和信息来处理工作的现场员工而言，利用APP的数据采集和上报、云端数据的存储以及大数据的快速处理功能，可以更加高效地完成现在的服务工作，同时也降低了企业的运营成本。从现场服务人员的角度而言，移动化为现场服务提供了改善的机会，在降低经营成本的同时提供更优质的服务。因此，现场服务企业对移动办公的需求越来越强烈，战略目标也逐渐走向移动化。

1. 提高首次修复率

对于现场服务企业的售后服务而言，首次修复率是衡量现场服务好坏的关键要素。对于传统企业家来说，他们比较关注的是尽可能多地解决一些问题，却很少重视如何提高解决问题的效率，从而增加了企业的成本支出。而移动化则可以提高工作效率，现场的员工也可以更加迅速地获得相应的信息，从而有利于更好地诊断、分析和解决问题。

对于现场人员来说，通过移动化可以大大缩短检修时间。主要是因为现场人员可以通过移动设备直接获取操作手册和相关说明书，甚至获得企业总部的远程协助，进而缩短解决问题的时间。根据有关调查可知，已经实施移动信息化的企业，其首次修复率高达82%；没有实施移动信息化的企业，其首次修复率只有65%。

2. 移动化带来更高的工作效率

现场服务应用可以为技术人员提供所需的各种信息，以使他们更高效和快速地完成工作，而移动化则可以为现场服务带来更高的工作效率，所以企业实施移动信息化则可以加快沟通协作及精简业务流程。

通常情况下，现场工作的员工询问公司相关部门才能获取产品信息，确定处理问题的时间以及需要拜访的用户。但是这种传统方式，往往会导致信息出现延误或失真，甚至存在人为的数据错误。不过，若采取移动信息化技术，现场工作的员工就可以通过移动设备及时获取位置和订单信息，实现企业业务流程的智能化。

3. 移动化提供积极的维护

确保客户不会因为设备故障而中断业务，是现场服务企业的职责之一。而实行资产维护和定期检查，是防止意外停机和满足服务请求的最好办法，因为定期维护可以有效降低未来的事故风险。由此可知，技术人员通过实施全面的检查流程，可以确保设备的及时更新和正常运行。

如果现场工作的员工采用智能终端进行实时记录，并通过网络将记录传输到企业的后台系统中。同时，检查报告通过移动设备传送到现场工作的员工手中，确保信息的上传、下达。此外，现场工作的员工还能接到设备的检修通知以及检修规划，从而大大简化了操作流程，提高工作效率。根据相关的调查显示，已经实施移动化的企业工作效率会提高25%左右，客户满意度也会提高20%左右。

4. 通过员工管理来优化资源

对于现场服务企业而言，它们需要花费大量的时间和精力来对员工和资源进行管理与分配。通常情况下，资源管理都需要通过企业后台系统中非常复杂的报表和统计信息来呈现，而移动应用则提供了多种功能列表、日程和可供调整的员工名单，以确保企业可以正常运营下去。

办公效率高的企业，利用移动应用为员工提供基于地理位置和通告的实时日程列表，并接入文档管理系统及客户信息，这样更加方便现场工作的员工对信息进行查询和调用。

5. 构建企业移动策略的几个要素

对于传统的现场服务企业而言，进行移动化可以为企业带来更多的发展机会。不过，企业在构建移动策略时，需要注意以下几个要素。

◆ **整合**：如何与企业现有的后端业务集成，实现移动应用和各种类型的业务系统在不同的业务场景下进行信息交互，是构建高效现场服务的移动应用时面临的最大困难。另外，能否实现后端系统和移动应用的有效整合，对于企业而言也至关重要。如果企业想要将多个业务系统融合到移动终端，就必须选择一个合适的平台。

◆ **同步功能**：不管是线上还是线下，现场服务应用都要求处于偏远地区的现场工作员工能够及时获取关键数据，同时更新备份数据并同步执行。

◆ **易用性**：企业想要确保移动应用是为用户而设计，则需要应用具有用户所要求的友好、高效与易于学习等特性。一般情况下，客户都偏向于简单易用的应用，同时能更高效快捷地完成工作。

◆ **未来发展**：在确保现场服务应用适用于当前设备和操作系统的同时，还要考虑不断创新的移动技术。因此，移动化战略也要随之不断发展，并随之不断创新。

◆ **安全性**：由于企业中涉及许多机密信息，因此确保应用安全是必需的，这也是企业移动应用的构建必须牢记于心的。如果安全性能需求无法满足，即使应用的UI设计得再美观，也毫无意义。

第 2 章

企业微信：工作与生活就该各行其道

说到微信，相信大多数人都不陌生。人们使用微信更多的是用来与朋友进行及时沟通交流，而企业微信则是专属于日常工作的沟通工具。让每一个企业都有自己的微信，使员工之间的沟通交流更加简单、让企业办公变得更加便捷。

2.1 下载和登录，不需要重新添加好友

企业微信是一个面向企业级市场的产品，是一个好用的基础办公沟通工具，它拥有最基础和最实用的功能服务。在正式使用企业微信前，先介绍最基本的下载和登录操作。

NO.001

企业微信、微信企业号和个人微信的区别

对于初次使用企业微信的企业用户来说，可能不太清楚企业微信、微信企业号和个人微信之间的区别。

微信企业号实际上是企业微信的前身。目前，微信企业号已升级为企业微信，微信企业号升级为企业微信后，功能变化如下：

- ◆ 企业微信自动继承微信企业号已有功能和数据，微信企业号将迁移至企业微信管理后台统一管理。管理员可在企业微信官方网站登录管理后台，继续管理企业通讯录、管理企业应用、使用应用发消息和邀请成员关注微信插件（原企业号）。
- ◆ 管理员可在企业微信管理后台的微信插件处获取二维码，成员扫码关注微信插件（原企业号）后，即可在微信中接收企业通知和使用企业应用（已关注成员无须再次关注）。
- ◆ 企业微信提供了企业专属的沟通工具，并集成多种通信方式，还可使用企业微信的打卡、日报和审批等官方轻量OA应用，同时提供丰富API接入更多办公应用，助力企业高效办公。

个人微信是针对个人用户的通信工具，它与企业微信的适用群体是不同的，企业微信针对的群体是政府和企业等各类组织。在功能上，个人微信注重社交和生活服务功能，而企业微信则注重办公功能，如审批、打卡和日报等。

NO.002

企业微信如何改善企业办公痛点

企业微信拥有与微信一致的沟通体验，另外，还继承了企业号所有的功能，在企业办公方面，其具有以下产品功能。

- **转发微信聊天记录**：微信中的聊天记录、订阅文章，都可一键快速转发到企业微信。企业微信也可转发到微信。
- **通讯录管理**：支持快速批量导入，统一管理。同事信息准确完善，方便查阅。
- **视频会议**：高清稳定的视频会议，支持文档演示和屏幕共享，支持用电话接入，可9人同时参与。
- **企业支付**：提供完备的支付能力，企业可以在企业微信内给员工发红包，给员工付款或向员工收款。
- **公费电话**：领取1 000分钟公费电话时长，支持多人通话，方便与客户和同事电话沟通工作。
- **企业邮箱**：获取专属域名的企业邮箱，实时收取邮件通知，及时查询邮件，快速响应。
- **可管理的群聊**：可设置仅群主可管理群聊，设置群内禁言，发布群公告。支持发起2 000人群聊。
- **丰富的配置**：可个性化定义员工资料，设置通讯录查看权限和隐藏特殊部门或成员。还支持在手机端启动页设置企业Logo和宣传图，打造企业文化。

NO.003

下载企业微信手机客户端

企业微信有Windows桌面端、Mac桌面端、iOS版和Android版。大部分企业微信用户都会在手机上使用企业微信，下面介绍如何下载并安装企业微信手机客户端。

STEP 01 进入企业微信官方网站首页（https://www work.weixin.qq.com/），单击“立即下载”按钮。在打开的页面中选择版本，如选择“Android版”，打开二维码图片，如图2-1所示。

图2-1

STEP 02 使用手机扫描二维码图片，在打开的下载页面中点击“下载”超链接。安装程序下载完成后，在打开的页面中点击“下一步”按钮，如图2-2所示。

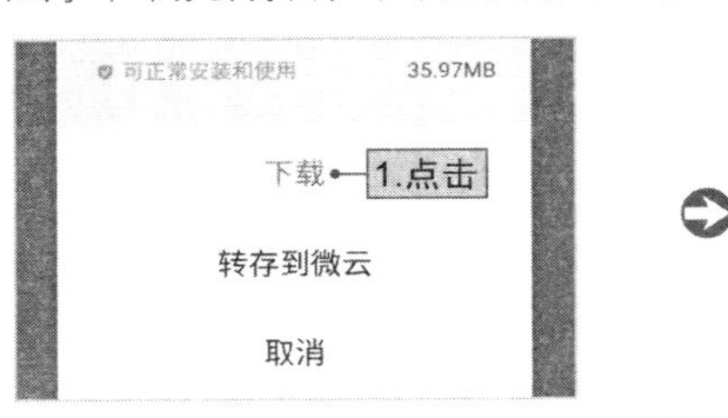

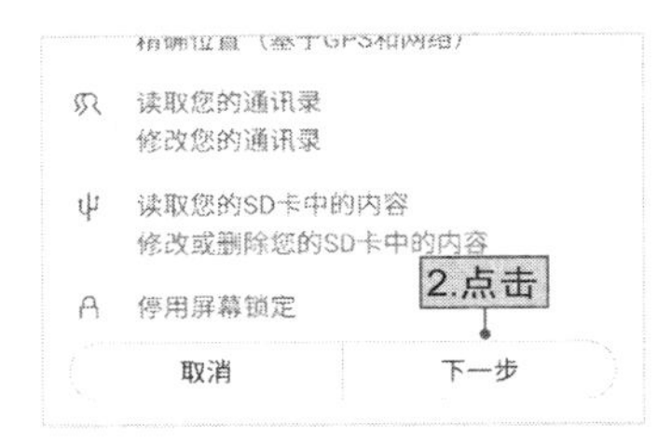

图2-2

STEP 03 在新打开的页面中点击“下一步”按钮，再点击“安装”按钮，完成企业微信手机客户端的安装，如图2-3所示。

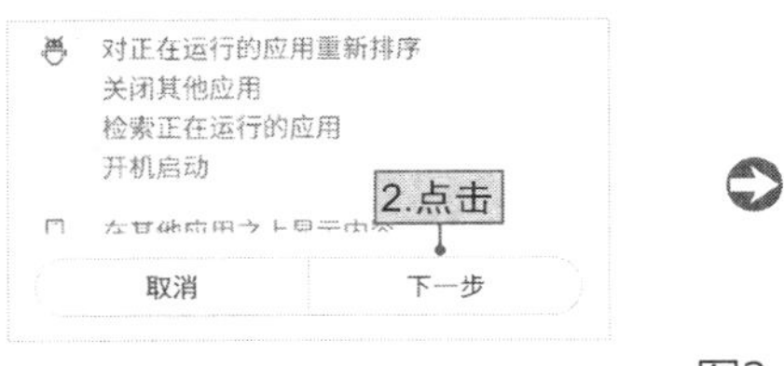

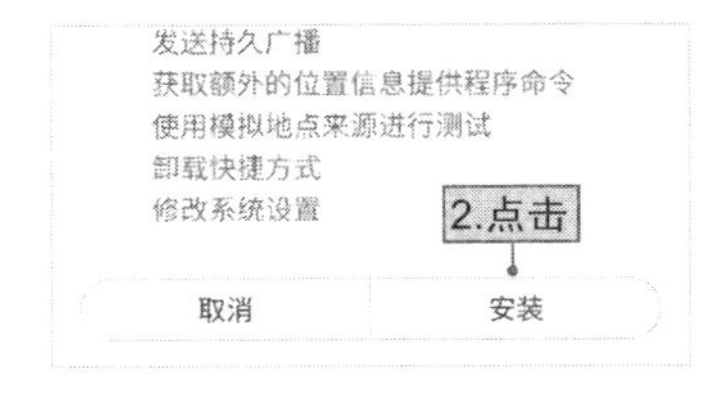

图2-3

NO.004

注册企业与登记管理员

企业微信的注册方式有多种，包括全新注册、腾讯企业邮箱注册、微信企业号、RTX腾讯通和企业微信APP个人注册。个人或团队以及其他未拥有企业资质的用户虽说也可以注册企业微信，但不能使用企业微信的全部功能，如Web后台管理以及其他应用。

目前，企业微信注册使用免费，上限人数200人，如需更多人数，可通过微信认证（认证审核费300元/年），根据认证规模来调整关注成员上限数，满足企业的实际需求。自愿认证，不认证也可正常使用。下面以全新注册为例来介绍如何注册企业微信。

STEP 01 在企业微信官网首页中单击“企业注册”按钮，如图2-4所示。

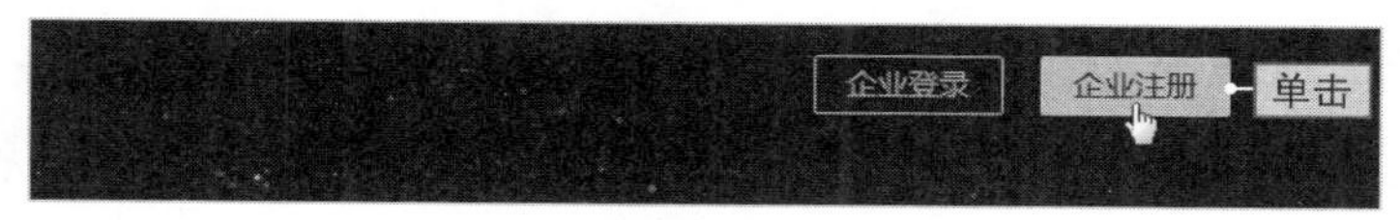

图2-4

STEP 02 在打开的页面中上传营业执照，输入营业执照注册号、企业全称和企业简称，单击“下一步”按钮，如图2-5所示。

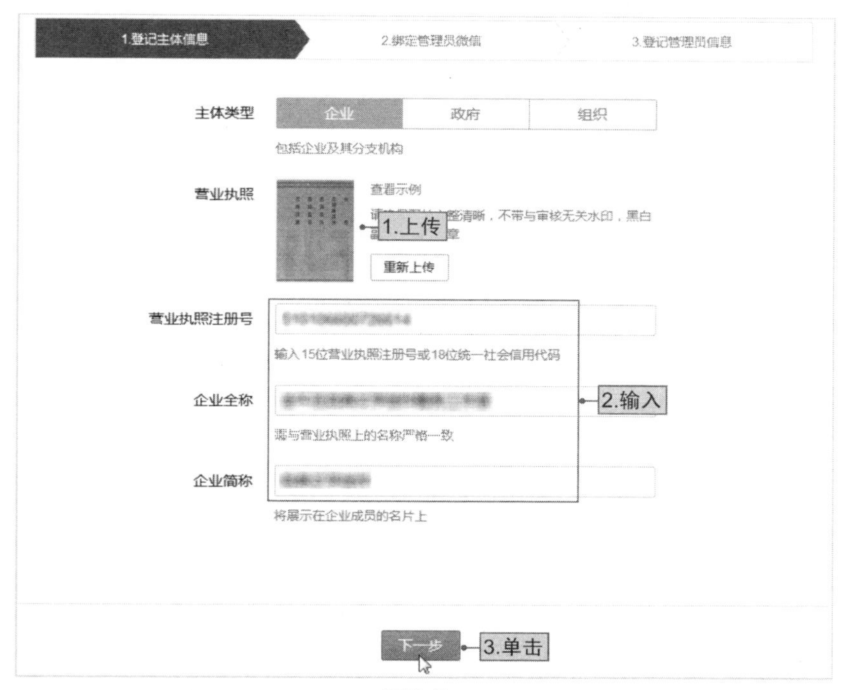

图2-5

STEP 03 进入绑定管理员微信页面，使用手机微信扫码绑定管理员。扫码完成后在手机微信中点击“确认登录”按钮，如图2-6所示。

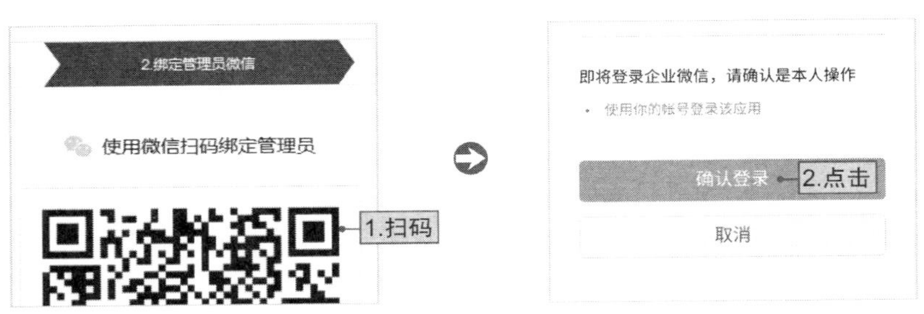

图2-6

STEP 04 打开“登记管理员信息”页面，输入管理员身份证姓名、管理员身份证号码、管理员手机号和工作邮箱，选中“我同意……”复选框，点击“提交”按钮，如图2-7所示。

图2-7

提交资料后企业微信将在5个工作日内完成主体信息的审核。审核通过后，将通过管理员的邮箱和手机通知结果。若主体信息审核不通过，需重新提交主体信息，重新审核。

NO.005

在通讯录中导入企业成员

企业微信注册成功后，管理员需在管理后台添加企业成员，这样成员才能加入自己的企业，具体操作如下。

STEP 01 在企业微信官网中单击“企业登录”按钮。在打开的页面中使用微信扫码登录，如图2-8所示。

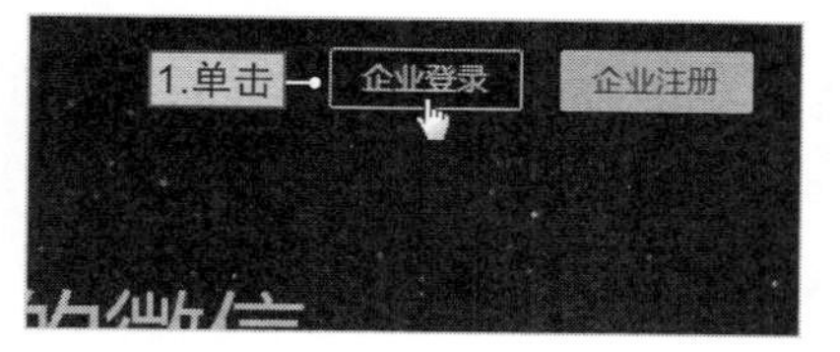

图2-8

STEP 02 在手机微信中点击“确认登录”按钮，登录成功后在“常用入口”栏中点击“添加成员”按钮，如图2-9所示。

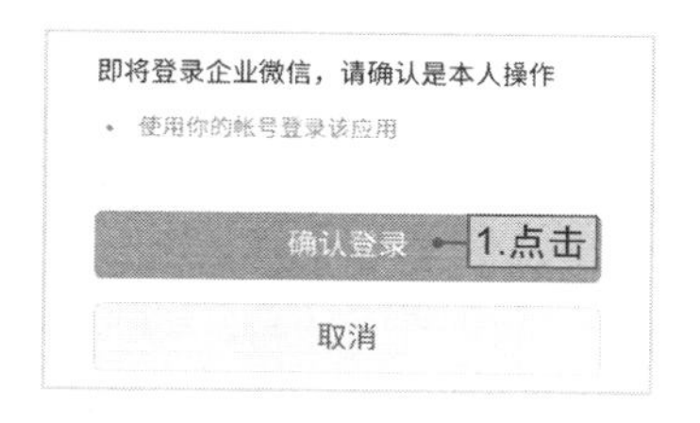

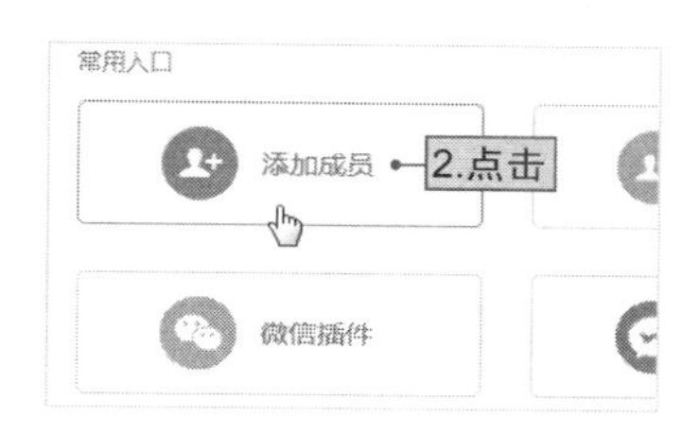

图2-9

STEP 03 在打开的页面中填写成员的基本信息，如姓名、账号和手机等，再点击“保存”按钮，如图2-10所示。

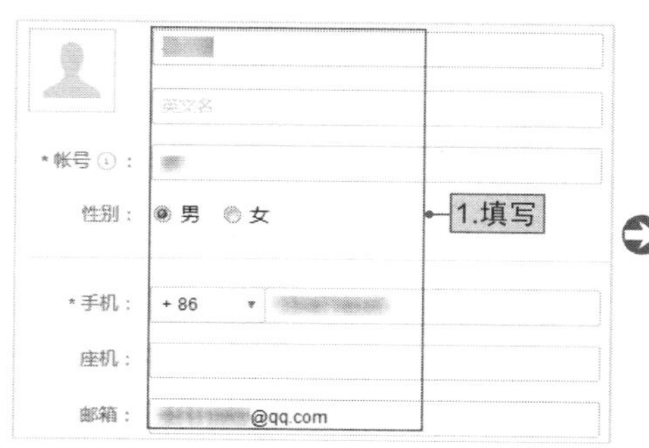

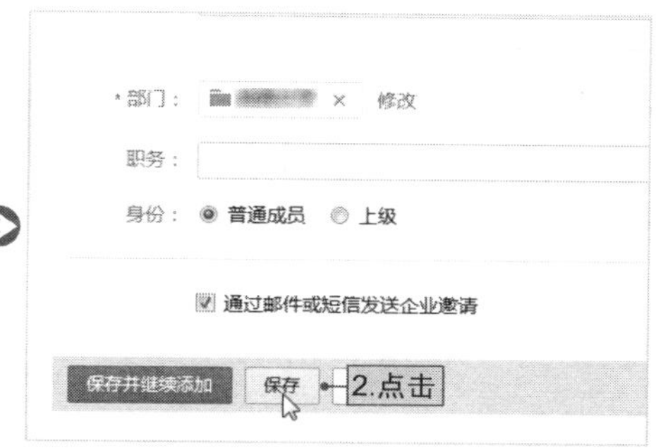

图2-10

2.2 企业微信之初体验

在企业微信管理后台添加成员后，被添加的成员即可登录企业微信进行打卡和审批等操作。

NO.006

公费电话，可以给多位同事打语音电话

公费电话是非网络电话，采用回拨形式，企业购买通话时长后，员工拨打公费电话的使用分钟数，将从企业账户中扣除。对企业来说，使用公费电话具有以下好处。

- **超低话费，节省成本：** 低至0.06元/分钟，大幅降低企业电话费用。
- **通话详单，尽在掌握：** 通话详单一目了然，并提供强大的查询和导出功能，方便管理。
- **免去报销，方便省心：** 告别烦琐的报销流程，节省人力，提升效率。

企业可在管理后台选择合适的通话时长套餐进行购买，低至0.06元/分钟。最低充值时长为10分钟，支持微信支付或银行卡支付。购买后，员工仅在发起公费电话时需要几KB流量，接通之后不会消耗员工自身的流量和话费。

若手机套餐接听电话有相关费用（例如漫游接听费），则由运营商收取该费用。

若企业购买的通话时长用完，将无法发起公费电话，企业微信将在剩余通话时长低于上次充值后总额的5%（不少于一分钟）时，给管理员发送提醒消息。下面来看看如何使用公费电话。目前，公费电话支持最多9人进行通话

STEP 01 打开企业微信手机客户端，在登录页面选择登录方式，如点击“手机号码登录”超链接。在打开的页面中输入手机号码，点击“下一步”按钮，如图2-11所示。

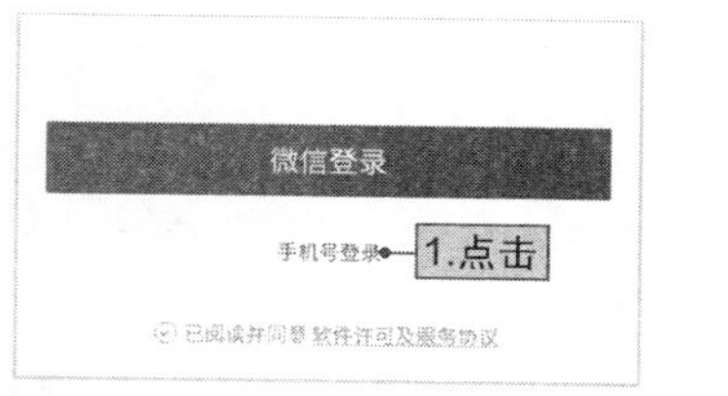

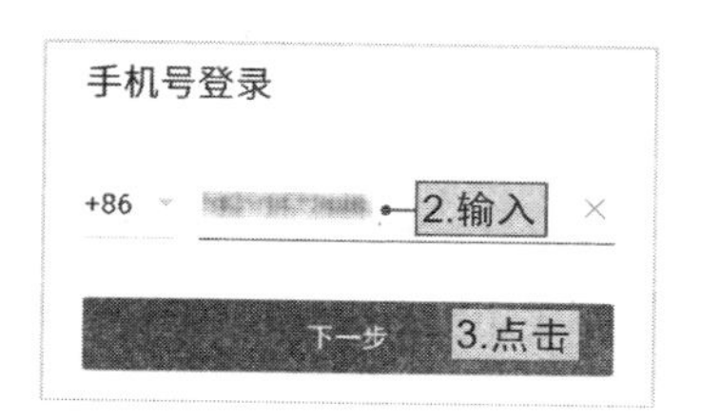

图2-11

STEP 02 在打开的页面中输入验证码，点击“下一步”按钮。在新打开的页面中点击“进入企业”按钮，如图2-12所示。

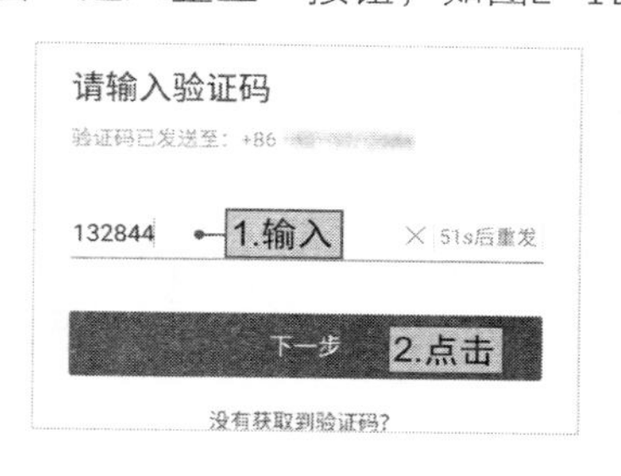

图2-12

STEP 03 登录成功后点击“工作台”按钮，在打开的页面中选择“公费电话”选项，如图2-13所示。

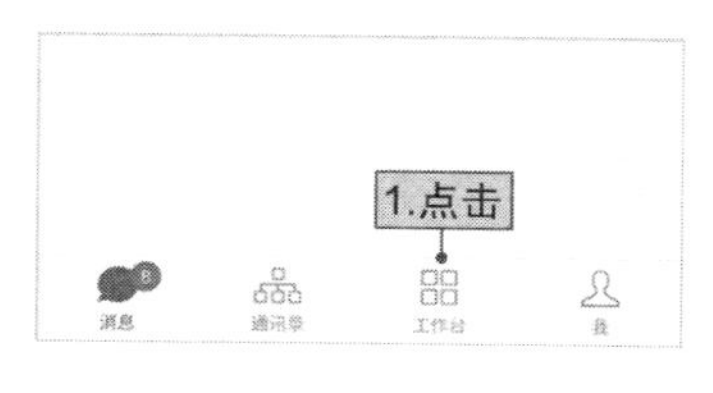

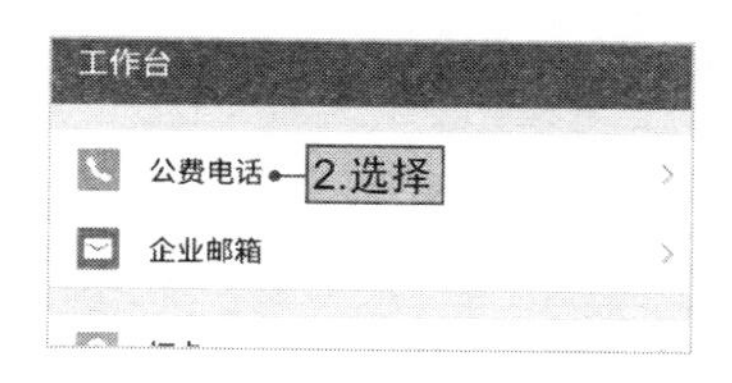

图2-13

STEP 04 在打开的页面中点击“立即拨打”按钮，在新打开的页面中选择通话类型，如这里选择“单人通话”选项，如图2-14所示。

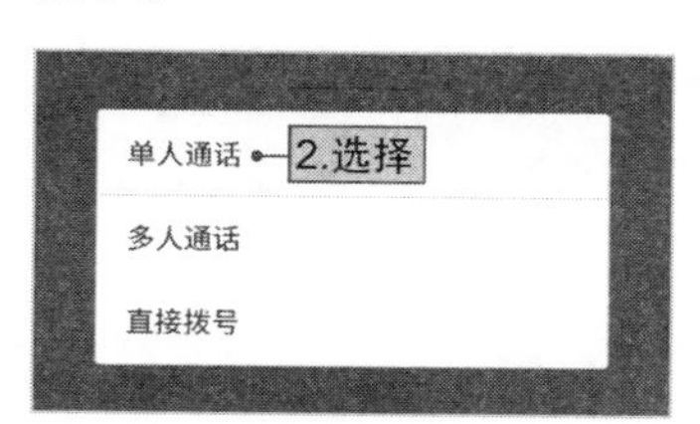

图2-14

STEP 05 在手机通讯录中选择联系人，接下来先接听来电，随后将自动呼叫对方，如图2-15所示。

图2-15

NO.007

消息提醒，提醒同事处理待办事项

在企业微信中设置了消息提醒后，可以提醒同事处理工作上的待办事项。下面介绍如何使用消息提醒。

STEP 01 登录企业微信手机客户端，点击“通讯录”按钮。在打开的页面中选择联系人，如图2–16所示。

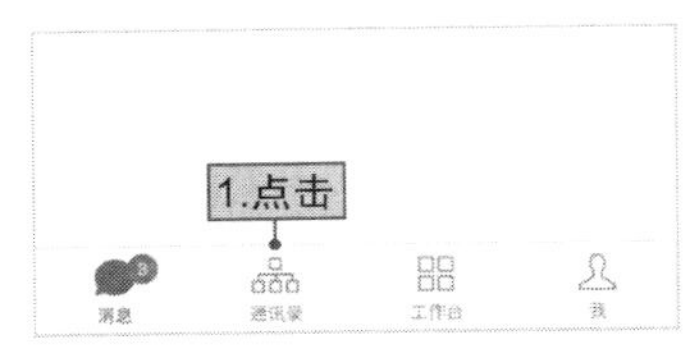

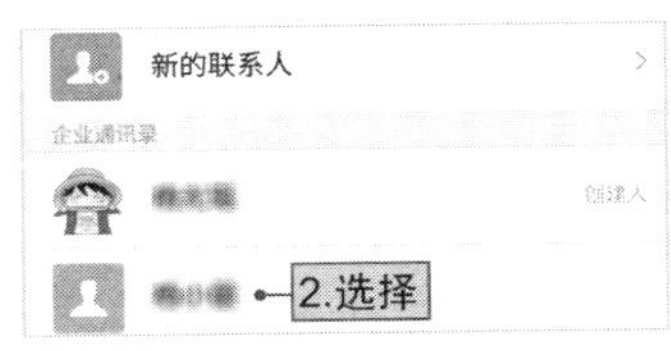

图2-16

STEP 02 在打开的页面中点击“发消息”按钮，进入聊天界面，点击“+”按钮，如图2–17所示。

图2-17

STEP 03 在打开的列表中点击“提醒”按钮，在打开页面中设置提醒时间点，再点击“确定”按钮，如图2–18所示。

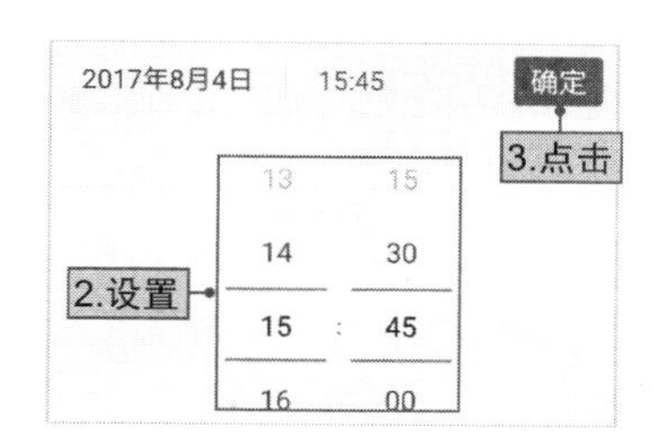

图2-18

STEP 04 在消息输入文本框中输入提醒内容，点击“发送”按钮即可，如图2-19所示。

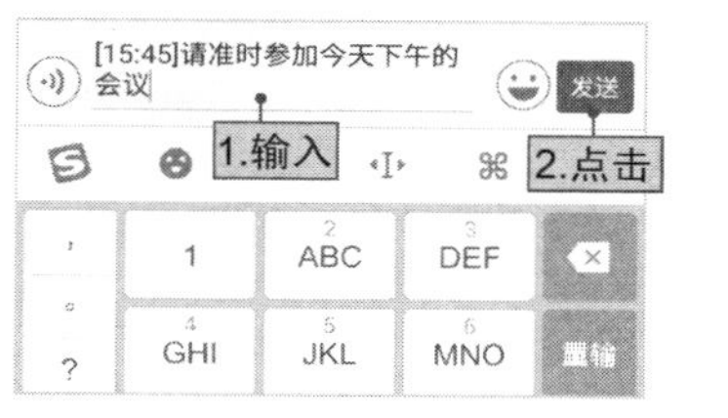

图2-19

对于已发出的消息提醒，企业微信还支持删除或修改时间。长按已发出的消息，在打开的列表中选择“删除”选项可以删除消息提醒。选择“修改提醒”选项可以修改提醒时间点，如图2-20所示。

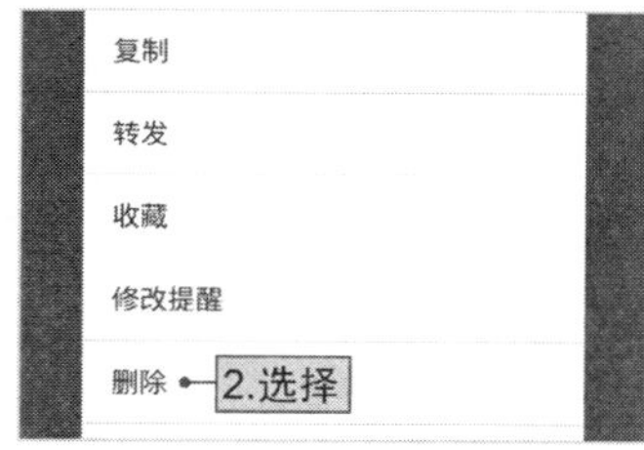

图2-20

NO.008

考勤打卡更加人性化

企业微信支持根据实际情况选择上下班打卡或外出打卡。在企业成员使用打卡功能前，管理员可在管理后台设置上下班打卡或外出打卡的规则，具体操作如下。

STEP 01 登录企业微信管理后台，单击“企业应用”选项卡。在打开的页面中单击“打卡”按钮，如图2-21所示。

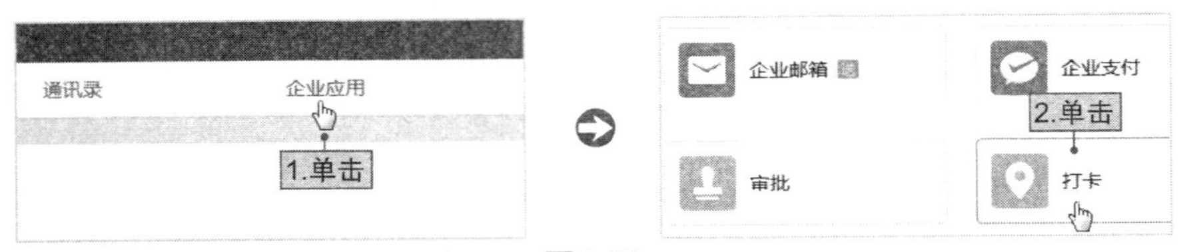

图2-21

STEP 02 在打开的页面中单击“上下班打卡”中的“设置”超链接。在打开的页面中单击“添加规则”按钮，如图2-22所示。

图2-22

STEP 03 在打开页面的文本框中输入规则名称，单击“打卡人员”后面的“添加”按钮。在打开的页面左侧选择成员，再单击“确认”按钮，如图2-23所示。

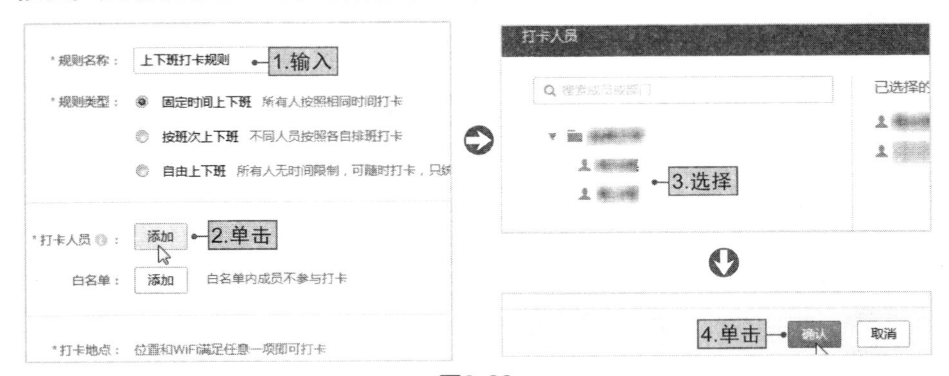

图2-23

STEP 04 单击“位置”后面的“添加”按钮，在打开的页面中输入打卡地点，如图2-24所示。

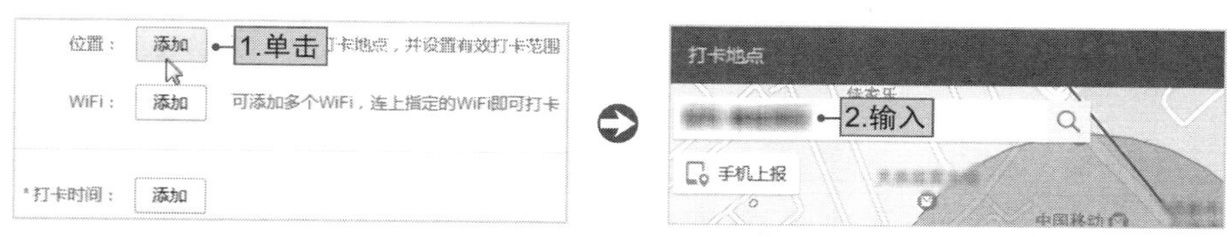

图2-24

STEP 05 在页面下方单击“打卡范围”下拉按钮，选择打卡范围，这里选择“300米”选项，再单击“确定”按钮，如图2-25所示。

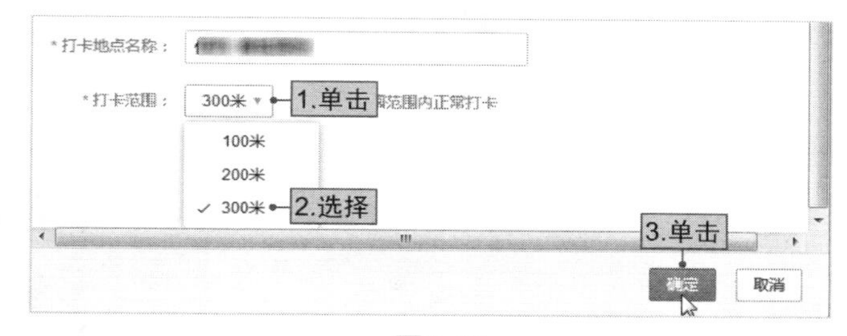

图2-25

STEP 06 在“打卡时间”后面单击“添加”按钮，如图2-26所示。

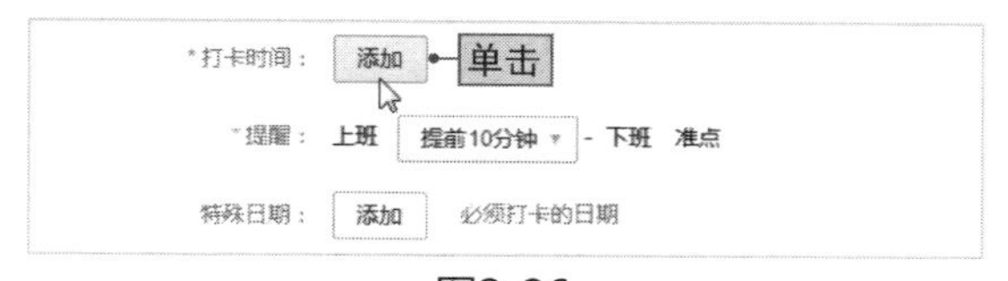

图2-26

STEP 07 在打开的页面中选中工作日中的复选框，设置打卡时间，单击“确认”按钮，如图2-27所示。

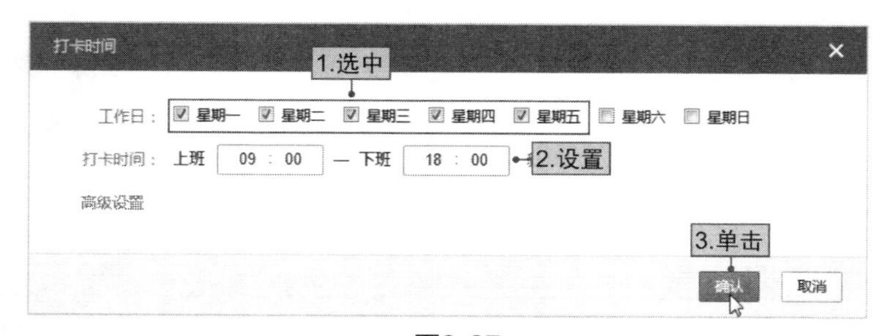

图2-27

STEP 08 打卡时间设置完成后，企业还可以根据自身情况设置特殊日期及是否拍照打卡等，打卡规则设置完成后单击“保存”按钮，如图2-28所示。

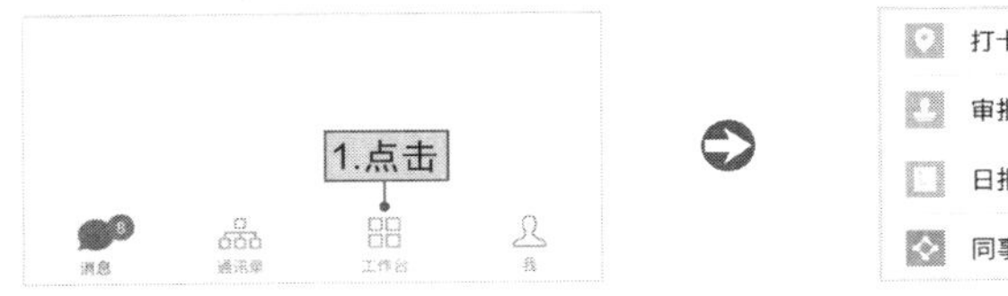

图2-28

打卡规则设置完成后，企业成员即可使用企业微信提供的打卡功能。下面介绍如何在企业微信手机客户端打卡。

STEP 01 登录企业微信手机客户端，点击“工作台”按钮，在打开的页面中选择“打卡”选项，如图2-29所示。

图2-29

STEP 02 系统会自动定位到当前位置，点击“第×次打卡”按钮。打卡成功后会提示打卡的时间和位置，如图2-30所示。

图2-30

NO.009

如何发起请假审批

企业成员因病或因事要请假也可以在企业微信中进行办理。对于企业成员的请假，管理员也可以设置规则，具体操作如下。

STEP 01 在"企业应用"选项卡中单击"审批"按钮。在打开的页面中选择"请假"选项，如图2-31所示。

图2-31

STEP 02 在打开的页面中单击"规则设置"选项卡，选中"同步中国节假日"复选框，并单击"默认审批人"后面的"+"按钮，如图2-32所示。

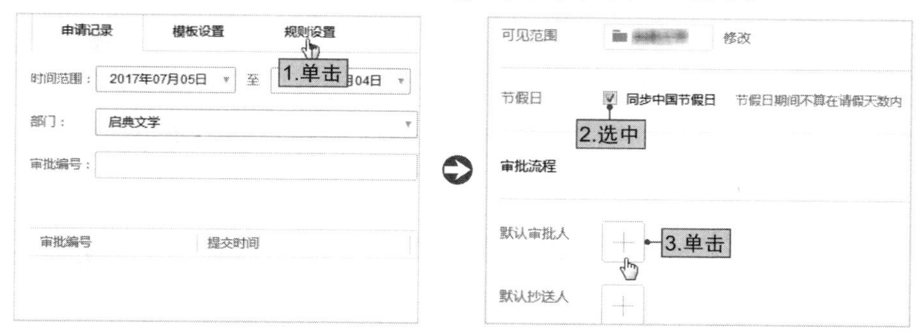

图2-32

STEP 03 在打开的页面中设置审批人，这里选中"单个成员"单选按钮。在打开的列表中选择审批人，单击"确认"按钮，如图2-33所示。

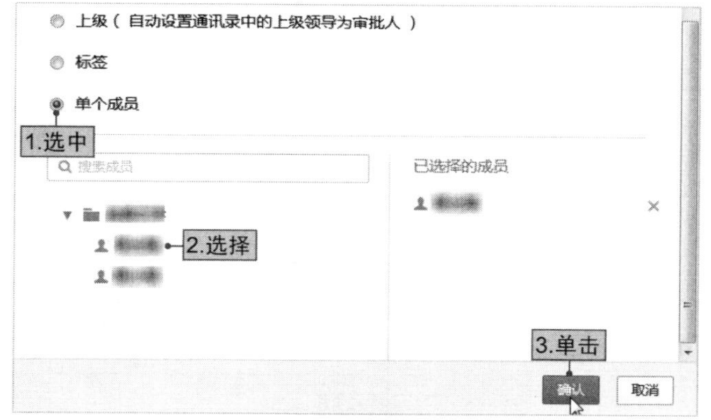

图2-33

STEP 04 在返回的页面中还可以设置默认抄送人、条件审批流程及修改权限，如这里选中“提交申请时，员工不可修改审批人”复选框，最后单击“保存”按钮，如图2-34所示。

图2-34

请假规则设置完成后，下面介绍企业微信员工如何在企业微信中办理请假审批。

STEP 01 登录企业微信手机客户端，切换至“工作台”页面，选择“审批”选项。在打开的页面中选择“请假”选项，如图2-35所示。

图2-35

STEP 02 在打开的页面中设置请假类型、开始时间和结束时间，填写请假事由，点击“提交”按钮，如图2-36所示。

图2-36

企业成员发起请假审批后，审批人可进入“审批”页面处理审批内容，具体操作如下。

STEP 01 切换至“工作台”页面，选择“审批”选项，在打开的页面中点击“待我审批”按钮，如图2-37所示。

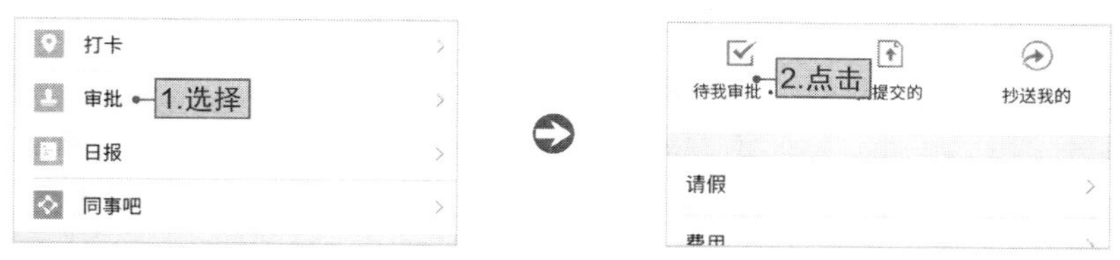

图2-37

STEP 02 选择待审批的事项，在打开的页面中选择处理审批意见，如这里点击“同意”按钮，如图2-38所示。

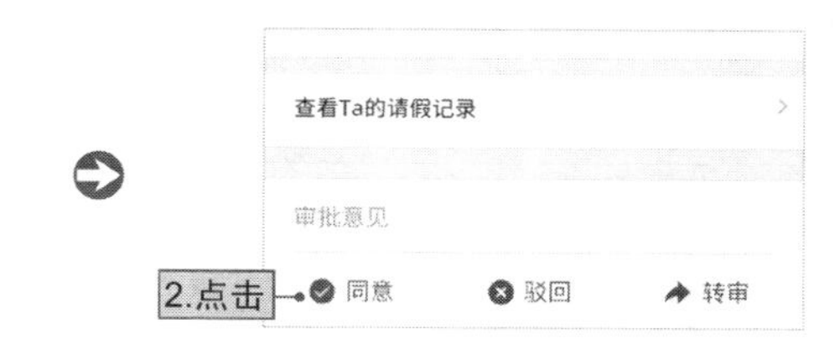

图2-38

NO.010

在工作台发起费用审批

企业员工若要报销差旅费、办公费和通讯费等费用，可以通过企业微信发起报销审批，具体操作如下。

STEP 01 切换至“工作台”页面，选择“审批”选项，进入“审批”页面，选择“费用”选项。在打开的页面中选择“费用类型”选项，如图2-39所示。

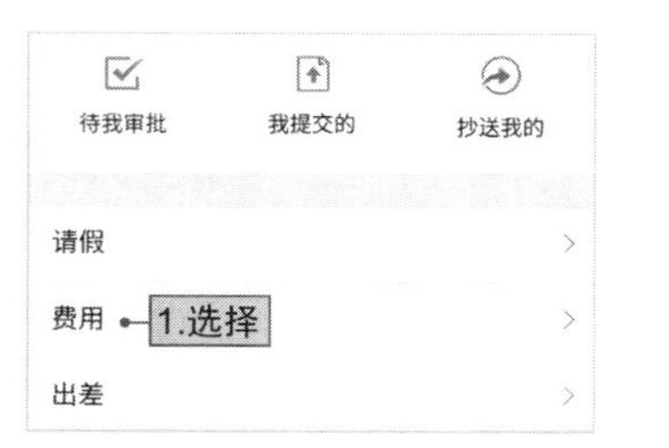

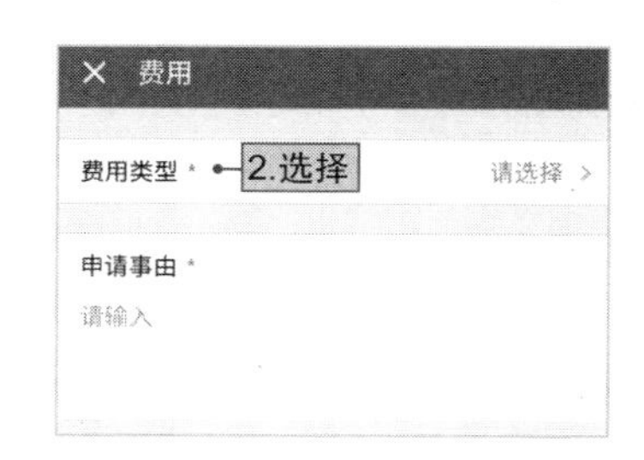

图2-39

STEP 02 在打开的页面中选择费用类型，如选择“差旅费”选项。在返回的页面中输入申请事由和费用金额，选择“发生日期”选项，如图2–40所示。

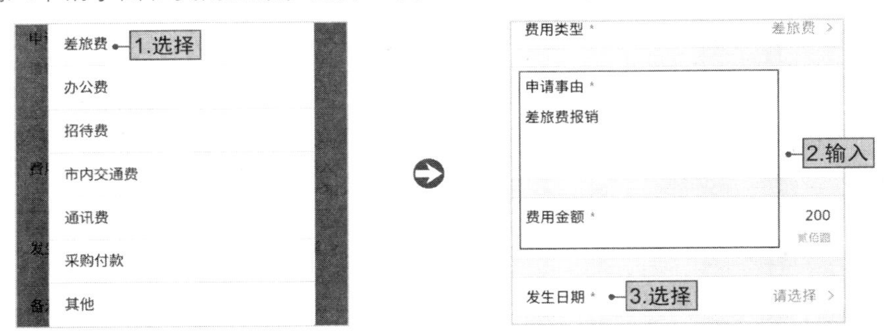

图2-40

STEP 03 在打开的页面中选择日期，点击“确定”按钮。在返回的页面点击“审批人”栏中“+”按钮（若有费用凭证可上传凭证），如图2–41所示。

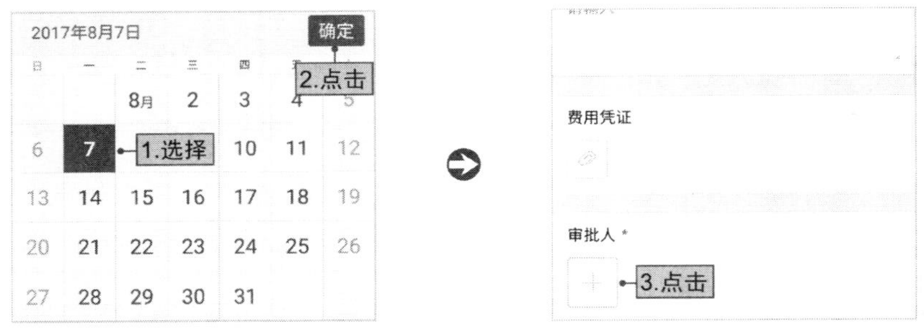

图2-41

STEP 04 在打开的页面中选择“企业通讯录”选项。在企业通讯录中选择审批人，如图2–42所示。

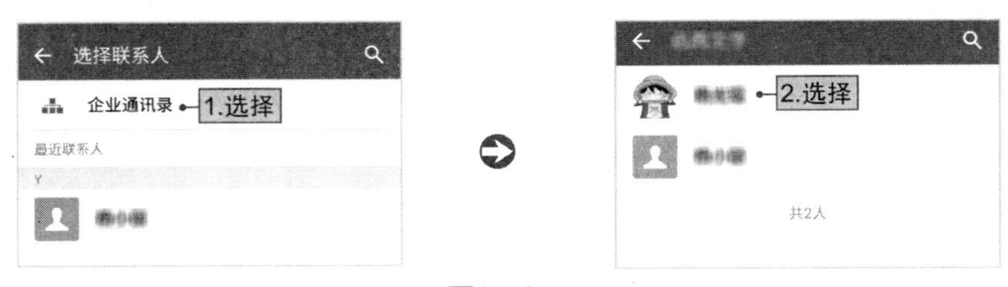

图2-42

STEP 05 最后在返回的页面中点击“提交”按钮（若有抄送人可添加抄送人），如图2–43所示。

图2-43

NO.011

使用其他审批功能

在企业微信中，成员还可以发起出差、采购、加班、外出、打卡补卡和报销审批。

（1）出差审批

在“审批”页面选择“出差”选项，在打开的页面中填写出差事由、出差地点和出差时长等内容，如图2-44所示，最后点击“提交”按钮即可。

图2-44

（2）采购审批

在“审批”页面选择“采购”选项，在打开的页面中填写申请事由、期望交付日期、物品名称、数量和金额等内容，如图2-45所示，最后点击“提交”按钮。

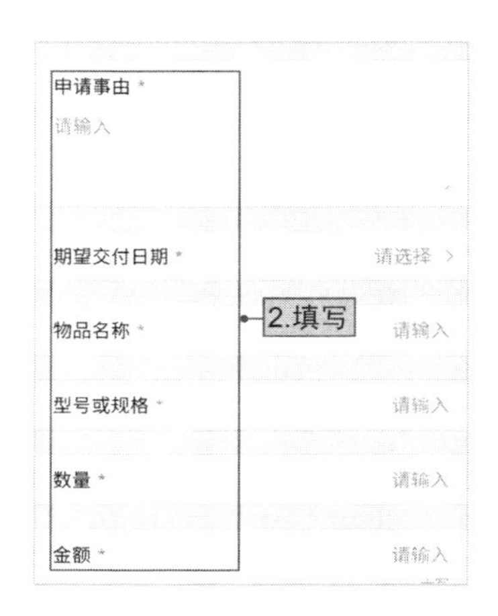

图2-45

（3）其他审批事项

在“审批”页面中选择对应的选项，可进入对应的审批事项填写页面，按要求填写内容后点击“提交”按钮即可发起相应的审批。

NO.012

企业微信日报应用使用

员工可使用日报应用向管理员汇报工作进展，包括“日报”、“周报”、“月报”三种类型，管理员可在手机端查看。下面介绍如何发布日报。

STEP 01 打开企业微信手机客户端，切换至“工作台”页面，选择“日报”选项。在打开的页面中点击“写日报”下拉按钮，如图2-46所示。

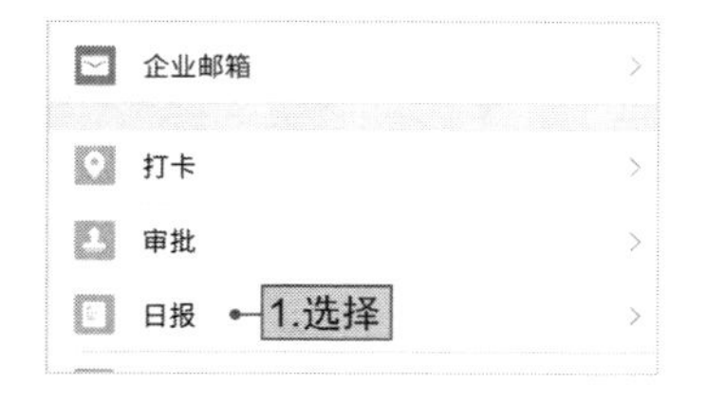

图2-46

STEP 02 在打开的下拉列表中选择“写周报”选项。在返回的页面中输入周报内容，如图2-47所示。

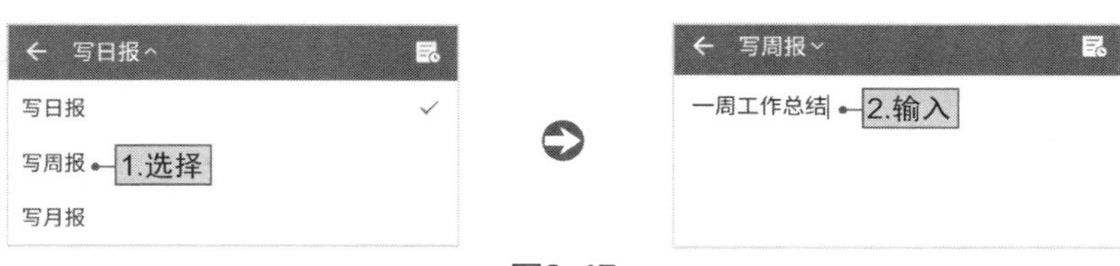

图2-47

STEP 03 周报内容输入完成后，点击“汇报给”按钮。在打开的页面中选择“企业通讯录”选项，如图2-48所示。

图2-48

STEP 04 在打开的页面中选中联系人单选按钮，再点击“提交”按钮，如图2-49所示。

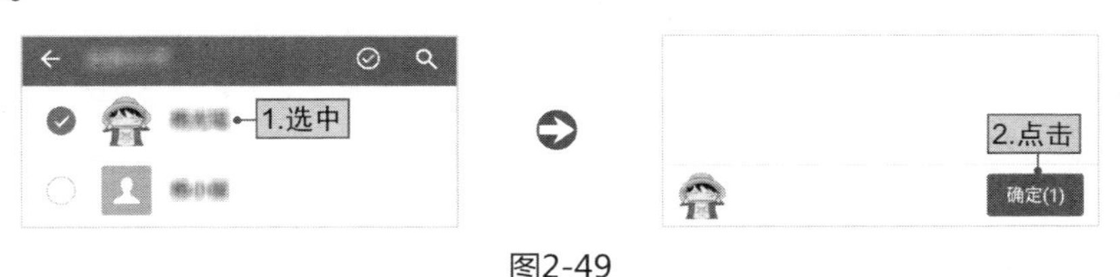

图2-49

STEP 05 在返回的页面中点击“提交”按钮，提交后页面会跳转至“详情”页面，在该页面可以查看已提交的周报详情，如图2-50所示。

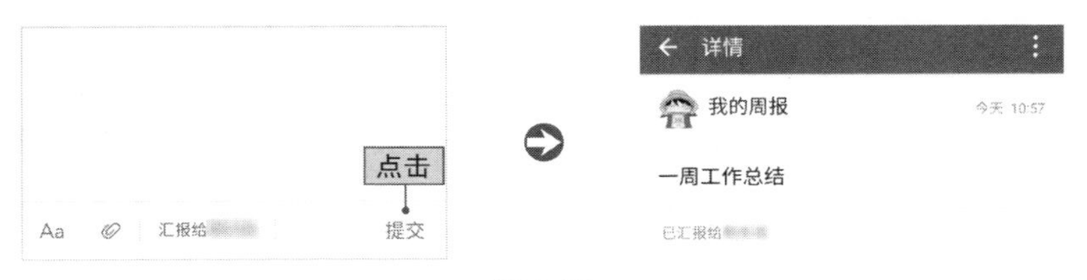

图2-50

自己汇报给别人和别人汇报给自己的日报均可在历史记录中查看，若前一天收到了日报，系统也会在第二天的固定时间给管理者推送汇总通知。在日报提交页面中点击“”按钮即可查看历史记录，如图2-51所示。

图2-51

NO.013

什么是"同事吧"

同事吧是一个企业内部的论坛，内容仅对企业内部员工可见和互动。同事吧支持发表实名或匿名帖子，可以带图片。帖子下面可以发表评论进行互动，评论同样可以支持实名或匿名。

对企业来说，同事吧为员工提供了一个互动交流的平台，能增加员工之间的联络和增进关系。员工可以在同事吧中进行求助提问，买卖闲置物品，组织兴趣活动等。下面介绍如何使用同事吧。

STEP 01 在企业微信手机客户端"工作台"页面中选择"同事吧"选项。在打开的页面中点击"发表帖子"按钮，如图2-52所示。

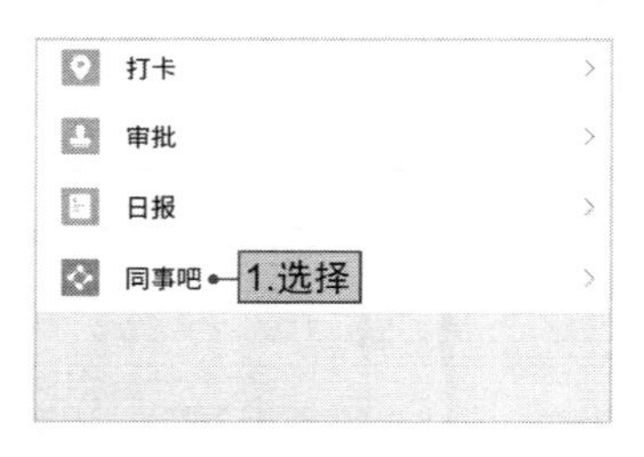

图2-52

STEP 02 在打开的页面中输入标题和内容，再点击"▷"按钮（若要上传图片则点击"▭"按钮上传），如图2-53所示。

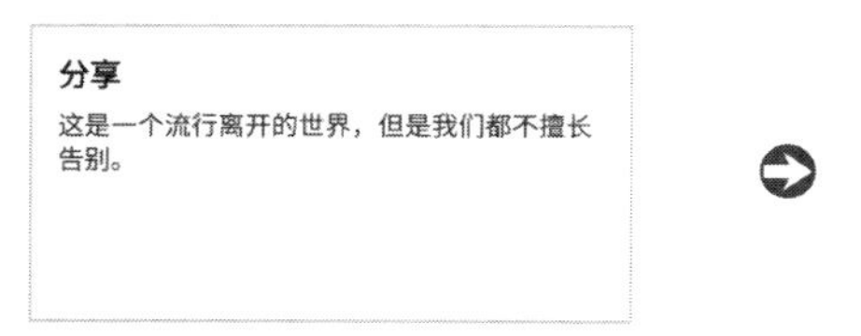

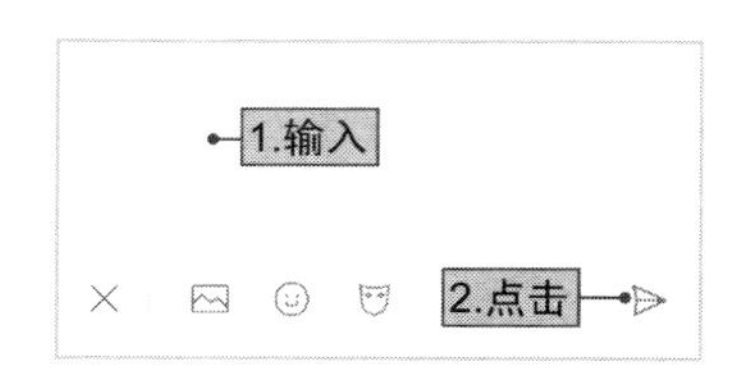

图2-53

2.3 企业微信可能让你的工作离不开它

企业在使用企业微信后，会发现日常工作事务变得简单了。除了前面已经介绍的办公服务外，企业微信还有以下实用的功能。

NO.014

让企业拥有自己的邮箱

企业微信邮箱是使用企业自己的域名为后缀的电子邮箱产品，已拥有企业邮箱的企业成员可在企业微信中绑定企业邮箱。没有企业邮箱的企业用户可申请开通企业邮箱。下面介绍如何获取企业邮箱。

登录企业微信Web端管理后台，切换至“企业应用”页面，单击“企业邮箱”按钮。在打开的页面中单击“立即获取”超链接，即可进入企业邮箱获取页面，根据提示完成邮箱获取，如图2-54所示。

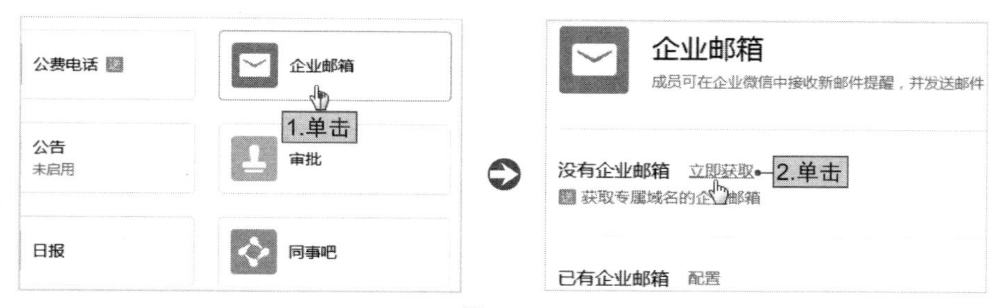

图2-54

拥有了企业邮箱后，管理员可在企业微信Web端管理后台绑定邮箱，具体操作如下。

STEP 01 在企业微信Web端管理后台企业邮箱页面中单击“配置”超链接。在打开的页面中输入企业邮箱域名，再单击“下一步”按钮，如图2-55所示。

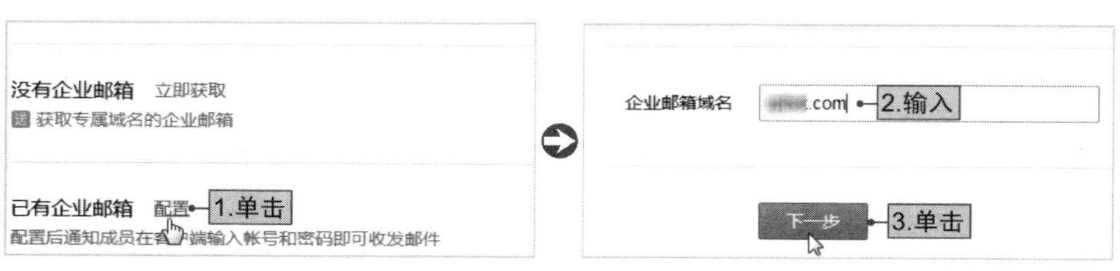

图2-55

STEP 02 在打开的页面填写邮箱信息，包括收件服务器、发件服务器和端口号，选中或不选中“SSL”复选框，单击“下一步”按钮，如图2-56所示。

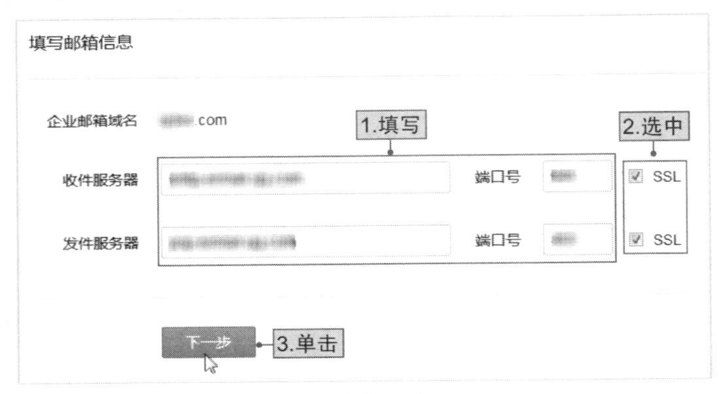

图2-56

STEP 03 在打开的页面填写测试邮箱账号和邮箱密码，单击“提交”按钮，如图2-57所示。

图2-57

NO.015

企业微信如何发送公告

目前，企业微信仅支持在Web管理后台发布公告，而PC客户端和移动手机端仅支持查看公告。下面介绍如何在Web管理后台发布公告。

STEP 01 在“企业应用”页面中单击“公告”按钮。在打开的页面中单击“未启用”按钮，启用公告应用，如图2-58所示。

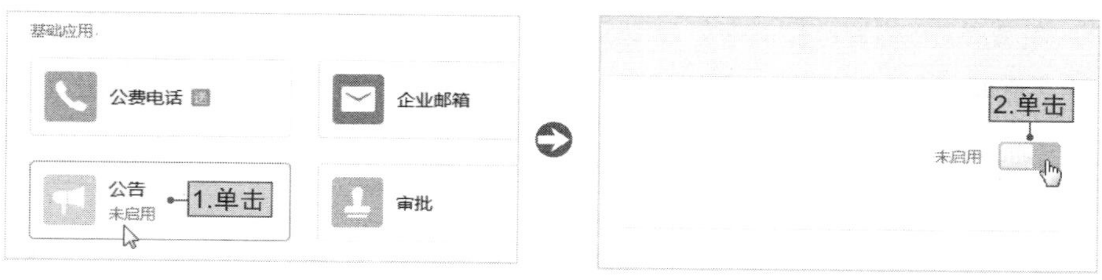

图2-58

STEP 02 启用公告应用后，单击“发公告”超链接。在打开的页面中单击“选择发送范围”超链接，如图2-59所示。

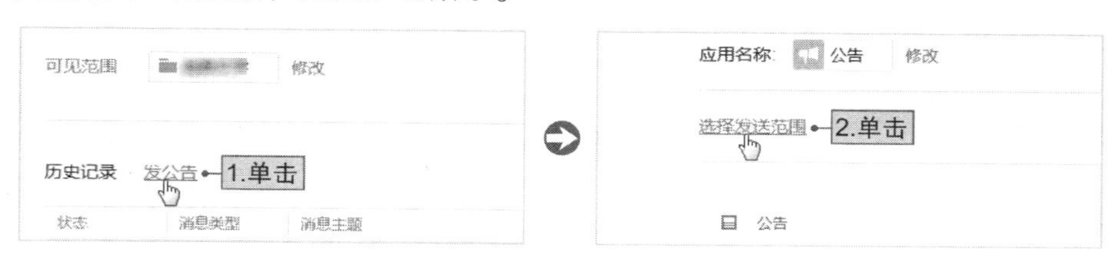

图2-59

STEP 03 在打开的页面中选择部门或成员，这里选择整个企业组织，再单击“确认”按钮，如图2-60所示。

图2-60

STEP 04 在返回的页面中输入公告标题、内容和作者，再单击“发送”按钮，如图2-61所示。

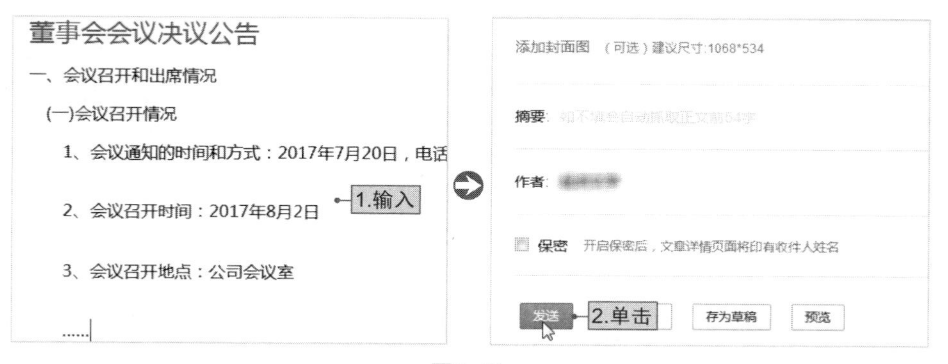

图2-61

在发布公告的过程中，若公告内容包含附件还可以单击“添加附件”超链接，为公告添加附件。

NO.016

查看企业微信使用情况

在企业微信Web管理后台，管理员可通过“使用分析”功能查看成员、管理员和应用的使用情况。下面介绍如何查看成员使用统计。

STEP 01 在企业微信Web管理后台单击“管理工具”选项卡。在打开的页面中单击“使用分析”按钮，如图2-62所示。

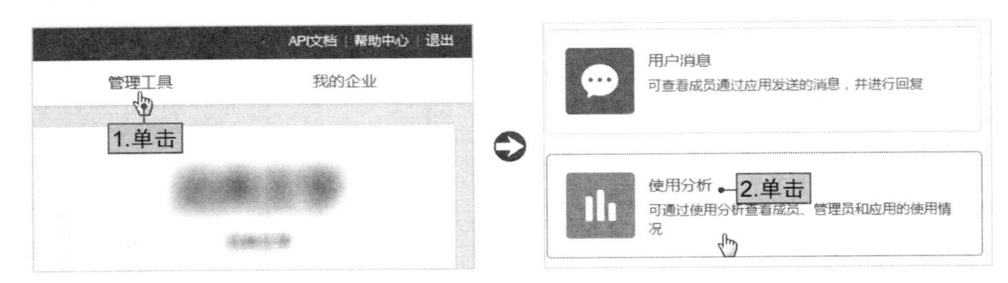

图2-62

STEP 02 在打开的页面中可查看到成员使用统计，如图2-63所示。

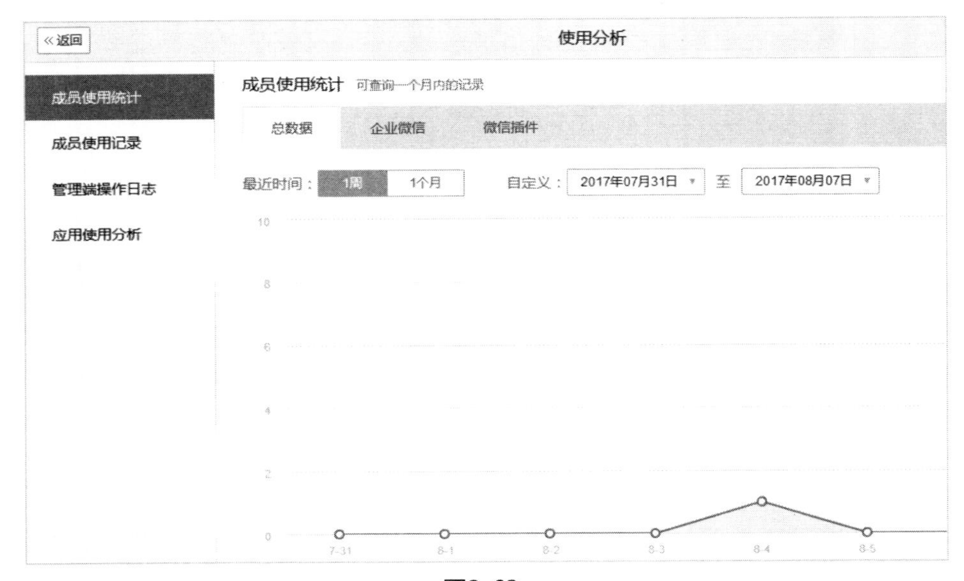

图2-63

NO.017

存放重要素材资料

企业常用的图片、视频及文件都可以放在“素材库”中，方便管理员在发送信息时使用。下面介绍如何存放素材到“素材库”中。

STEP 01 打开企业微信Web管理后台，切换至“管理工具”页面，单击“素材库”按钮。若要添加文字素材，则在打开的页面中单击“添加文字”按钮，如图2-64所示。

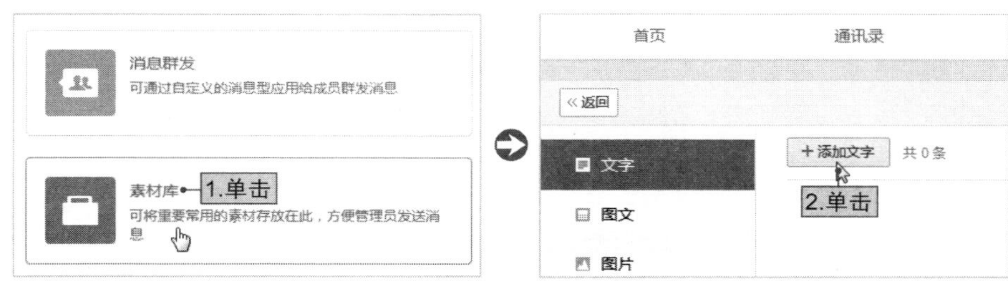

图2-64

STEP 02 在打开的页面中输入文字内容，单击“保存”按钮，如图2-65所示。

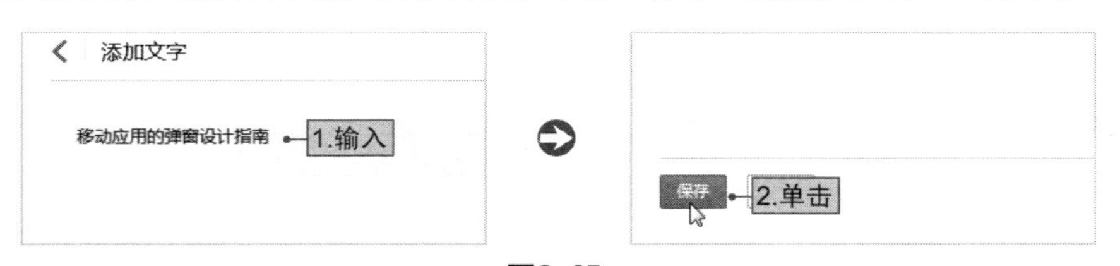

图2-65

STEP 03 若要存放图片素材，则在返回的页面中单击“图片”选项卡，再单击“添加图片”按钮，如图2-66所示。

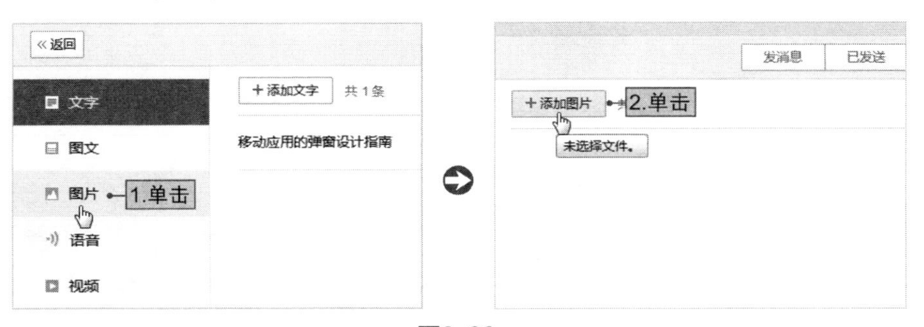

图2-66

STEP 04 在本地计算机中选中图片，单击“打开”按钮。在返回的页面中单击“✎”按钮，可编辑图片名称，如图2-67所示。

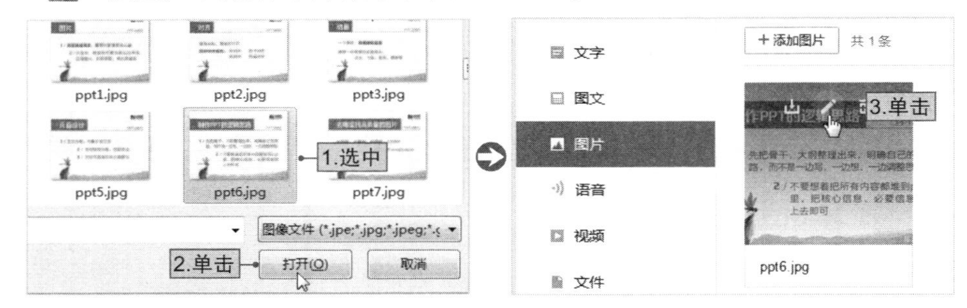

图2-67

STEP 05 在打开的文本框中输入内容即可。若要上传文件素材则单击“文件”选项卡，然后单击“添加文件”按钮，如图2-68所示。

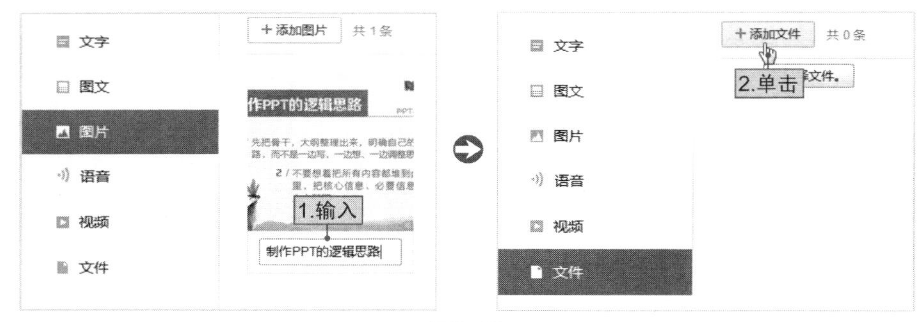

图2-68

STEP 06 在本地计算机中选中文件，单击“打开”按钮即可，如图2-69所示。

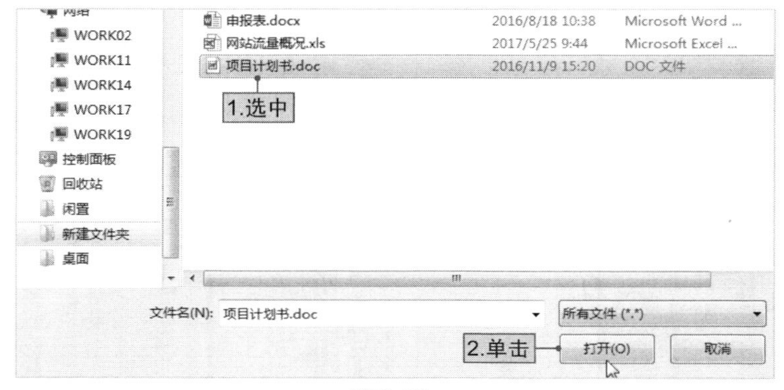

图2-69

第3章

阿里钉钉：企业级社交协同的深刻变革

工作沟通，你遇到过这些情况吗？找同事，没电话号码；发QQ消息，没看到；重要的事情，需要逐个通知；多方紧急讨论，只能立马奔去办公室；敏感的消息，交流需要小心翼翼。而阿里钉钉为中小型公司而生，帮助它们通过系统化的解决方案，全方位地提升公司内外沟通和协同效率。

3.1 快、准、省，阿里钉钉的高效沟通

需要对几十人或上百人发送通知，能不能动一下手指就轻松完成，并且随时清楚掌握每个通知接收人是否看过了消息？急需多方实时沟通，有没有免费的多方通话？想联系不熟悉的团队成员，怎样才能快速查找到联系方式？等等，面对这些五花八门的团队高效沟通需求，有着“快、准、省”特性的阿里钉钉就能帮到你。

NO.001

注册与登录账号，开启阿里钉钉第一步

“钉钉”是阿里为团队沟通开发的新一代交流工具，要使用钉钉就必须先注册钉钉，然后登录钉钉账户才可以加入钉钉。注册与登录钉钉并不麻烦，只要有手机号码即可。另外，操作完成后还需要退出阿里钉钉账户（本章主要以手机APP为例进行介绍），其具体操作如下。

1. 注册钉钉账户

STEP 01 通过软件下载工具下载钉钉，下载完成后运行钉钉软件。在打开的主界面下方点击“新用户注册”按钮，然后在打开的新用户注册页面中输入手机号码，点击“下一步”按钮，如图3-1所示。

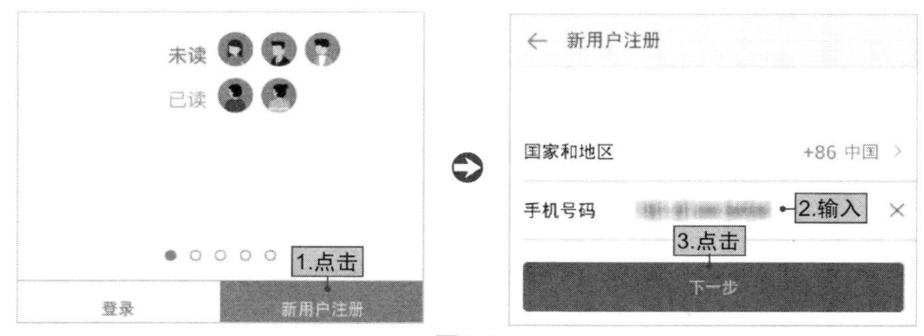

图3-1

STEP 02 进入填写验证码页面，输入验证码后点击“下一步”按钮。进入填写基本信息页面，在“姓名”栏中输入真实姓名，在“登录密码”栏中输入密码，设置所在行业，点击“下一步”按钮，如图3-2所示。

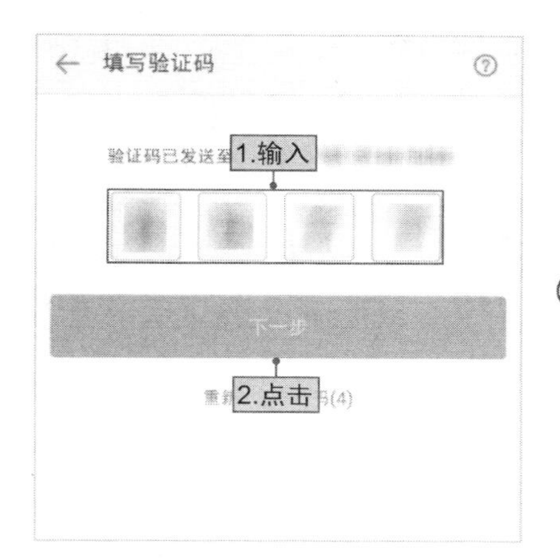

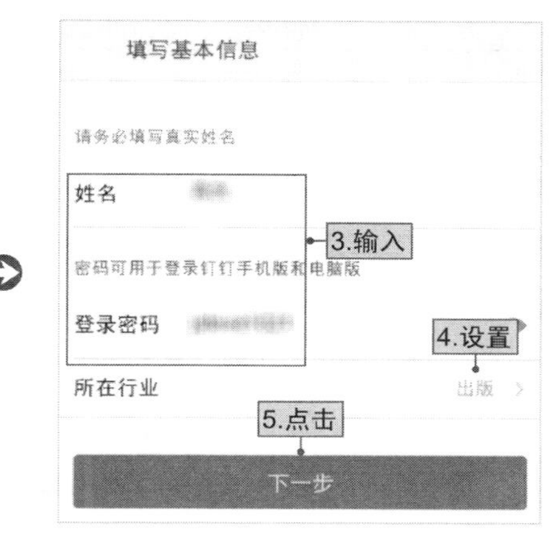

图3-2

STEP 03 此时，即可成功注册钉钉账户。程序将自动进入欢迎使用钉钉页面中，点击“上一步”按钮，即可进入主界面中，此时可查看到“消息”、“DING”、“工作”、“联系人”和“我的”等功能，如图3-3所示。

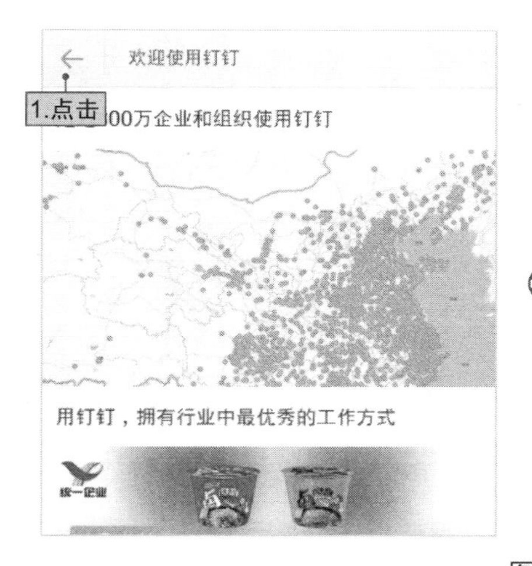

图3-3

2. 登录钉钉账户

只要我们不更换手机或在之前使用钉钉时没有手动退出登录，则在运行钉钉软件时程序会自动保持账户的登录状态。另外，钉钉账户的登录操作比较简单，其具体操作如下。

运行钉钉软件，在打开的账户登录页面中依次输入登录账号与密码（登录账号就是注册的手机号码），点击“登录”按钮，即可登录到钉钉账户主界面中，如图3-4所示。

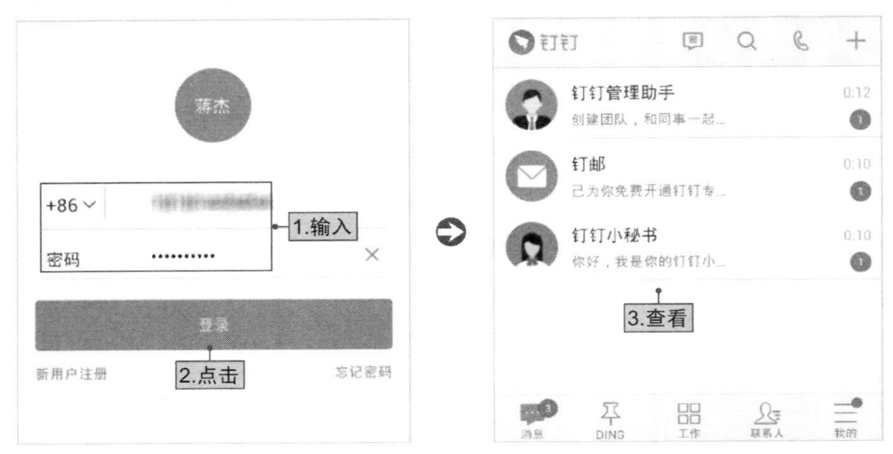

图3-4

3. 退出钉钉账户

STEP 01 在钉钉主界面中的下方菜单中点击“我的”按钮，在我的页面中选择“设置”选项，如图3–5所示。

图3-5

STEP 02 进入设置页面，点击“退出登录”按钮，然后在打开的提示对话框中点击“确认”按钮即可退出钉钉账户，如图3–6所示。

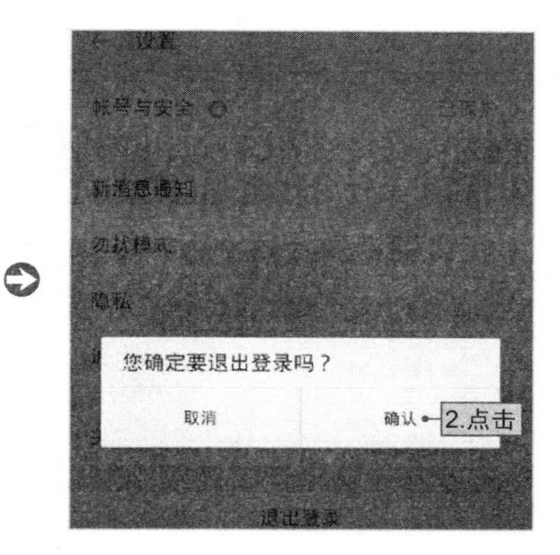

图3-6

NO.002

同步通讯录，随时随地查找目标联系人

在公司的部门协作工作中，如果同事不在公司或者有其他部门中不认识的人，就需要四处询问并进行联络，但是使用钉钉的通讯录、钉钉好友或特别关注，就可以轻松找到需要沟通的人员，然后直接与其进行相应的联系。

1. 企业通讯录

企业通讯录是企业管理员添加企业中的人员列表，管理员可通过电脑端或者手机端管理添加。在手机端查看企业通讯录，企业架构和人员一目了然，即使是刚入职的新员工，也能快速准确地找到同事。

同时，点击相应人员可查看详细资料，如工号、岗位或手机号码等，这些展示的信息可以自定义设置；我们还可以通过搜索快速找到企业通讯录人员，对其发消息、打电话或DING等。下面介绍如何通过企业通讯录查看同事的联系方式。

STEP 01 进入钉钉账户，在钉钉主界面的下方菜单中点击“联系人”按钮。进入联系人页面中，选择企业名称，在企业名称下方展开的列表中选择“组织架构”选项，如图3-7所示。

图3-7

STEP 02 在企业通讯录页面中，不仅可以查看到部门列表，还能查看到员工列表。如果要联系某个同事，可以直接在员工列表中选择该同事的名称。进入该同事的联系方式页面中，即可选择一种合适的方式与其联系，点击“显示号码”超链接，还能查看到详细的电话号码，如图3-8所示。

图3-8

2. 手机通讯录

在钉钉手机客户端的联系人页面中，可以直接查看手机通讯录，同步手机通讯录，系统会自动推荐新的好友给我们，我们可以根据需要将其添加为好友。另外，手机通讯录中已添加过好友的人员会自动显示“友”字，有昵称的是已经注册过钉钉的用户。下面介绍如何通过手机通讯录添加好友。

STEP 01 在钉钉主界面中点击“联系人”按钮进入联系人页面中，选择“手机通讯录”选项。进入手机通讯录页面中，可以看到通讯录列表，在其中选择需要添加为钉钉好友的联系人选项，如图3-9所示。

图3-9

STEP 02 进入手机联系人页面中，此时也可以通过多种方式与其进行联系，点击页面下方的“添加好友”按钮。在打开的朋友验证页面中，点击“发送名片”按钮即可将自己的信息发送给对方，等待对方的验证，如图3-10所示。

图3-10

3. 钉钉好友

在钉钉手机客户端的联系人页面中，还可以直接查看钉钉好友。钉钉好友可以通过搜索手机号、扫码和手机联系人等方式添加，添加好友成功后，就可以直接与其进行聊天、发DING以及发起免费通话等。下面就直接在钉钉好友页面中，将钉钉推荐的用户添加为好友。

STEP 01 在钉钉主界面中点击“联系人”按钮，进入联系人页面，选择“钉钉好友”选项。接着进入钉钉好友页面，然后选择“新的好友”选项，如图3-11所示。

图3-11

STEP 02 进入新的好友页面中，在列表中可以看到多个推荐的用户，在需要添加的好友选项中点击“添加”按钮。在打开的朋友验证页面中，点击“发送名片”按钮即可将自己的信息发送给对方，等待对方的验证，如图3-12所示。

图3-12

NO.003

聊天，支持丰富的聊天类型

钉钉不仅可以及时查看同事和亲朋好友的联系方式，还可以和他们一起聊天发信息，而且聊天的方式有多种，如单聊、群聊以及企业群等。

1. 单聊与群聊

钉钉作为一款企业通讯录应用，不仅可以与同事单独私聊，还可以发起群聊，与更多的同事一起讨论工作问题。下面介绍钉钉发起单聊或群聊的操作方法。

STEP 01 在钉钉主界面中点击右上角的+按钮，在打开的下拉列表中选择“发起群聊”选项。进入发起群聊页面中，此时可以选择已有的群、钉钉好友、手机通讯录或常用联系人中的用户，这里在常用联系人列表中进行选择。如果选择一人进行聊天，则为单聊；如果选择两人以上，则为群聊。这里选择群聊，选中用户名前面的单选按钮，然后点击“确定”按钮，如图3-13所示。

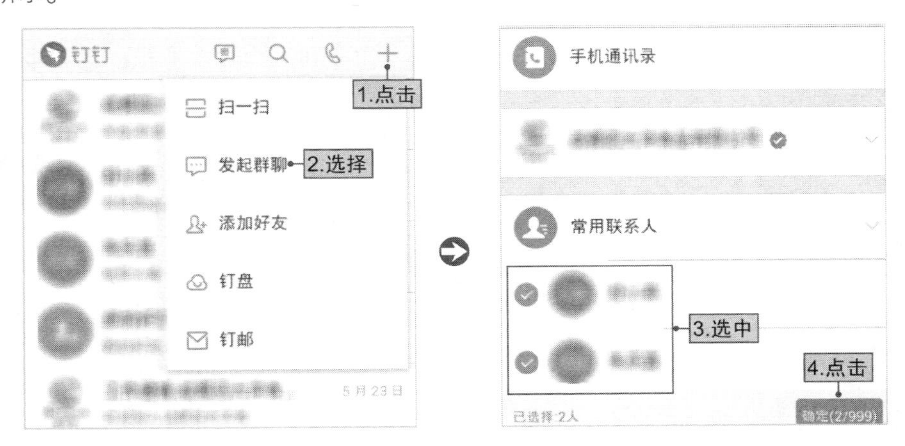

图3-13

STEP 02 进入群成员列表中，可以查看到参与群聊的成员，点击“完成创建”按钮，程序即可自动进入群聊界面。此时，在群聊中的成员都可以随意发起聊天，如图3-14所示。

图3-14

2. 企业群

针对企业内部沟通的信息安全，钉钉满足了群成员实名、可管理等需求，并在普通群聊的基础上，为企业提供了企业群的选择方案。其中，企业群具有几大明显的特点。

- ◆群里都是自己人，如果员工离职则立即被企业群除名。
- ◆群成员实名制，无论群成员自己取了一个多么有个性的名字，在企业群中都以真实姓名显示。
- ◆除了自行创建的常规企业群之外，管理员还可以在企业组织架构上创建关联部门的企业群。
- ◆支持部门新员工自动入群，不过管理员可以对其进行控制。
- ◆具有专属的企业群图标，用以区分各种类型的企业群，如常规企业群、部门群以及全员群等。
- ◆企业群具备专属红包，即只有指定员工才可以领取红包。

其中，企业管理员在通讯录中添加部门时，系统会默认开启创建企业群功能，创建后自动关联本部门，新员工加入该部门就会自动加入群。另外，手动选人发起的企业群聊天标识为蓝色“企”，系统自动开启的企业群标识为蓝色“企”。钉钉可以直接创建企业群，下面进行介绍。

STEP 01 在钉钉主界面中，点击“联系人”按钮。进入联系人页面中，点击页面右上角的“添加联系人”按钮，如图3-15所示。

图3-15

STEP 02 进入添加联系人页面中，点击“创建团队”按钮。进入“创建团队”页面中，依次设置团队名称、所在行业、地区、免费专家服务及添加团队成员等，点击“立即创建团队”按钮即可创建出一个名为“test”的企业群，如图3-16所示。

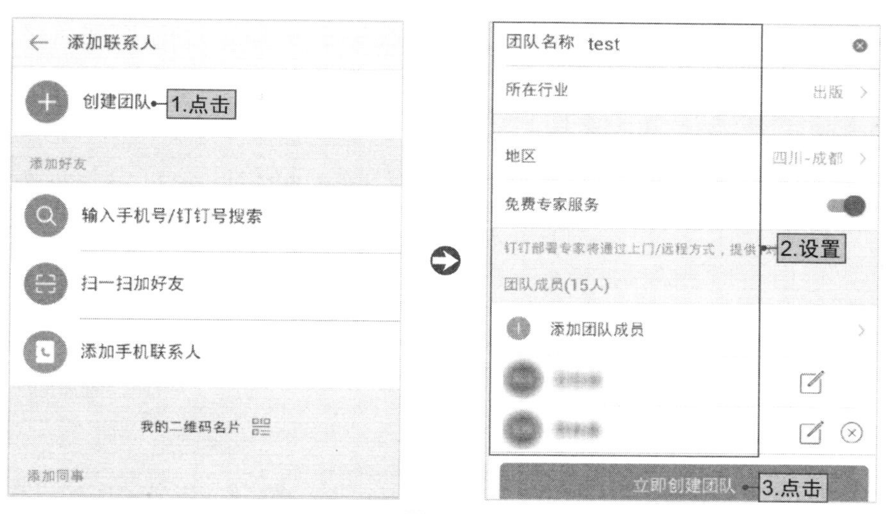

图3-16

NO.004

DING一下最可靠，确保消息传达

群发通知，DING一下。一分钟通知几百人，支持应用内、短信和电话3种提醒方式。

会议邀请，DING一下。使用定时发送，会议前5分钟自动提醒员工或客户参加会议。

对方迟迟不回复，是不在线还是故意玩失踪。DING一下，文字消息自动转成语音电话，专治“拖延症患者”。

如果说钉钉里最受欢迎的功能是什么？那当属DING一下功能了。发布重要消息时，以前除了群发短信外，还需要逐个询问有没有收到通知，毕竟很多人忙起来的时候基本没时间看手机。而使用钉钉，不仅可以看到哪个人没有查看消息，对于未读人员还可以用DING一下的方式进行提醒。使用DING一下功能后，钉钉会自动帮用户完成对未读人员打电话和发短信提醒查看消息的操作，确保对方可以及时查看到相关的通知（无论对方的手机是否安装钉钉软件）。这样一来，就更加有效地完成了消息的传达。

另外，钉钉中还支持发送定时的DING通知，用户只需事先将这些通知信息编辑好内容，设定好发送对象以及发送时间，到了时间点，钉钉就会自动按时将这些信息准确无误地DING一下出去。那么，如何发DING呢？其主要有以下几种方式。

◆ 在钉钉主界面中，点击“DING”按钮，进入DING页面中，点击右上角的“编辑”按钮。在钉钉页面选择接收人、发送方式和发送时间，输入发送内容（可添加附件），点击“发送”按钮即可，如图3-17所示。

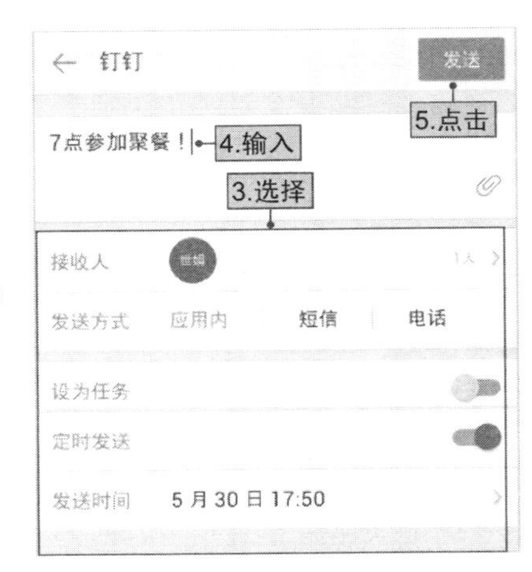

图3-17

◆ 在联系人页面中选择“钉钉好友”选项，进入钉钉好友页面中，在好友列表中选择想要对其发送DING的好友。进入对方个人资料页面，点击“DING”按钮，即可对其发送DING消息，如图3-18所示。

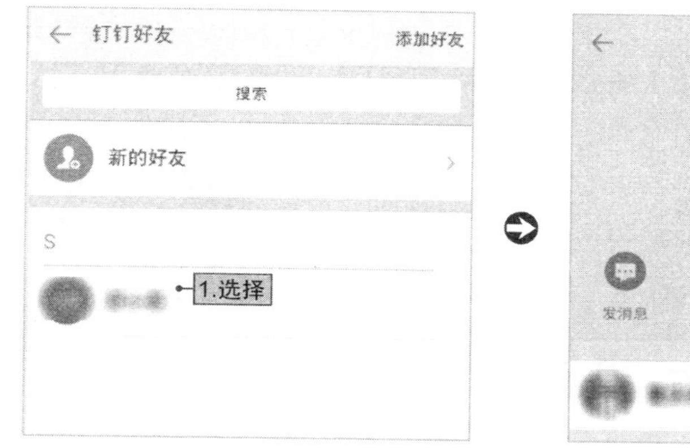

图3-18

◆ 在聊天中发出的消息，如果有未读的，可以在消息列表中选择“未读”消息的联系人。进入聊天页面后，点击“⊕”按钮，在展开的列表中点击“DING”按钮，即可对其发送DING提醒查看消息，如图3-19所示。

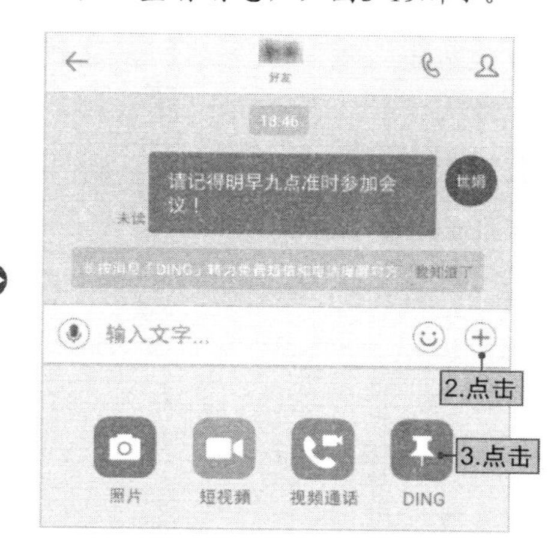

图3-19

◆ 在计算机端的钉钉客户端中也可以使用DING功能，即登录钉钉账户，在主界面右侧单击“DING”选项卡，然后单击右上角的“编辑”按钮即可设置DING信息，设置完成后发送信息即可。

3.2 阿里钉钉，开启移动协同办公新时代

在企业管理与办公中，仅仅有了高效沟通是远远不够的，还需要协同办公。而阿里钉钉就是一个完整的移动协同平台，它是与通信结合的企业办公，是高效快速完成审批、通知与日志等办公的必备应用；结合钉钉的基础通信能力，将各种办公审批快速以短信和电话通知对方，消息必达；审批有着自己独到的功能，融合通信移动办公，随时随地申请秒批，实现零等待和更强大的执行力。

NO.005

管理人员很忙，有事别再到处寻他

在公司管理中，如果员工有事情想请假，是一件比较麻烦的事情，需要经过多个部门管理人员的批示。若员工的请假时间较长，很容易会引起高层管理人员的注意。

可以说，一张简单的请假单，可能会让员工忙前忙后几个小时，甚至可能是几天。这主要是因为管理人员都比较繁忙，他不可能成天待在办公室里等着员工去请假，这就直接导致员工花费大量时间寻找与等待管理人员。不仅仅是员工请假，员工出差申请、办公费用预支申请以及公司内部活动申请等事情，都需要请管理人员在申请表中签字确认后，才能执行。

钉钉可以让这些头疼的事情变得简单，因为它带有一个“审批”功能，可以帮助公司员工轻松提交申请，还可以让公司管理人员及时地进行批示。下面就以请假为例，介绍如何使用钉钉中的“审批”功能。

STEP 01 在钉钉主界面中，点击“工作”按钮。进入公司的工作页面中，点击“其他应用”栏中的“审批”按钮，如图3-20所示。

TIPS 钉钉请假怎么撤销

已通过的审批不可以由申请人随意撤销或修改，若想要撤销，则只能找公司管理员说明清楚，请他将审批单删除，这样请假条也就自动取消。

图3-20

STEP 02 进入审批页面中，在“出勤休假”栏中点击“请假”按钮。进入请假页面中，依次设置请假类型、时间、时长、请假事由以及审批人等，如图3-21所示，然后点击页面下方的“提交”按钮即可提交请假申请。

图3-21

STEP 03 提交审批内容后，管理人员就会立即收到一条申请审批通知。此时只需打开申请通知，在通知页面下方点击“同意”按钮。进入审批意见页面，输入审批意见，然后点击“确定”按钮即可完成审批操作，如图3-22所示。

图3-22

NO.006

公告消息，通知及时到位

公司会时不时地向员工发送一些公告信息，如法定节日放假时间和公司集体活动安排等。如果将这些信息打印出来贴在前台或公告板上，很容易被匆忙的员工所忽略，也容易被来访的外部人员轻易查看。如果发布到群消息中，也很容易被其他消息所覆盖。对于一些比较紧急的消息而言，则无法及时传达给公司的全体员工。例如，星期六因为特殊的工作原因，需要相关人员到公司加班，此时就只能依次进行电话通知。

钉钉的公告功能，给了公司一种全新的公告方式。该公告是由公司管理员（或子管理员）发送给全公司（或指定部门和指定人员）的通知性文章，管理员编辑并发布公告，员工则可以在手机端收到公告通知。

另外，管理人员可以即时查看公告的已读或未读人员，可以查看50人以上，谁读了公告，谁未读公告，一目了然。对于未读人员，管理者还能将公告转换为DING一下方式来提醒未读人员查看。下面介绍如何发布公告。

STEP 01 进入公司的工作页面中，在“知识管理”栏下点击“公告”按钮（因为项目可以自定义设置，所以每个公司所设置的展示项目不同，如此处的“知识管理”项目，项目中的任何功能按钮都可以在“其他应用”栏下找到，即便是没有展示出来也可以自定义添加）。进入公告页面中，点击右上角的“发…”超链接，如图3-23所示。

图3-23

STEP 02 进入发公告页面中，依次输入公告标题和公告内容，点击页面右上角的“下一步”按钮。此时，在打开的页面中可以设置发送范围、添加封面图片、保密公告和DING一下，点击页面右上角的“发布”按钮即可发布公告，如图3-24所示。

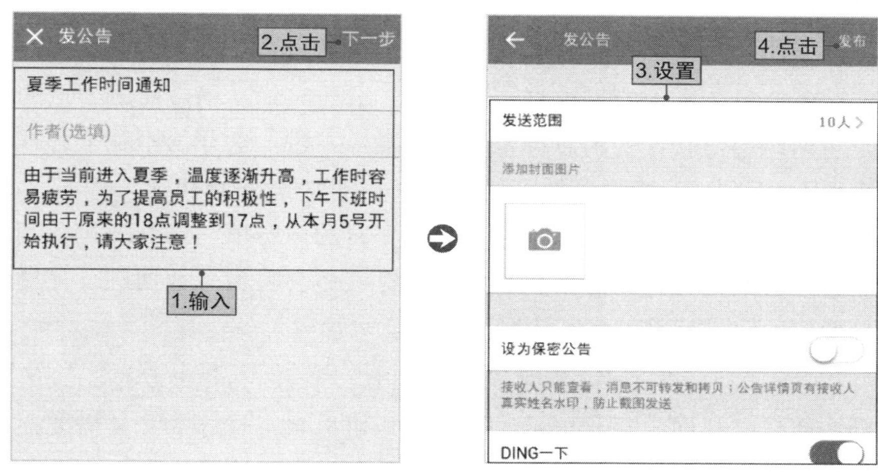

图3-24

STEP 03 返回公告页面中，即可查看到未读和已读的公告，在“未读”选项卡中，点击需要阅读的公告超链接，即可查看公告详情，同时还能知道员工是否已经阅读了该条公告，如图3-25所示。

图3-25

TIPS *钉钉公告的特色功能*

置顶公告会在客户端微应用页面顶端展示；重要公告可以用发DING消息的形式提醒员工查看；保密公告会在公告页面打上查看人的姓名字水印，防止公司信息截图外泄。

NO.007

日志轻松填，工作成果汇总慢慢看

目前，有些公司会要求员工每天、每周或每月写工作日志，然后提交到部门管理人员手中，部门管理人员再进行逐一查看或者将其进行汇总，然后往上级管理人员递交。

很多公司在执行该工作时，还停留在纸质时代，稍微前卫一点的也就是用即时通信软件的消息群来进行汇报。不过，这非常不利于管理人员查看与汇总，需要花费较多的时间。钉钉为公司提供了一个日志功能，员工只需要在工作日志中进行相关资料的内容填写，管理人员就可以即时查看到对应的日志信息。另外，钉钉还会将相关数据进行自动的汇总操作，组成汇总表格并计算，便于公司管理人员查看。

其中，日志中包含多项内容，如日报、周报、月报及拜访记录等。如果在写日志页面中每月展示出来，用户可以自定义添加，只需要在写日志页面中点击“添加模板”按钮，进入添加模板页面中，即可添加需要的模板，如图3-26所示。

图3-26

在钉钉中发日志的操作比较简单，可以在公司的工作页面点击日志进行操作，也可在和老板单独聊天时发日志汇报工作，但是在群组里面无法发送日志。在编写日志时，可以使用默认的日报和周报等模板，也可以让管理员添加适用于公司汇报格式的模板。下面就以发送日报为例，介绍如何发日志。

STEP 01 进入公司的工作页面中，在“其他应用”栏中点击“日志”按钮。进入写日志页面中，点击“日报”按钮，如图3-27所示。

图3-27

STEP 02 进入日报页面，依次输入今日完成工作、未完成工作和需协调工作的内容，然后依次设置图片、附件和接受日报的管理人员等内容，然后点击页面下方的“提交”按钮即可发送日志。接收日志的管理人员在钉钉消息界面中，可以查看到工作通知提醒消息，如图3-28所示。

图3-28

STEP 03 选择“工作通知”选项，进入工作通知界面中，选择需要查看的日志信息。此时，即可查看到详细的员工工作日报，如图3-29所示。

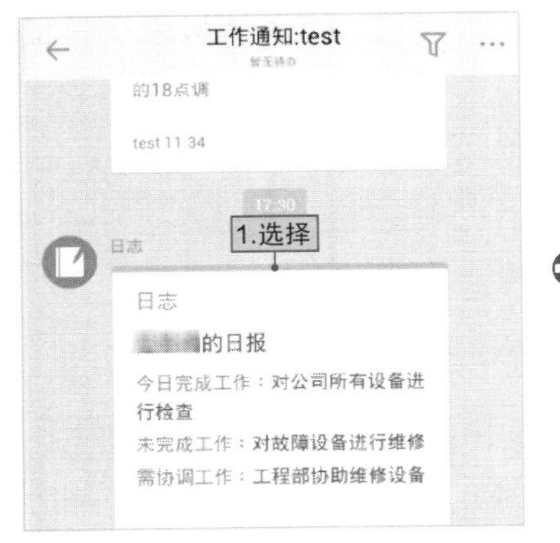

图3-29

NO.008

钉盘，把公司的文件柜装进口袋

对于经常上传下载文件或分享文件的用户而言，网盘并不是一个陌生的东西，百度云盘就是百度推出的一款网盘工具。不少公司会将工作资料上传到网盘中，以供员工使用，不过这也存在一定的风险，即员工可以任意查看某些重要的资料。

为了解决这个问题，钉钉为公司带来了一个可以进行阅读权限管理的网盘工具——“钉盘”。在这个公司专属网盘中，拥有多个不同权限的目录，分别是企业公共目录、企业群目录以及个人目录，每个目录都有对应的查看权限。企业公共目录仅支持管理员编辑，全体员工可见；企业群目录是企业群的共享区域，群成员可见；个人目录只有个人可编辑查看，员工个人可见。其中，以公司为单位，钉盘的初始化存储空间为100GB，公司还可以根据邀请联系钉小秘申请扩容。

公司员工可以把钉盘中的文件发送给公司中的其他员工，甚至是公司外部的人员。不过，公司外部人员无权查看公司内部文件，安全可以保障。文件在发送端也不受限制，可以发给公司外部的人员，但在查看文件的时候，钉钉都会根据所属公司和其身份进行鉴权判断是否有权限打开该文件。下面介绍，如何在盯盘的企业群目录中上传与下载目标文件。

1. 上传文件

STEP 01 进入公司的工作页面中，在“知识管理”栏中点击“钉盘”按钮。进入钉盘页面中，在“企业文件”栏中选择需要上传文件的目标企业选项，如图3-30所示。

图3-30

STEP 02 进入目标企业选项页面中，可以看到不同权限的目录，在“内部群文件”栏中选择相应目录。进入内部群文件目录页面中，点击“新建文件夹”按钮，如图3-31所示。

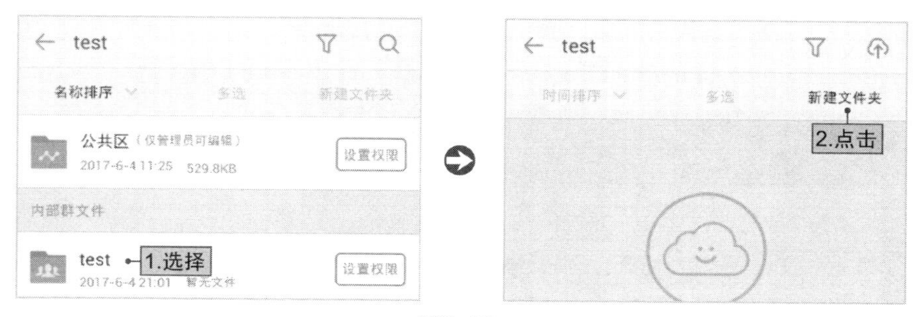

图3-31

STEP 03 进入新建文件夹页面中，输入文件夹的名称，点击页面右上角的“确定”按钮。然后进入该新建的文件夹页面中，点击页面右上角的“上传”按钮，如图3-32所示。

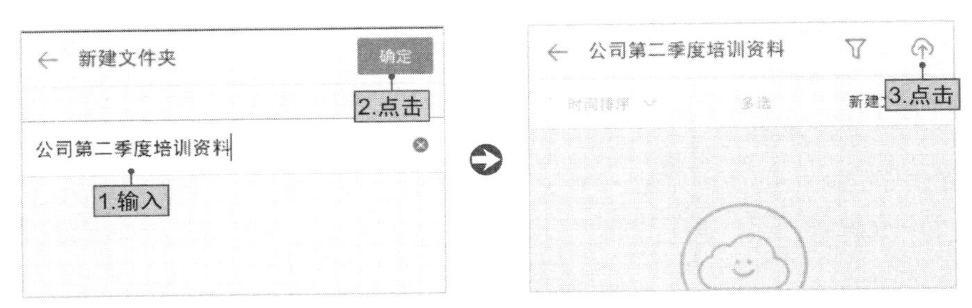

图3-32

STEP 04 在打开的上传文件提示页面中，选择“手机文件”选项。进入手机内部存储页面中，找到需要上传的文件，选中其前面的单选按钮，点击页面下方的“发送”按钮，如图3-33所示。

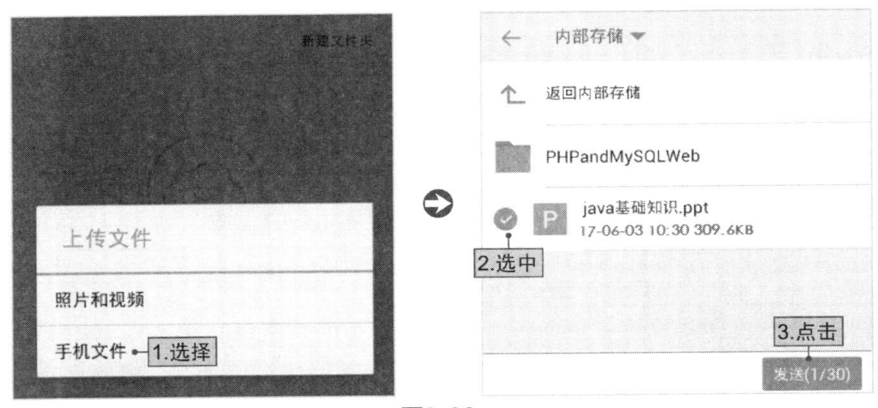

图3-33

STEP 05 在打开的上传后提醒页面中，点击“直接上传”按钮。此时，程序将自动上传文件，上传完成后显示上传的文件名称，如图3-34所示。

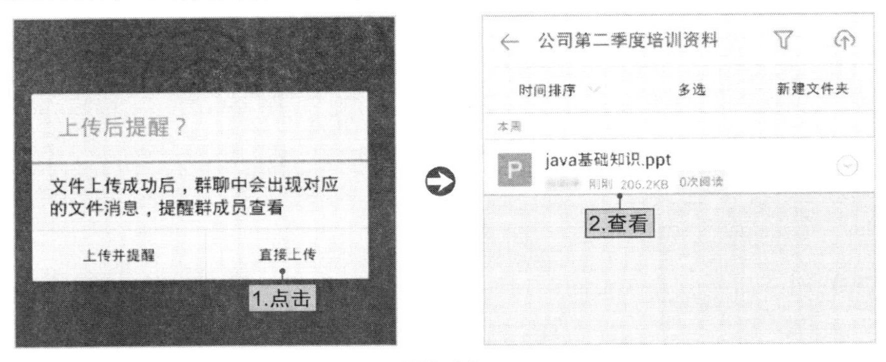

图3-34

2. 下载文件

STEP 01 进入钉盘页面中，在“企业文件”栏中选择需要下载文件的目标企业选项。进入企业文件页面中，在“内部群文件”栏中选择需要对应的目录。如图3-35所示。

图3-35

STEP 02 此时，可以对文件内容进行预览，点击页面下方的“下载”按钮，程序将自动下载文件，下载完成后会对存储位置进行提醒，如图3-36所示。

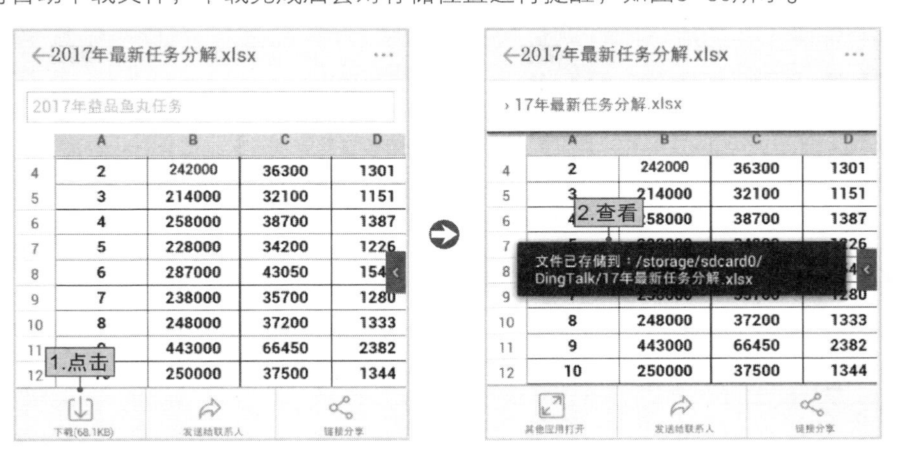

图3-36

NO.009

钉邮，让邮件和你一样重要

对于大多数人来说，很早都已经开始接触电子邮件了，许多公司也把电子邮件作为一种重要的沟通手段，特别是传输文件。员工和管理人员每天几乎可以收到几十封甚至上百封的电子邮件，客户邮件、公司内部邮件、私人邮件以及广告邮件等，这也就导致某些重要、紧急的邮件被正在忙碌的员工所忽略的原因。

此时，钉钉就为用户带来了一个全新的电子邮件系统——钉邮（C-mail），它具有以下几点功能。

- 支持查看收件人已读或未读邮件，未读的还可以通过DING提醒。
- 可以将邮件转成DING消息，即刻通知对方。
- 发送给下属的邮件，会自动转为聊天消息通知对方，并自动标记为重要邮件，不再错过领导邮件。
- 可以与邮件参与人电话会议（双人、多人均可）。
- 钉钉邮箱可以迅速地从钉钉云盘中读取附件，将常用文件存储在钉钉云盘，有利于手机上快速收发邮件。
- 无须知道对方邮箱地址，只需输入钉钉联系人名称即可发送邮件。

登录钉钉之后，邮件就直接穿透到聊天，查看邮件与回复邮件就像聊天那样简单。下面介绍如果使用钉邮发送邮件。

STEP 01 进入公司的工作页面中，在“办公通讯”栏中点击“钉邮”按钮。进入邮件页面中，在页面右下角点击“编辑”按钮，如图3-37所示。

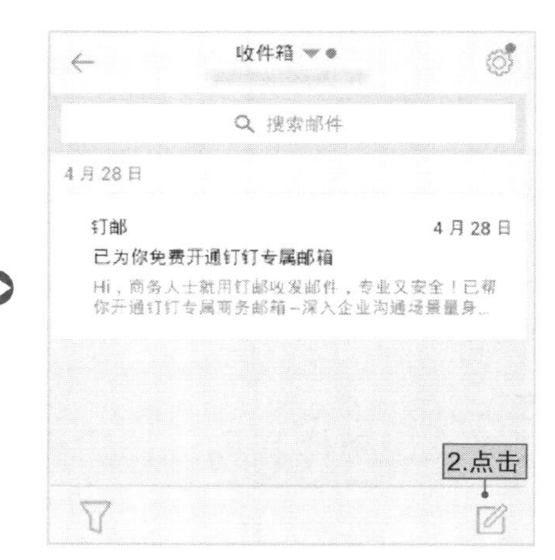

图3-37

STEP 02 进入新邮件编辑页面中，点击“添加收件人”文本框后面的“添加”按钮。在打开的选择接收人页面中，选中目标收件人前面的单选按钮，点击“确定”按钮，如图3–38所示。

图3-38

STEP 03 返回新邮件编辑页面中，输入邮件标题，点击页面下方的“附件”按钮。进入手机内部存储页面中，找到需要上传的文件，选中其前面的单选按钮，点击页面下方的“发送”按钮，如图3–39所示。

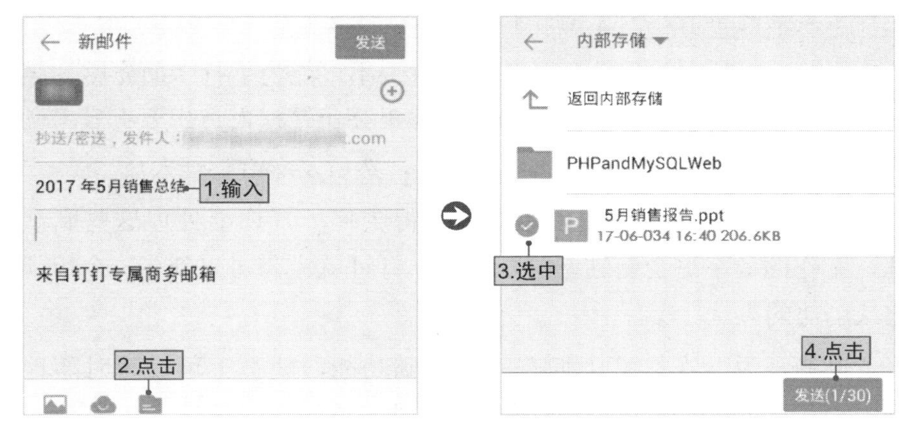

图3-39

STEP 04 返回新邮件编辑页面中，输入邮件正文内容，点击页面右上角的“发送”按钮。此时，程序将自动发送邮件，只要等待邮件发送完成即可，如图3–40所示。

图3-40

NO.010

移动签到功能，打卡机可以退休

作为考勤利器，打卡机几乎是每个公司必备的设备，每天上下班打卡或签到成了公司员工必须做的事情。可是打卡机都是固定安装在公司的某个位置，员工必须走到它的面前才能完成打卡行为。虽然打卡并不是什么复杂的事情，但忘记打卡的情况时有发生。

同时，对偶尔外出公干员工而言，也不可能为了打卡而先跑一趟公司，此时就得提前做好备案。另外，如果公司管理人员想要查看考勤，还需要管理打卡机的员工导出考勤数据，然后发送给管理人员。

本来工作已经比较烦琐，让人觉得头疼了，还要处理这些麻烦事儿，工作的效率更会受到影响。此时，钉钉就为公司想到了一个用现代方式解决的方法。

也就是说，在钉钉中拥有移动签到功能，让员工可以随时随地签到，管理人员也可以随时随地查看公司人员的在岗情况。进入公司的签到页面后，钉钉将自动定位用户所在的位置，此时进行签到操作，就可以查看当前时间与地点。下面介绍，如何利用移动签到功能实现打卡。

STEP 01 进入公司的工作页面中，在“内外勤管理”栏中点击“签到”按钮。进入签到页面中，程序自动定位当前所在的位置，此时页面中会显示当前时间和地点，定位完成后点击“签到”按钮，如图3-41所示。

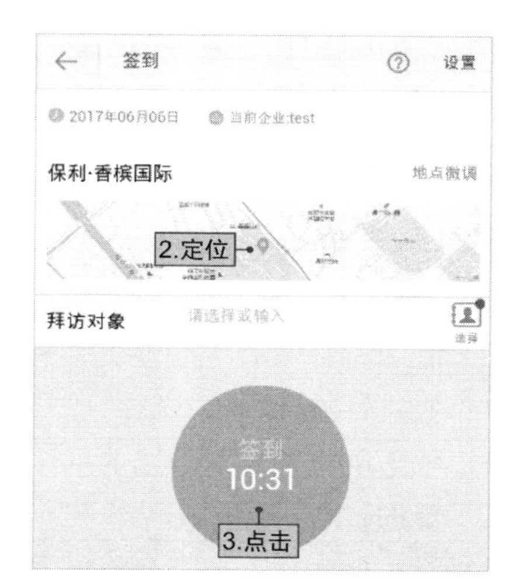

图3-41

STEP 02 在打开的页面中输入签到备注（也可以不填写），点击“提交”按钮。此时，即可完成签到动作，在页面中也可以看到“今日你已签到1次”的提示信息，如图3-42所示。

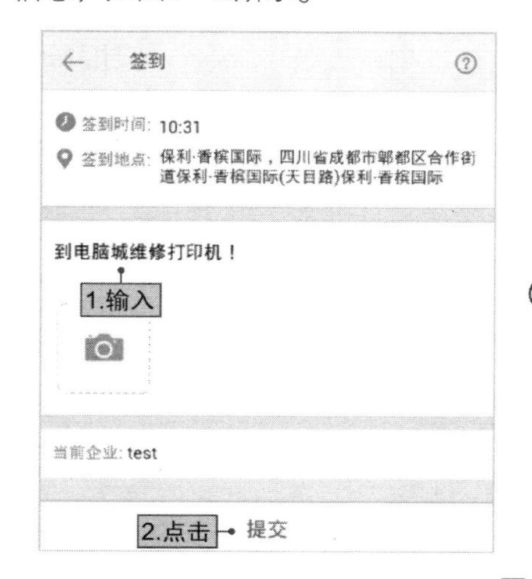

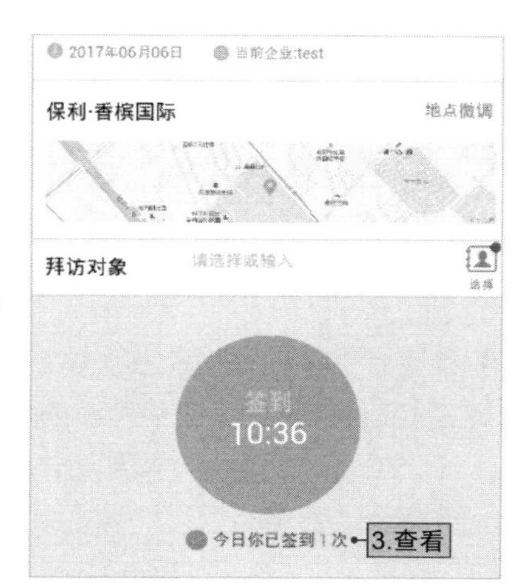

图3-42

3.3 你可能不知道，阿里钉钉的隐藏功能

钉钉主打工作圈，强调公司团队成员之间的沟通协同能力，基于其强有力的DING消息功能和有趣的多方通话功能，在短时间内就吸引了大量的用户。钉钉与其他APP一样，具有许多基本功能。不过，钉钉还有很多隐藏的技巧和功能。

NO.011 澡堂模式真安全，消息保密就靠它

消息需要保密，不想让他人轻易查看到？更不想让截图泄露自己的身份？钉钉的澡堂模式就可以解决这些问题，在澡堂模式下进行聊天，可以畅所欲言地发表自己的看法，无须担心后果。这主要是因为澡堂模式功能的核心是保护隐私，在此模式下信息不能被复制，用户无须担心被录音，姓名和头像都会被打马赛克。聊天消息阅读30秒后自动销毁，不留痕迹（未读信息不消失）。

另外，澡堂模式还支持隐藏功能，开启该功能需要设置安全密码。隐藏功能开启后，页面中的所有澡堂对话将自动隐藏起来，当用户收到澡堂消息时在消息界面上并无明显的提示，只是消息图标戴上了墨镜。

此时，用户可以通过“摇一摇”打开安全密码输入界面，只要输入正确的密码，即可进入澡堂对话列表，并显示历史对话与新的澡堂对话。在澡堂对话的列表页面，用户点击“返回”或“锁屏”按钮或将钉钉切换至后台都会退出澡堂列表，澡堂会话再次隐藏，在各种场景下都能重点保护用户的对话隐私。下面我们来看看钉钉澡堂模式如何操作。

STEP 01 在钉钉主界面的消息列表中，选择需要进行澡堂对话的目标联系人。或者点击“联系人”按钮进入联系人页面中，选择需要进行澡堂对话的目标联系人，如图3-43所示。

图3-43

STEP 02 进入聊天界面中，在消息输入文本框中输入“***”（此处为3个英文字符），点击发送按钮。此时，即可进入澡堂模式中，在提示对话框中点击“开始聊天”超链接，如图3-44所示。

图3-44

STEP 03 在消息输入文本框中输入聊天内容，此时可以发现自己的名称被隐藏，而头像部分则被模糊处理，这是程序自动处理的。经过几分钟后，聊天界面中的聊天将被程序自动清空，消息每隔30秒也会自动删除一条，如图3-45所示。

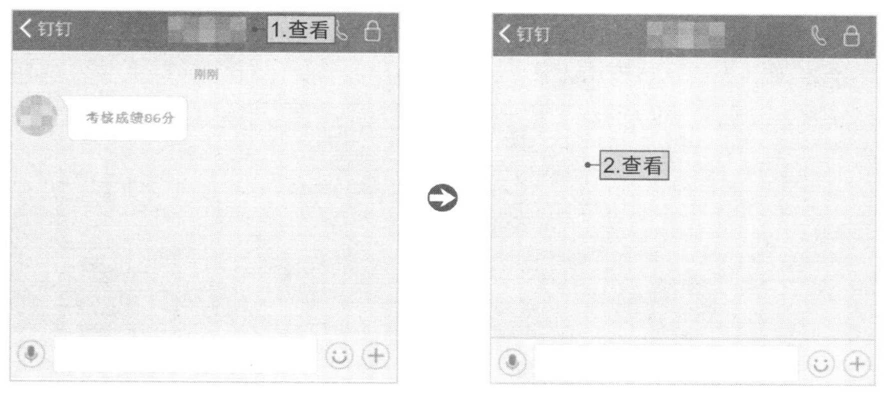

图3-45

NO.012

钉钉自聊，教你用正确姿势做备忘录

在日常工作中，如果遇到了重要的工作事件，就需要将其记录下来。不过，又担心自己忘记带记事本，或记录下来的信息被他人看到。此时，就会选择将重要的工作事件发给自己，只有自己可以看，并可以随时随地登录查看。

由此可知，自己给自己发送消息，是一个非常实用的功能，该功能并不是QQ或微信所特有的，在钉钉也有，下面进行介绍。

STEP 01 先将自己的手机号码存入手机通讯录中，然后进入到联系人页面中，选择“手机通讯录”选项。进入手机通讯录页面中，选择自己的手机号码选项，如图3-46所示。

图3-46

STEP 02 进入个人信息页面中，点击“发消息”按钮。此时，即可进入与自己的聊天界面中，输入重要的工作事件，然后点击“发送”按钮即可完成操作，如图3-47所示。

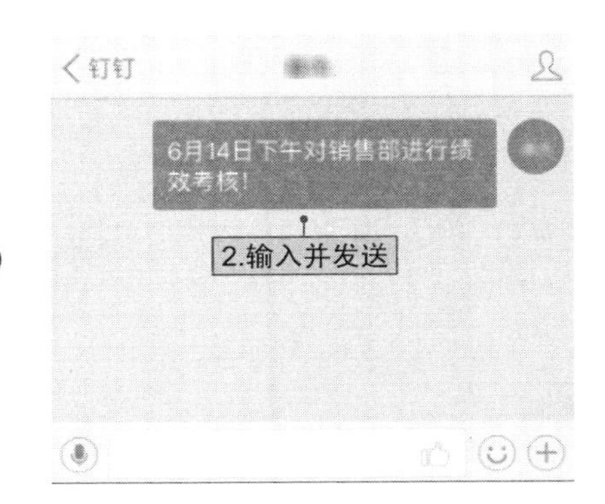

图3-47

NO.013

聊天界面左滑，自动显示信息发送时间

钉钉作为团队沟通协作的重要工具，将消息必达放到第一位，所以消息是何时发出也非常重要。在钉钉聊天记录中，默认情况下并不是每条消息都会显示显示发送时间。

如果想要查看信息的发出时间，可以尝试将聊天界面向左滑动，肯定会有意外的发现，如图3-48所示。

图3-48

NO.014

钉钉有后悔药，消息撤销功能来帮忙

有时候发送了一条消息，又立刻觉得该消息发送得有些不妥，这对于朋友而言并没有多大关系，但如果发送的对象是领导，这就可能会出大事，此时该怎么办？目前，许多即时通信软件都不支持撤回功能，这样即使用户及时发现消息发送错误，也没有办法撤回。但钉钉支持消息撤回功能，只要是在3分钟内发送的消息，都可以立即撤回。当然，及时撤回处于未读状态的消息，会更加有意义。同时，钉钉的聊天记录还支持清空功能。

在消息聊天界面中，按住需要撤回的消息，在打开的菜单中选择

“撤回”选项。此时，目标消息即可自动撤回，如图3-49所示。

图3-49

TIPS *消息“使命必达”*

钉钉是团队沟通协作工具，也可以是小伙伴约玩、约吃的交流道具。在钉钉的使用过程中，消息发送必达是最基础的功能，即消息是否被成员读取。简单来说，只要用户在群聊中发出的每条消息，都会在左中间位置显示“已读”或“几人未读”提示信息。点击“未读数”后，即可查看到究竟是谁看了消息，谁没有看消息，一目了然。

从前面的介绍中可以看出，钉钉的功能非常强大。不仅如此，钉钉还支持多平台使用，各平台之间的消息无缝同步，无门槛团队创建，任何人或任何公司都可以轻松创建团队。另外，认证公司或团队还拥有更多的通话时间和DING一下次数等优势。

第4章

BigAnt: 专业的企业通信工具

对大多数人来说，比较熟悉和常用的即时通信工具有QQ、微信以及点点虫等。这些工具是日常生活中联系亲友的重要工具，但如果在工作中也使用这些工具进行业务交流，那么免不了因处理个人事务而影响工作效率。而BigAnt企业即时通信工具可以帮助员工不被个人即时通信软件所打扰，从而大大提高工作效率。

4.1 BigAnt客户端的安装

BigAnt又被称为大蚂蚁，能够有效地缩短企业内部沟通距离，快速提高企业内部工作效率，其有多个版本，在进行安装时不同的企业要选择适合自己的版本。

NO.001

BigAnt的两大版本

BigAnt有两个版本，包括BigAnt5.0和BigAnt4.0。BigAnt5.0有标准版、专业版和国产化版三个版本，不同版本的特点和适用企业有所不同，具体如表4-1所示。

表 4-1　BigAnt5.0 不同版本对比

对比	标准版	专业版	国产化版
特点	具有便捷、高效、强大和易用的特点	全新系统构架，更全面，更安全	全面支持国产 CPU、操作系统和服务器等国产化软硬件环境
适用性	中小企业单位	大中型企业事业单位	政企等事业单位

BigAnt4.0有标准版、企业版、政务版三个版本，这三个版本的不同优势和适用性如表4-2所示。

表 4-2　BigAnt4.0 不同版本对比

对比	标准版	企业版	政务版
优势	超高性价比、严谨的技术架构、高质量技术支持服务等	信息贯穿电脑桌面和移动终端。拥有全面的安全防护体系，可靠的消息传递机制和强大的文档管理功能等	拥有全面的安全防护体系、可靠的消息传递机制和灵活的开放体系架构等
适用性	中小企业单位	大中型企业事业单位	政企等事业单位

BigAnt有PC端和移动端两大客户端，移动端界面设计简洁，简单易用，具有以下五大功能。

◆ **即时沟通**：包括文字、图片、公告、语音留言和视频留言等。

◆ **企业通讯录**：完整的企业内部通讯录，树状架构展现，移动端屏幕一目了然。

◆ **移动端SDK**：只需几行代码，就可以在任意APP中快速集成大蚂蚁IM功能。

◆ **文档管理**：统一企业内部文档，移动端随时快速上传、下载，同步文档共享。

◆ **群组讨论**：支持移动端多人会议、群组沟通，视频、语音及会议记录同步存档。

NO.002

BigAnt客户端的安装

BigAnt5.0和BigAnt4.0所需的软硬件环境是不同的，安装BigAnt5.0所需的软硬件环境如下。

◆ **硬件要求**：CPU P4以上（含），硬盘80GB，内存512MB以上。

◆ **操作系统要求**：CentOS、Linux release 7.1.1503、(Core)+或Linux。

BigAnt4.0对于软硬件环境有以下要求。

◆ **硬件要求**：CPU P4以上（含），硬盘80GB，内存512M以上。

◆ **操作系统要求**：Windows XP、Windows 2003、Vista、Windows 7或Windows 8。

了解了BigAnt不同版本的适用企业类型以及软硬件要求后，就可以下载安装适合自己企业的版本了，具体操作如下。

STEP 01 进入BigAnt官方网站首页（http://www.bigant.cn/），在“下载”下拉列表中选择需要下载的版本，这里选择“V5.0”选项，如图4-1所示。

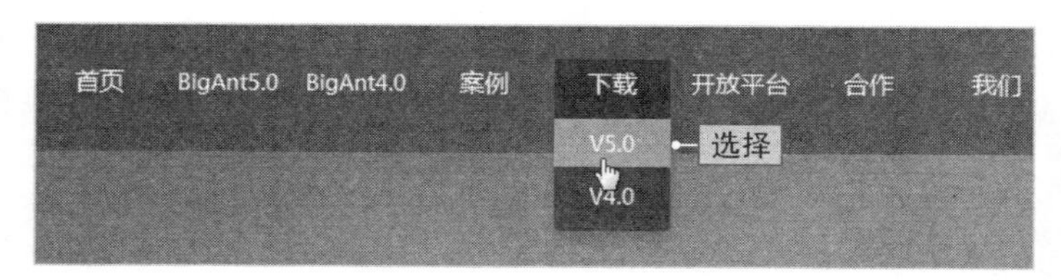

图4-1

STEP 02 在打开的页面中选择版本，这里单击“BigAnt5.0 PC版”后面的“下载”按钮，如图4-2所示。

客户端下载

版本	大小	发布日期	
BigAnt5.0 PC版	65.29 MB	2017-4-14	下载
BigAnt5.0 Mac版	95.51 MB	2017-4-14	下载
BigAnt5.0 Android版	14.81 MB	2017-4-14	下载

图4-2

STEP 03 在“保存”下拉列表中选择“另存为”命令，然后单击“保存”按钮，将其保存到计算机指定位置，如图4-3所示。

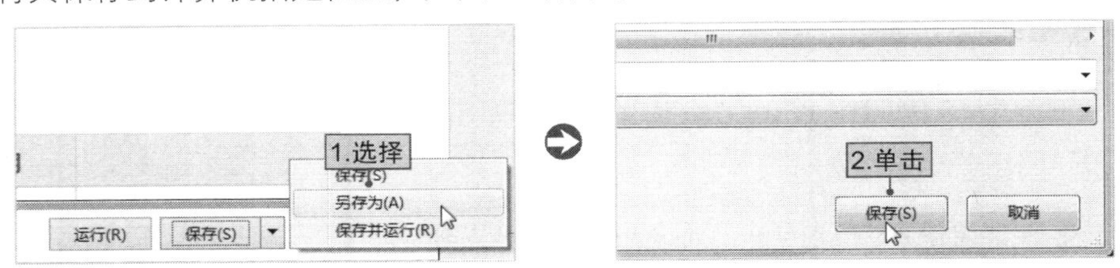

图4-3

STEP 04 下载完成后双击应用程序，在打开的“打开文件-安全警告”对话框中单击“运行”按钮，如图4-4所示。

图4-4

STEP 05 在打开的页面单击“立即安装”按钮，系统会自动进行安装，最后单击“×”按钮，如图4-5所示。

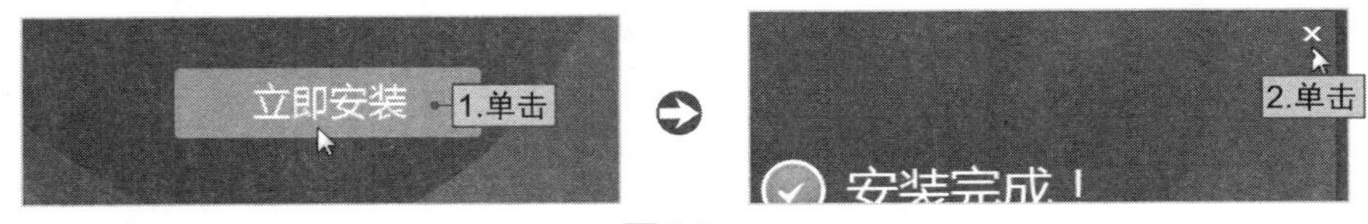

图4-5

STEP 06 完成安装后会自动在桌面生成快捷方式，如图4-6所示。

图4-6

4.2 BigAnt服务端的下载和安装

BigAnt客户端安装完成后还不能立刻登录使用，需要安装服务端获取IP地址并分配账号和密码。

NO.003

BigAnt服务端的下载

BigAnt服务端的安装也有一定的软硬件要求，对于网络BigAnt服务端有以下要求。

- 局域网环境。
- 因特网环境（根据客户需求）。
- 在TCP/IP协议下的固定IP地址，或者动态IP加动态域名。

在硬件方面，BigAnt服务端有以下要求。

- CPU：P4已上（含）；在线人员超过500人，建议使用物理双CPU服务器（4GB内存，160GB硬盘）；人员超过1 000人，建议使用专用服务器。
- 硬盘：80GB。
- 内存：2GB以上。

在软件方面，BigAnt服务端支持Windows NT、Windows2000，Windows XP、Windows 2003、Vista、Windows 7和Windows 2008。在确保计算机符合上述软硬件要求后即可下载BigAnt服务端并安装。BigAnt5.0服务端需申请后才能下载。下面介绍如何申请下载。

STEP 01 在“BigAnt5.0 PC版”的下载页面，单击“BigAnt5.0 Windows服务端”后面的“下载”按钮，如图4-7所示。

图4-7

STEP 02 在打开的页面中填写企业名称、用户规模和联系电话等信息，单击“申请下载”按钮。申请成功后页面会自动跳转至下载页面，再选择服务端进行下载即可，如图4-8所示。

图4-8

NO.004

BigAnt服务端的安装

BigAnt服务端下载完成后，即可在计算机中安装BigAnt服务端，具体的安装流程如下。

STEP 01 找到“BigAnt5.0 Windows服务端”的安装目录，双击运行应用程序。在打开的页面中单击“立即安装”按钮，如图4-9所示。

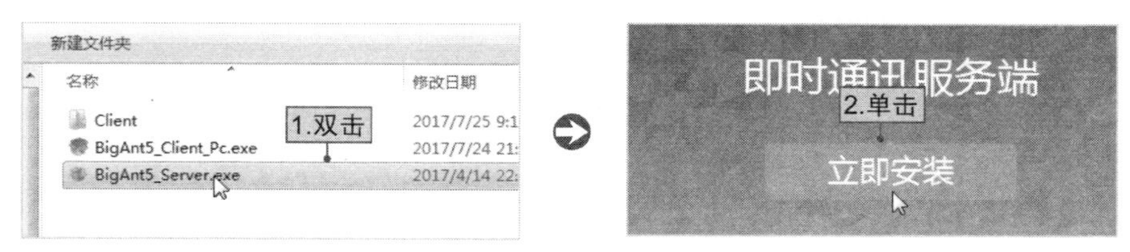

图4-9

STEP 02 系统会自动进行服务端的安装，安装完成后单击“立即体验”按钮，如图4-10所示。

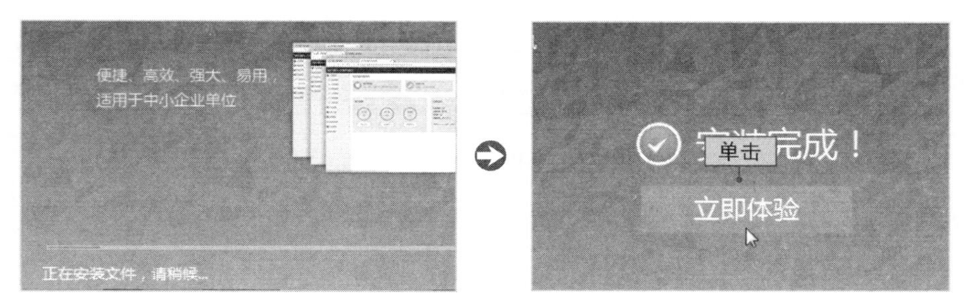

图4-10

STEP 03 在打开的“即时通讯 安装导向”页面单击“下一步”按钮。进入环境检测页面，单击“下一步”按钮，如图4-11所示。

图4-11

STEP 04 进入创建数据库页面，填写企业信息和管理员信息，单击“下一步”按钮，如图4-12所示。

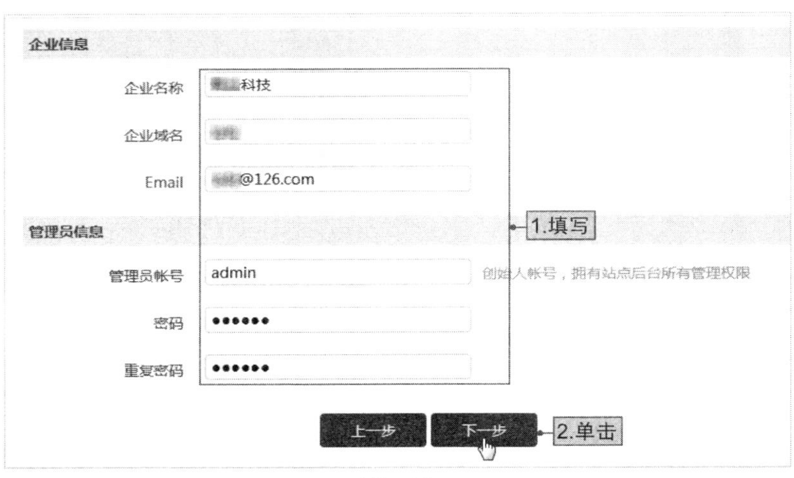

图4-12

STEP 05 进入数据库安装页面，安装完成后单击“进入后台”按钮可进入服务端后台登录页面，如图4-13所示。

图4-13

4.3 BigAnt服务端基本应用

完成BigAnt客户端的安装后即可进行服务端基本应用操作，下面进行具体介绍。

NO.005

基本应用之用户管理

使用BigAnt客户端是不能申请BigAnt账号的，需要由BigAnt系统管理人员在BigAnt服务端后台添加账号，具体操作如下。

STEP 01 进入服务端后台登录界面，输入管理员账号和密码，单击“登录”按钮。进入后台管理页面，选择“人员管理”下拉列表中的“人员管理”选项，如图4-14所示。

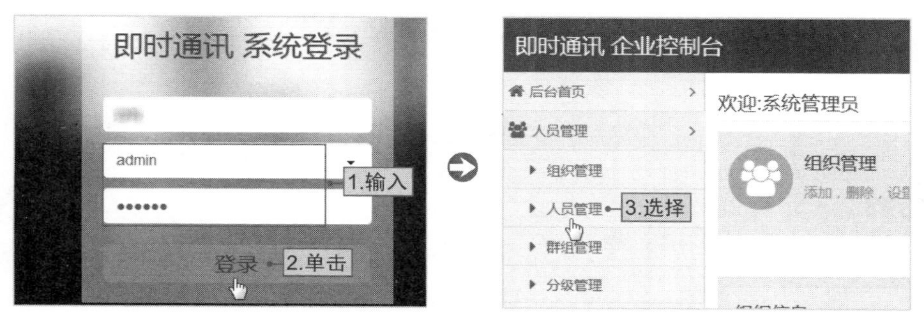

图4-14

STEP 02 在打开的页面中单击“新增用户”按钮。进入基本信息填写页面，填写账号、密码和姓名等信息，单击“保存”按钮，如图4-15所示。

图4-15

完成用户新增后，管理员可以将该用户的账号和密码告知员工，员工可使用该账号和密码登录BigAnt客户端。如果该员工离职了，那么可以将该员工的账号信息删除。只需在“人员管理”页面单击账号后面的“删除”超链接即可，如图4-16所示。

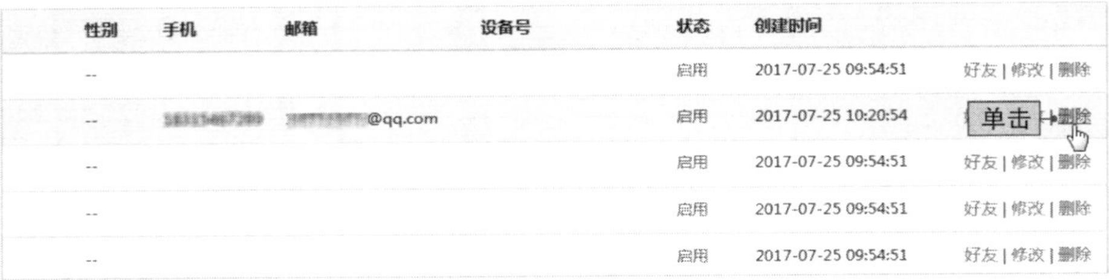

性别
手机
邮箱
设备号
状态
创建时间
--
启用
2017-07-25 09:54:51
好友 | 修改 | 删除
--
@qq.com
启用
2017-07-25 10:20:54
单击
删除
--
启用
2017-07-25 09:54:51
好友 | 修改 | 删除
--
启用
2017-07-25 09:54:51
好友 | 修改 | 删除
--
启用
2017-07-25 09:54:51
好友 | 修改 | 删除

图4-16

NO.006

基本应用之组织管理

公司的部门一般不止一个，为便于管理可以在服务端为公司设置多个部门。下面介绍如何新增部门。

STEP 01 在服务端后台首页中单击“组织管理”超链接。在打开的页面中选择公司名称，再单击“添加部门”按钮，如图4-17所示。

后台首页
人员管理
系统设置
系统工具
应用管理
欢迎:系统管理员
组织管理
1.单击
后台首页
人员管理
组织管理
人员管理
群组管理
组织管理 /组织机构/
科技
添加部门
3.单击
组织机构
科技
2.选择

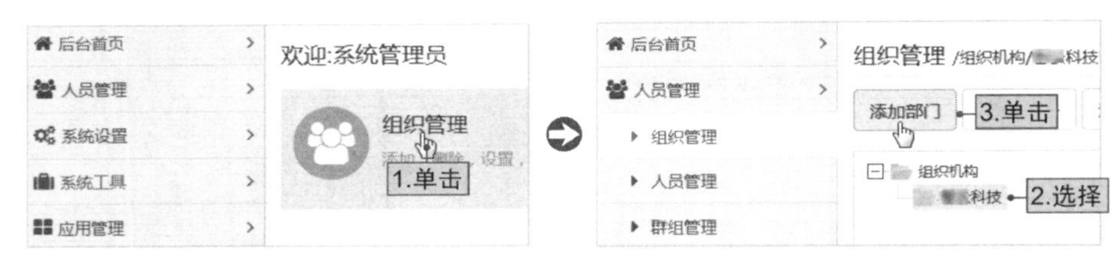

图4-17

STEP 02 在打开的页面中填写部门名称，单击“保存”按钮，如图4-18所示。

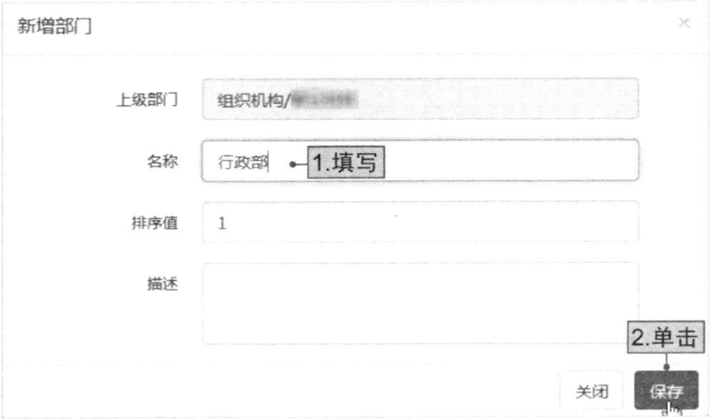

新增部门
上级部门
组织机构/
名称
行政部
1.填写
排序值
1
描述
2.单击
关闭
保存

图4-18

如果要删除某个部门，则在选中该部门后，选择“部门操作”下拉列表中的“删除部门”选项，如图4-19所示。

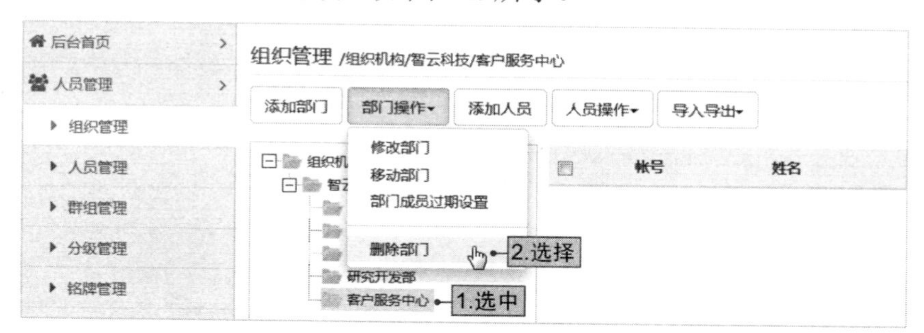

图4-19

BigAnt支持多级部门的添加，即在部门下添加子部门，以满足企业组织架构的需要。选中要添加子部门的部门，单击“添加部门”按钮，即可在该部门下添加子部门，如图4-20所示。

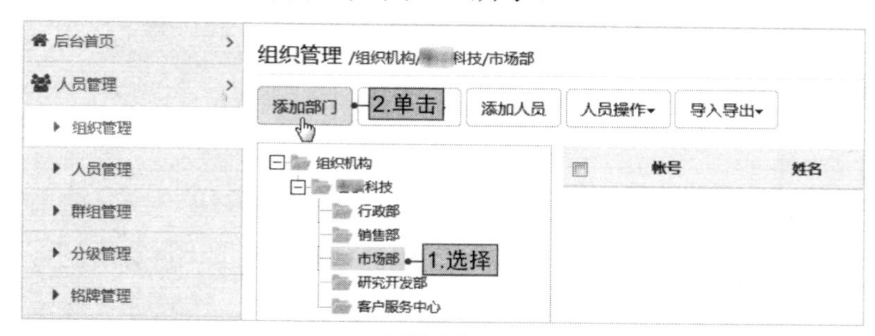

图4-20

NO.007

基本应用之群组管理

BigAnt提供了3种类型的群，包括固定群、个人群和讨论组。其中，固定群只能在服务端后台创建，客户端不能设置群组成员。个人群和讨论组都可以在客户端创建。下面介绍如何在服务端创建固定群。

STEP 01 在服务端后台首页中单击“添加群组”按钮，在打开的页面中单击“固定群”选项卡，如图4-21所示。

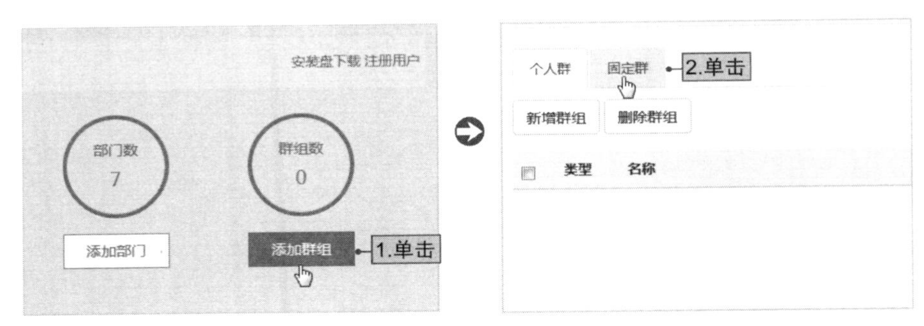

图4-21

STEP 02 在打开的页面中单击“新增群组”按钮。进入新增群组页面，填写群组名称、描述（选填）和群组规模，单击“保存”按钮，如图4-22所示。

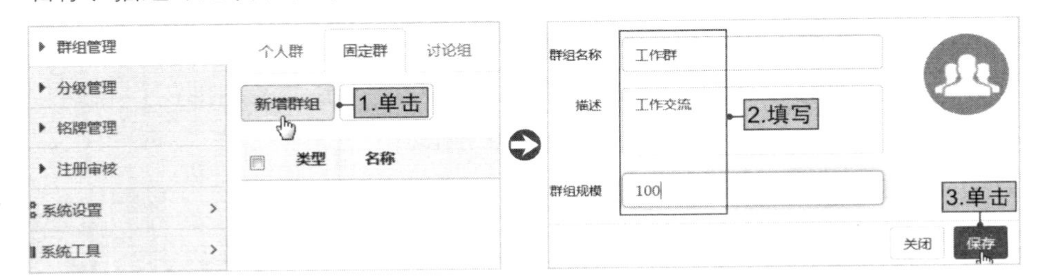

图4-22

创建个人群和讨论组的方法与创建固定群的方法一致，如果要删除某个群，则单击该群后面的“删除”超链接即可，如图4-23所示。

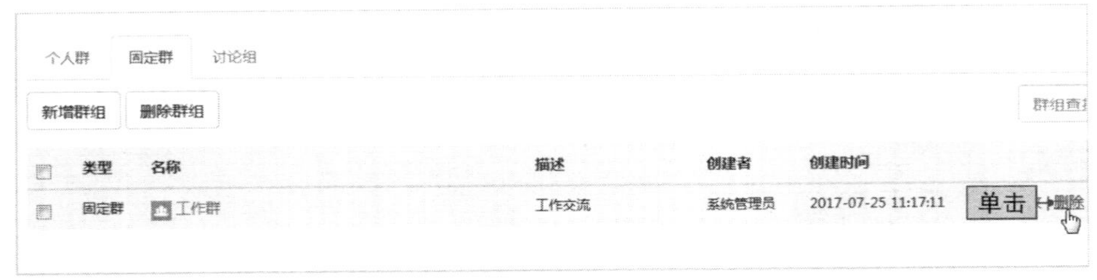

图4-23

群组新建好以后，必须对群组添加群成员才能使用。下面介绍如何为群组添加群成员。

STEP 01 在群组管理页面中选中群列表中的任意群组，单击“成员”超链接。在打开的页面中单击“添加成员”按钮，如图4-24所示。

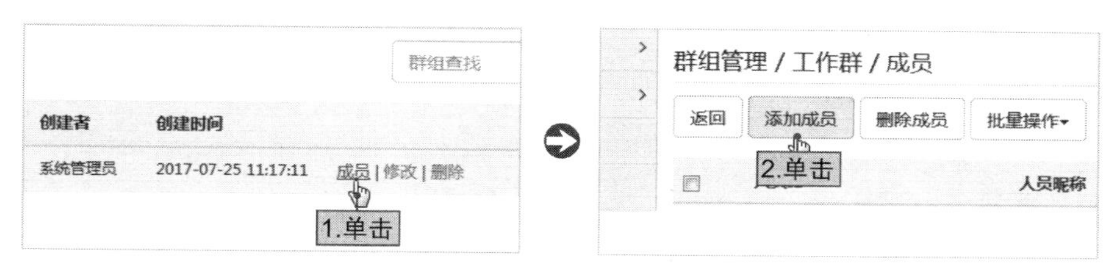

图4-24

STEP 02 在打开的页面中选择组织结构机构下的成员，最后单击“确定”按钮，如图4−25所示。

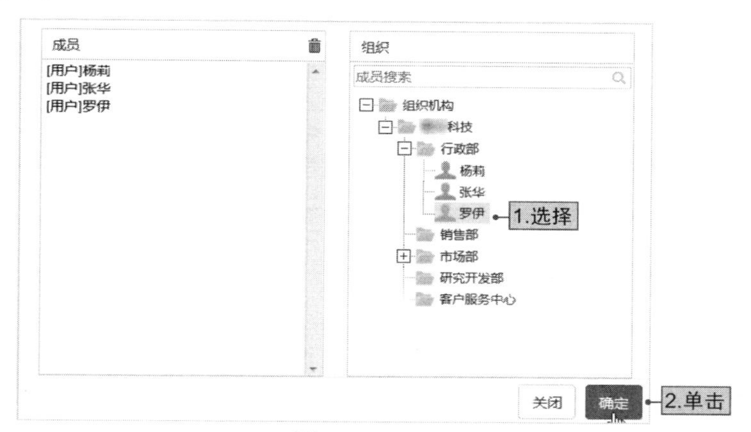

图4-25

添加群成员成功后，可以为群设置管理员。在群组管理页面选中“群管理员”复选框，即可将该成员设置为群管理员，如图4-26所示。

群组管理 / 工作群 / 成员

返回 添加成员 删除成员 批量操作

	人员ID	人员昵称	消息提醒	群管理员
	103	杨莉	接收并提醒	✓ 选中
	105	张华	接收并提醒	
	102	罗伊	接收并提醒	

图4-26

在群组管理页面，还可以对群成员的消息提醒类型和成员类型进行批量操作，如图4-27所示。

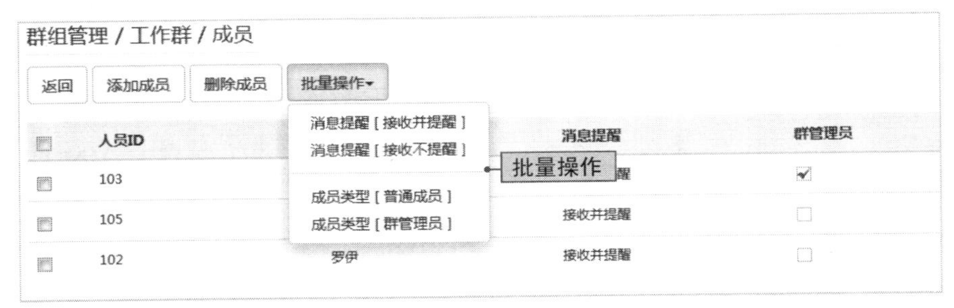

图4-27

NO.008

基本应用之分级管理

分级管理可以授予某个人管理某个部门的权限，下面介绍如何进行分级管理的操作。

STEP 01 在“人员管理”下拉列表中选择“分级管理”选项，在打开的页面中单击“新增分级管理”按钮，如图4-28所示。

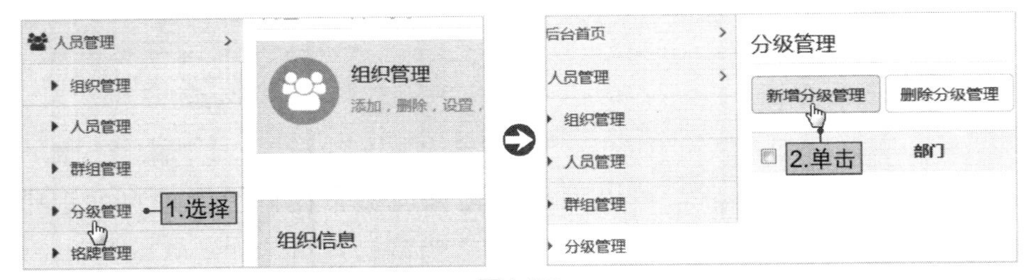

图4-28

STEP 02 在打开的页面中输入授权人员姓名，选择部门，单击“保存”按钮，如图4-29所示。

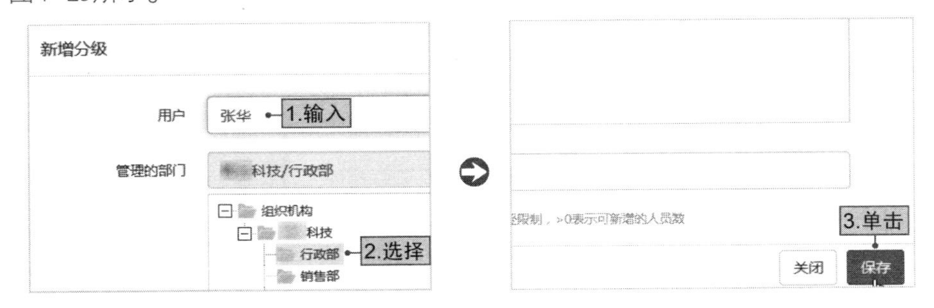

图4-29

NO.009

基本应用之系统设置

系统设置包括系统设置、扩展设置、密码验证和数据推送4个方面的设置。

（1）系统设置

可进行服务端和客户端的设置。在“系统设置”下拉列表中选择“系统设置”选项，再根据需要选中或不选中各选项的复选框，最后单击“保存”按钮，如图4-30所示。

图4-30

（2）扩展设置

选择“系统设置”下拉列表中的“扩展设置”选项，然后单击“新增配置”或“删除配置”按钮，即可进行“新增配置”和“删除配置”的设置，如图4-31所示。

图4-31

（3）密码验证

选择“系统设置”下拉列表中的“密码验证”选项，在“密码验证”页面可进行启动系统验证、启动域（LDAP）验证和启动域（AD）验证的设置，如图4-32所示。

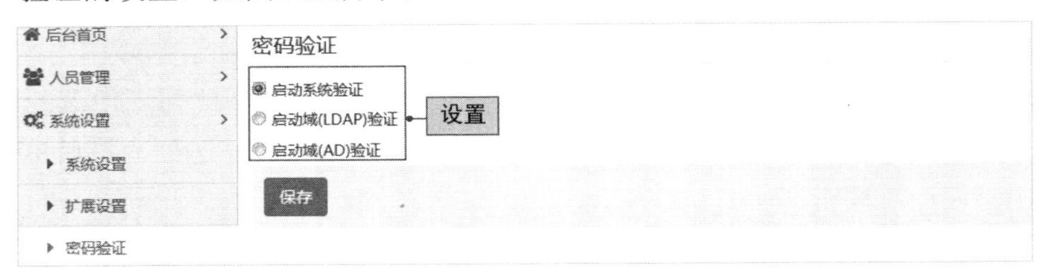

图4-32

（4）数据推送

选择“系统设置”下拉列表中的“数据推送”选项，打开数据推送页面。主要为IOS官方推送，推送时需要填写应用程序ID，上传证书文件和密匙文件，如图4-33所示。

图4-33

NO.010

基本应用之应用管理

Bigant提供了大量的应用，如云盘、公告、考勤和审批等，可以根据需要添加或删除应用。选择“应用管理”下拉列表中的“应用中心”选项。在应用中心单击“⊕”按钮可以添加应用，单击“⊖”按钮可以删除应用，这里单击“⊕”按钮添加云盘应用，如图4-34所示。

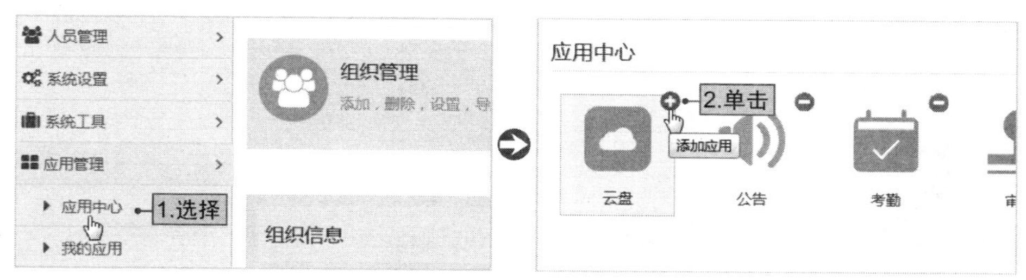

图4-34

选择“应用管理”下拉列表中的“我的应用”选项，在打开的页面中可以进行应用的修改和删除等操作，如图4-35所示。

图4-35

4.4 BigAnt客户端的基本应用

BigAnt服务端为公司员工新建账号和密码后，公司员工即可使用管理员分配的账号登录客户端进行客户端的基本操作。

NO.011

客户端用户登录

在桌面双击BigAnt客户端快捷方式，在打开的登录界面输入管理员分配的账号和密码，单击“登录”按钮。在打开的页面中输入BigAnt服务端的登录域名、IP地址和端口号，单击“保存”按钮即可完成登录，如图4-36所示。

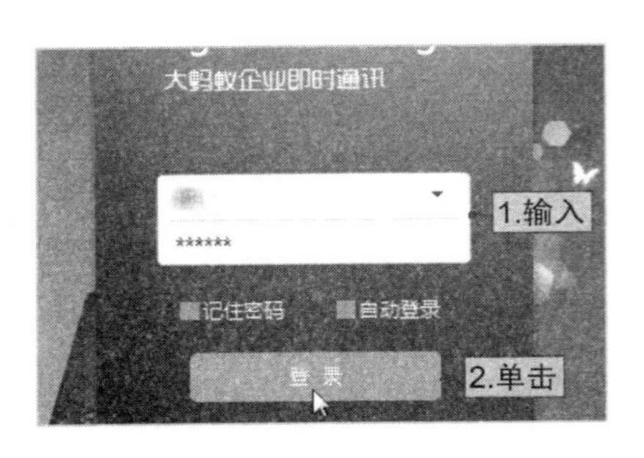

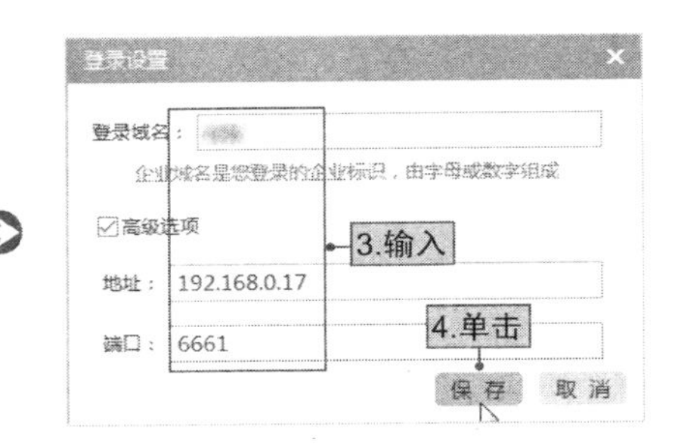

图4-36

登录域名是安装BigAnt服务端填写企业信息时填写的域名，BigAnt服务端的IP地址和端口号可以在服务端后台查询。在服务端后台管理界面选择“安装部署”选项，在打开的页面中即可查询到IP地址和端口号，如图4-37所示。

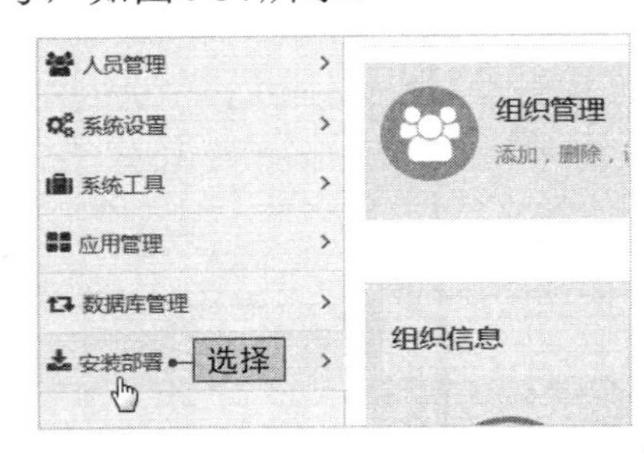

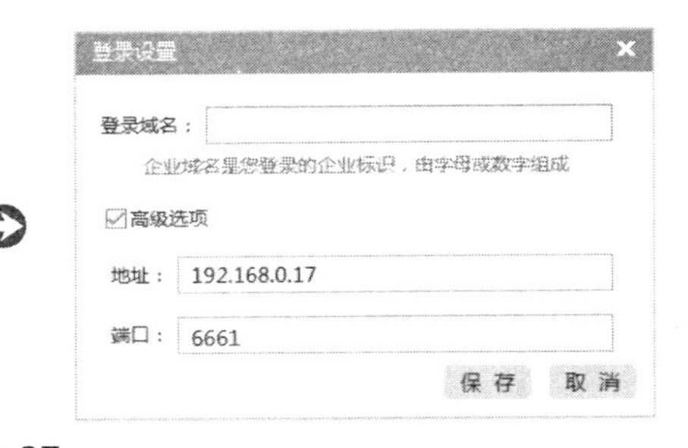

图4-37

NO.012

个人账户的基本设置

成功登录客户端以后可以进行个人账户信息的设置，下面介绍具体的操作。

STEP 01 单击个人头像超链接，在打开的页面中单击“编辑资料”按钮，如图4-38所示。

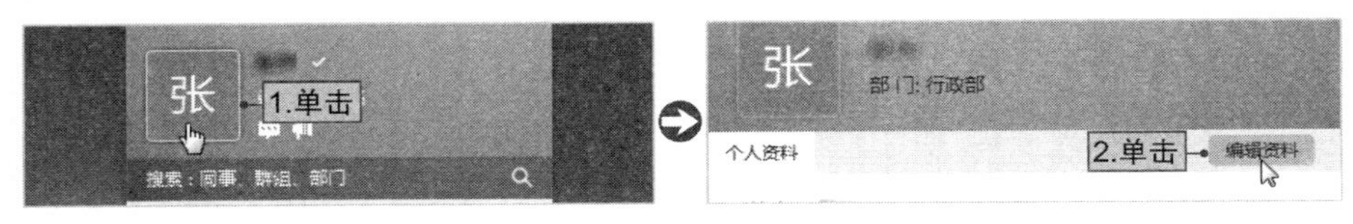

图4-38

STEP 02 在打开的页面中填写个人资料，再单击“保存”按钮，如图4-39所示。

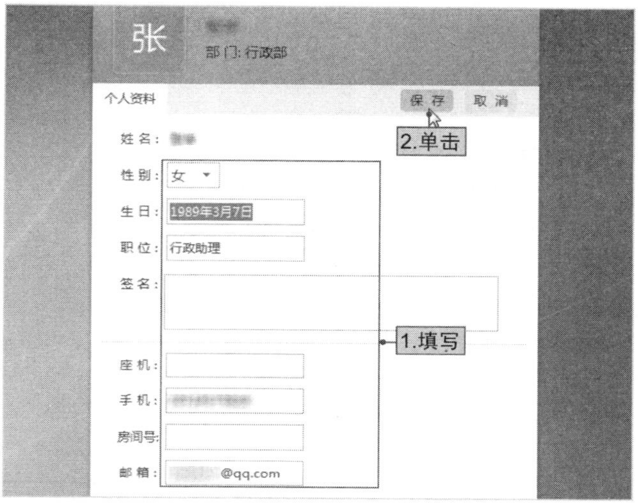

图4-39

NO.013

发送信息给同事

作为一款企业级即时通信软件，沟通交流是BigAnt最重要的功能。在主窗口界面选择要发送即时消息的用户右击，在弹出的快捷菜单中选择“发送消息”命令。然后在打开的会话窗口中输入消息内容，单击“发送”按钮即可发送消息给同事，如图4-40所示。

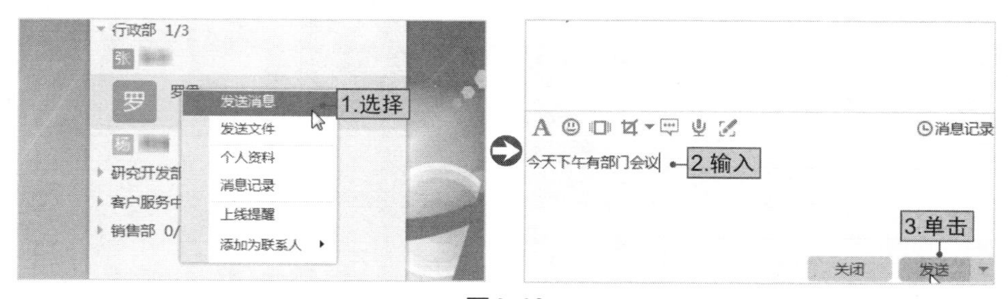

图4-40

在会话窗口可以发送文件或文件夹给同事。在“”下拉列表中选择“发送文件”命令。在计算机中选择要发送的文件，单击“打开”按钮，如图4-41所示。

图4-41

BigAnt客户端提供的会话窗口类型有两种：一种是窗口合并模式；另一种是单窗口模式。用户可在“会话设置”页面进行窗口类型的设置，下面介绍具体操作。

STEP 01 在主界面中单击“系统设置”按钮，在打开的页面中单击“会话设置”选项卡，如图4-42所示。

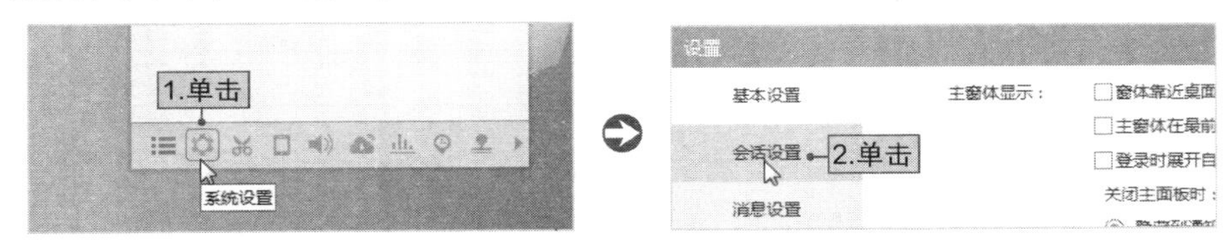

图4-42

STEP 02 在打开的页面选中“窗口合并模式”单选按钮，再单击“确定”按钮，可将会话窗口类型设置为合并模式，如图4-43所示。

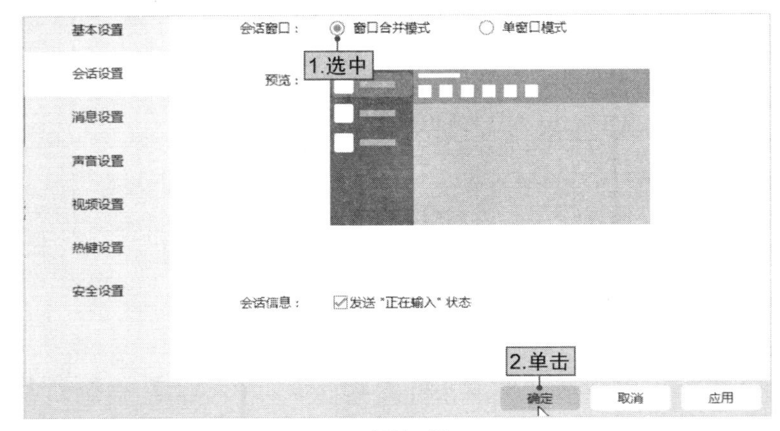

图4-43

NO.014

创建个人群和讨论组

BigAnt客户端用户可以在客户端创建个人群和讨论组。下面以个人群为例介绍如何创建。

STEP 01 在窗口主界面单击“群/讨论组”按钮，在打开的页面中单击“个人群”按钮，如图4-44所示。

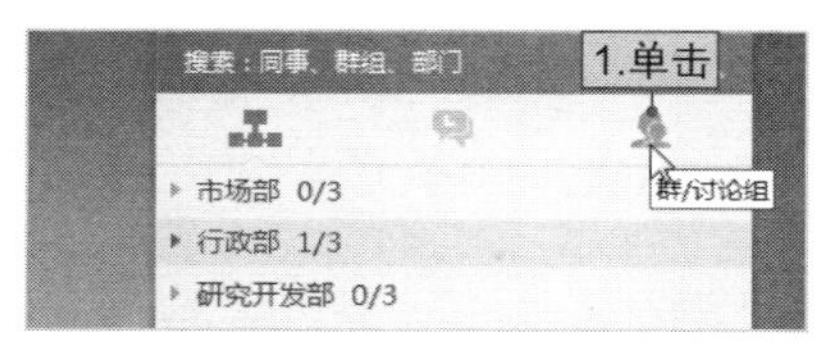

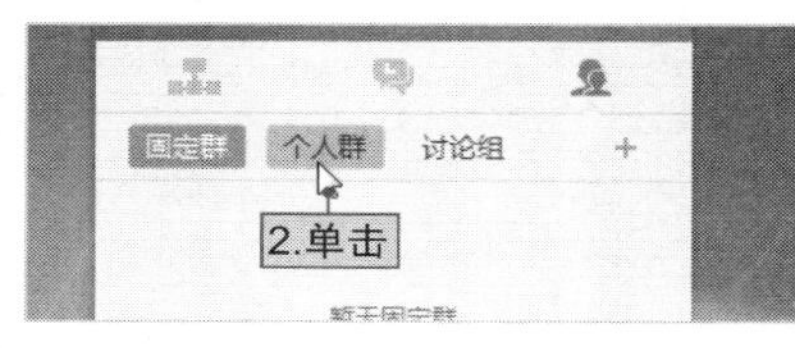

图4-44

STEP 02 在打开的页面中单击“创建个人群”超链接，在“创建个人群”页面中填写群基本信息，在组织架构下选择联系人，单击“确定”按钮，如图4-45所示。

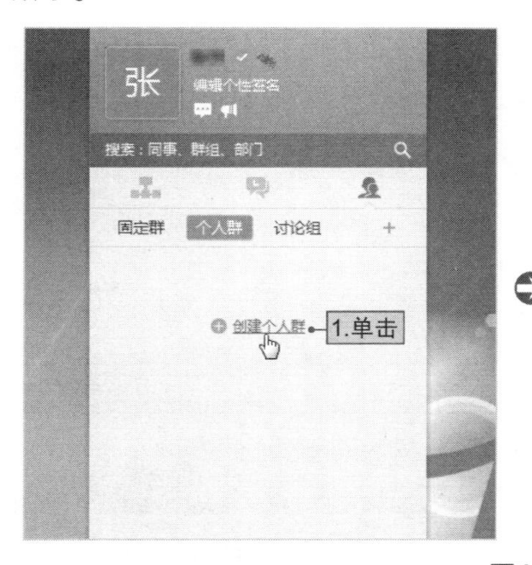

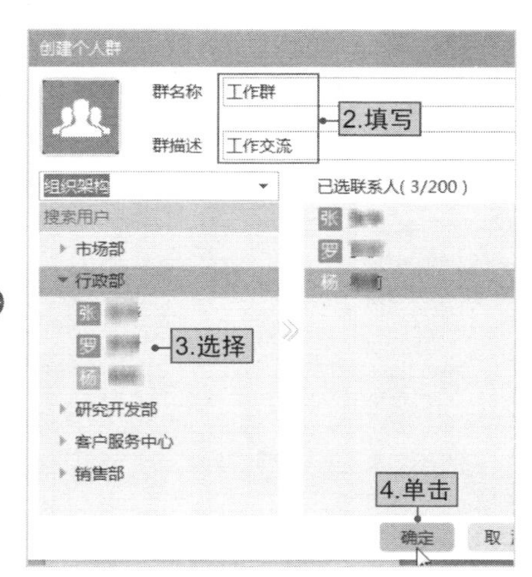

图4-45

NO.015

群发消息给部门成员

在BigAnt客户端可以群发消息给一个部门的所有成员，从而提高消息发送的效率。选择组织结构下的部门右击，在弹出的快捷菜单中选择“群发”命令，在打开的“群发消息”会话窗口中输入内容，单击“发送”按钮，如图4-46所示。

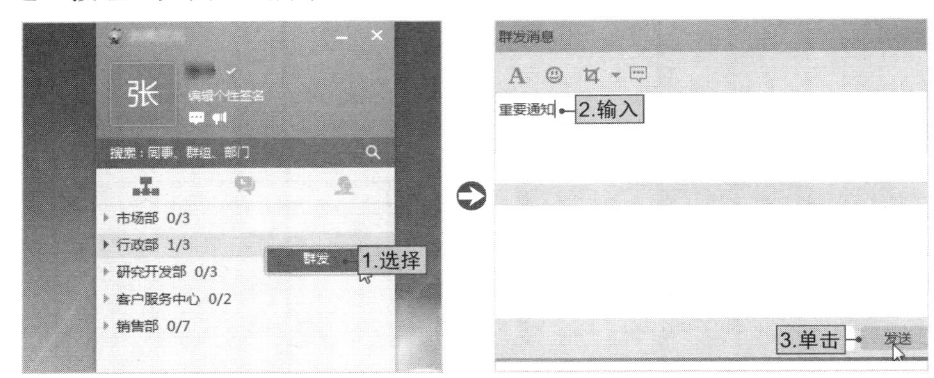

图4-46

在“群发消息”会话窗口还可以发送截屏。单击“ ”按钮，单击选择截屏区，再单击“完成”按钮，如图4-47所示。

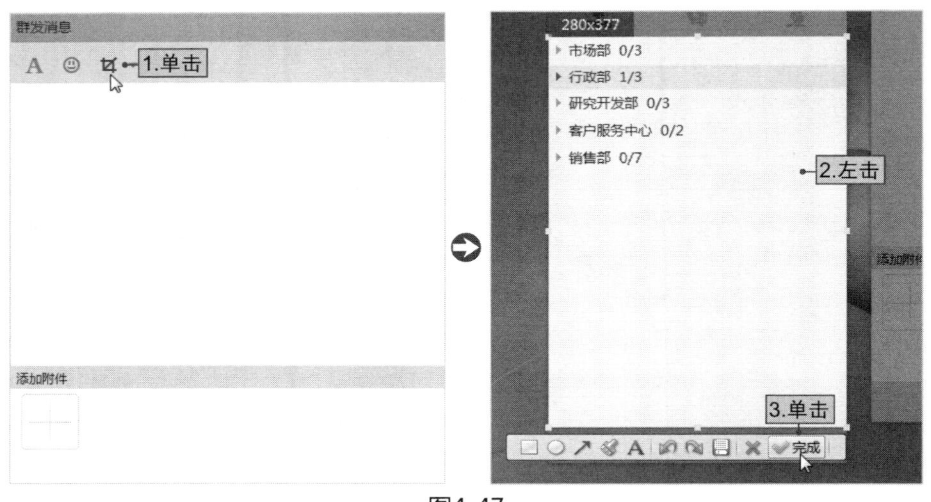

图4-47

NO.016

快速查看未读消息

对于没有及时阅读的消息，客户端用户可以在主菜单中实现快速查看，具体操作如下。

STEP 01 在主窗口界面中单击“主菜单”按钮，在打开的下拉菜单中选择“消息记录/查看未读消息”命令，如图4–48所示。

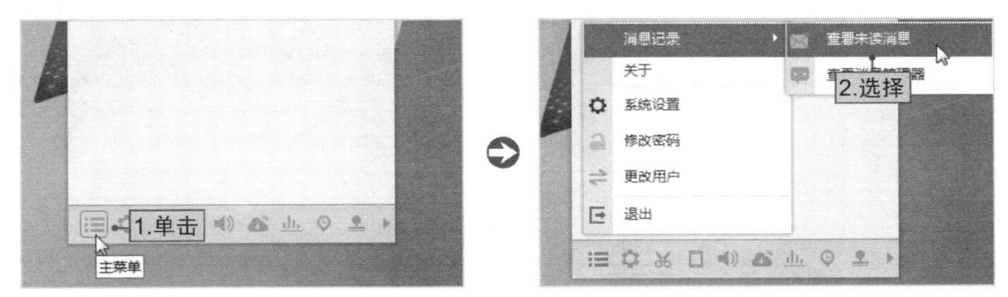

图4-48

STEP 02 在打开的“××消息盒子”对话框中单击“打开”超链接，进入会话窗口界面，如图4–49所示。

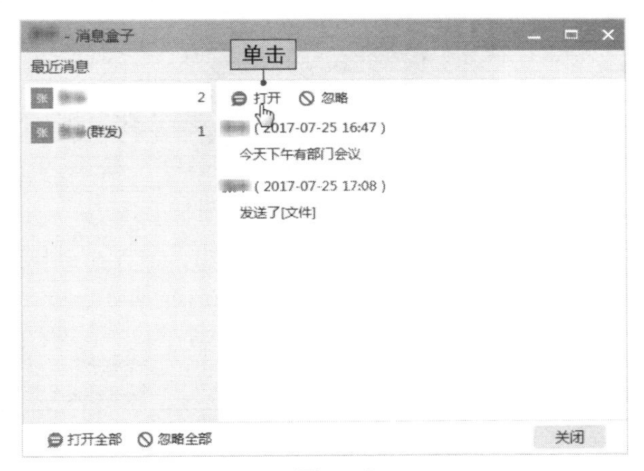

图4-49

NO.017

自动回复设置

在工作期间有可能因为外出办事或其他原因导致没有在计算机旁，这时如果有同事发送了即时消息，那么将无法马上回复。面对这种情况可以将个人状态更改为离开、忙碌或请勿打扰，并设置自动回复，这样就可以让同事及时得知无法回复消息的原因。更改个人状态很简单，只需在“ ”下拉列表中选择要更改的状态类型即可，如选择“忙碌”选项，如图4-50所示。

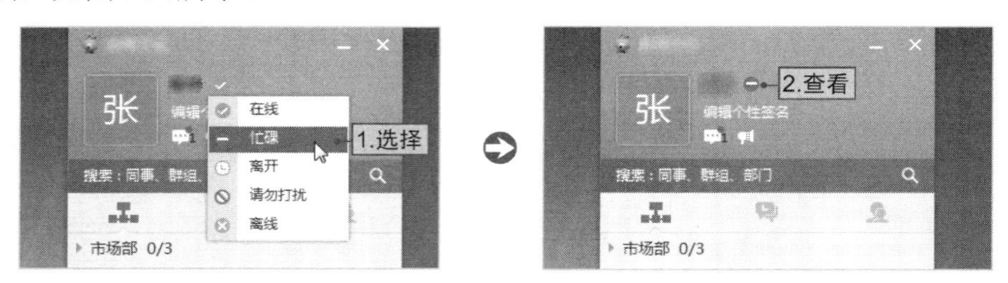

图4-50

自动回复可以在“消息设置”中进行设置，下面介绍具体的操作。

STEP 01 在主窗口界面单击“系统设置”按钮，在打开的页面中单击“消息设置”选项卡，如图4-51所示。

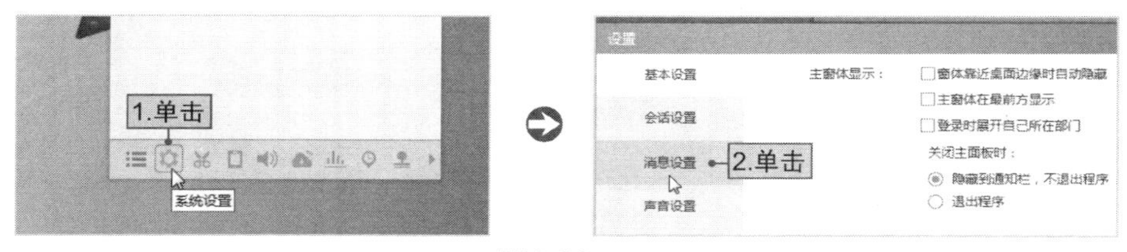

图4-51

STEP 02 在打开的页面中单击“自动回复设置”按钮，输入自动回复的内容，单击“保存”按钮，如图4-52所示。

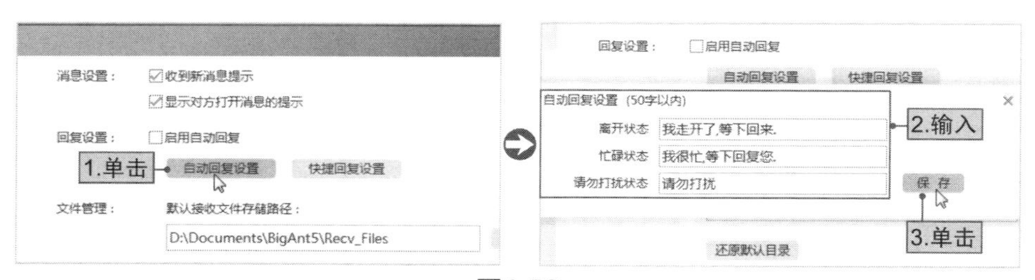

图4-52

NO.018

快速搜索联系人

BigAnt客户端提供了丰富的搜索方式，可以搜索人员和群组。在窗口主界面的搜索框中输入同事姓名首字的汉语拼音，即可出现搜索结果，如图4-53所示。

图4-53

同样地，在搜索框中输入群名称首字的汉语拼音即可快速搜索到群，如图4-54所示。

图4-54

NO.019
用云盘存储工作文件

云盘是BigAnt客户端的一个延伸的增值功能，企业员工将工作文件都存储在云盘中具有以下好处。

◆ 不用担心文档丢失，云盘有很好的备份机制。

◆ 双重备份，在本机及服务器上均有存档，离线不影响工作。

◆ 文件文档加密存储，更加安全。

下面介绍如何将工作文档上传到云盘中进行存储。

STEP 01 在主窗口界面中单击“云盘”按钮，在打开的页面中单击“[××]个人云盘”超链接，如图4-55所示。

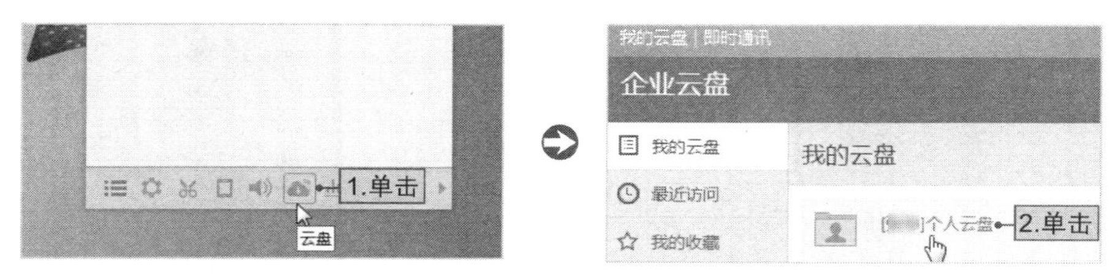

图4-55

STEP 02 在打开的页面中单击“上传”按钮，在计算机中选择要上传的文件，单击“打开”按钮，如图4-56所示。

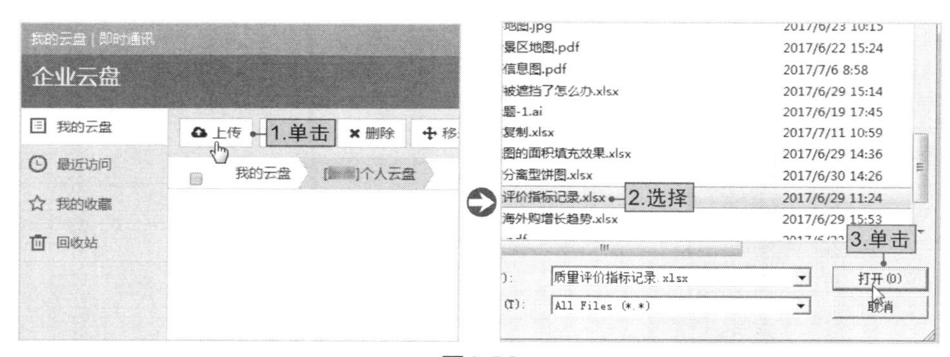

图4-56

对于已上传到云盘中的文件，在选中其复选框后，单击“下载”按钮可将其下载到本地计算机中，如图4-57所示。

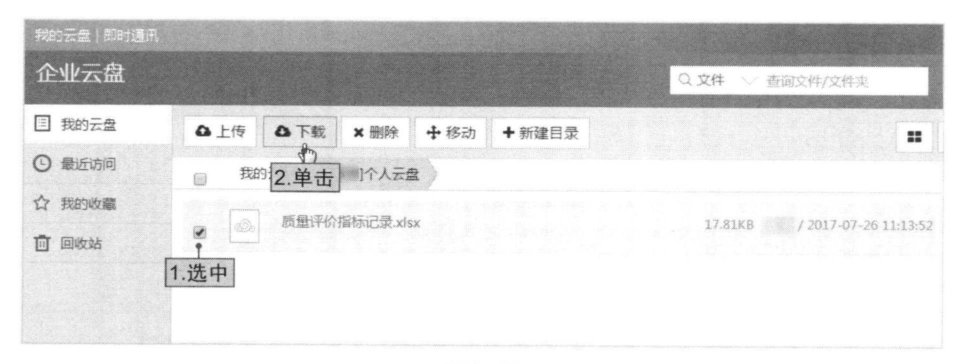

图4-57

云盘中的文件可以按最近上传、文件名称和文件类型排序。排序方式为单击“排序”下拉按钮，在打开的下拉列表中选择排序方式，如图4-58所示。

图4-58

对于上传到云盘中比较重要或近期要使用的文件，可以将其收藏，以便于查看。单击文件后的“☆”按钮即可收藏文件，如图4-59所示。

图4-59

收藏的文件可以在“我的收藏”中找到。单击“我的收藏”选项卡，在打开的页面中即可找到收藏的文件，如图4-60所示。

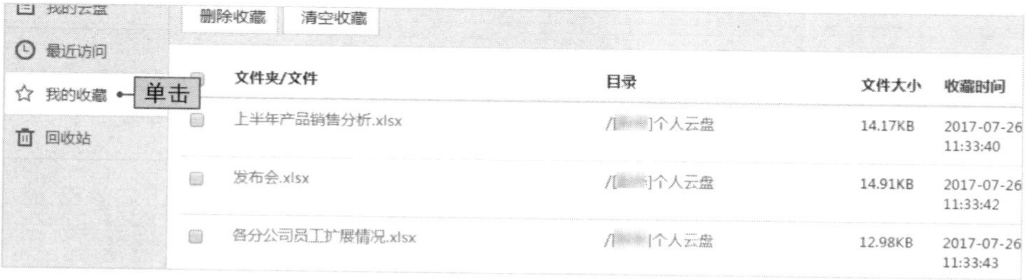

图4-60

“我的收藏”会记录收藏信息，但同时也可以删除收藏。在“我的收藏”页面单击要删除的文件后面的“删除”超链接，在打开的“提示”对话框中单击“确定”按钮即可删除收藏，如图4-61所示。

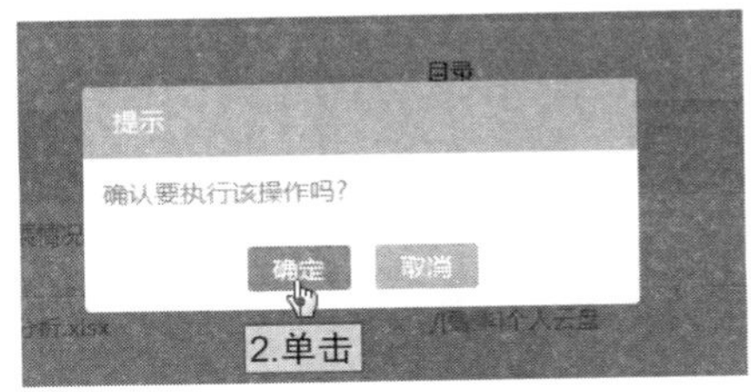

图4-61

在“我的收藏”页面单击“清空收藏”按钮，在打开的“提示”对话框中单击“确定”按钮，删除所有的收藏，如图4-62所示。

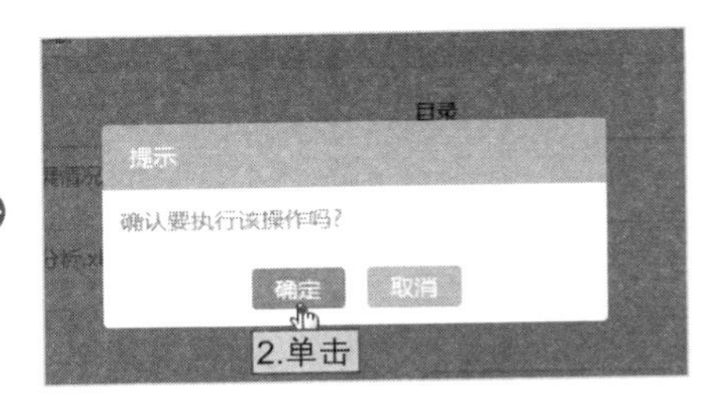

图4-62

第5章

IMO班聊：企业社交就是这么简单

在工作中，高效的沟通能提高工作效率。IMO是专为职场用户打造的一款沟通协同多端平台，能够帮助职场用户打破地域、设备及部门限制，使企业或团队提升运营效率和团队执行能力。

5.1 快速掌握班聊的基本操作

IMO班聊是一款专业、成熟的企业沟通协同工具。对管理者来说，班聊能够以图形量化的形式，将工作的一切事务呈现在管理者眼前。对普通职员来说，班聊可实现纯净无骚扰的沟通。做到只有同事，只聊工作，真正做到工作的事上班聊。

NO.001

注册与登录班聊

班聊需要下载安装后才能使用，IMO提供了Windows版、iOS版和Android版3个班聊版本，按照以下操作可进入下载页面。

STEP 01 打开IE浏览器，进入IMO官方网站首页（http://www.imoffice.com/），单击“班聊”超链接。在打开的页面中单击“下载”超链接，如图5-1所示。

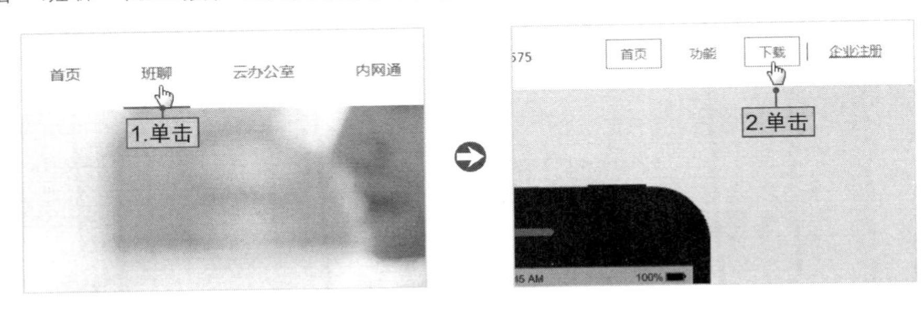

图5-1

STEP 02 在打开的页面中可以查看到不同版本的班聊，若要下载Windows版，则单击“下载Windows版”超链接，如图5-2所示。

图5-2

若要下载手机版班聊则使用手机扫描二维码。除了以上下载方法外，还可以在各大应用市场下载，如在百度软件中心搜索“imo班聊”，可以查看到两个版本的班聊，选择版本后再单击“下载”按钮即可进行下载，如图5-3所示。

图5-3

下面以班聊电脑版为例，介绍如何注册和登录班聊。在计算机中双击班聊应用程序，进入班聊登录界面。

STEP 01 单击“注册imo账号”超链接，在打开的页面中填写手机号码、验证码和短信校验码，再单击“下一步”按钮，如图5-4所示。

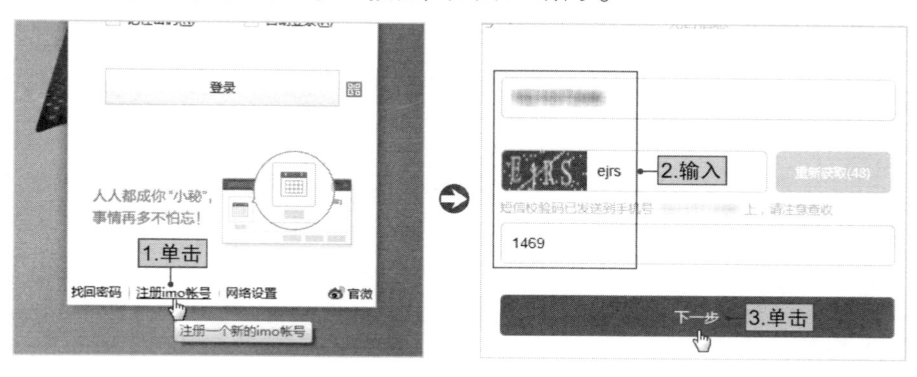

图5-4

STEP 02 进入信息完善页面，输入姓名、密码和企业名称，单击“完成”按钮。注册成功后可以查看到登录账号，登录账号即手机号码，如图5-5所示。

图5-5

账号注册成功后，返回登录界面即可登录班聊。在登录界面输入账号和密码，单击“登录”按钮即可，如图5-6所示。

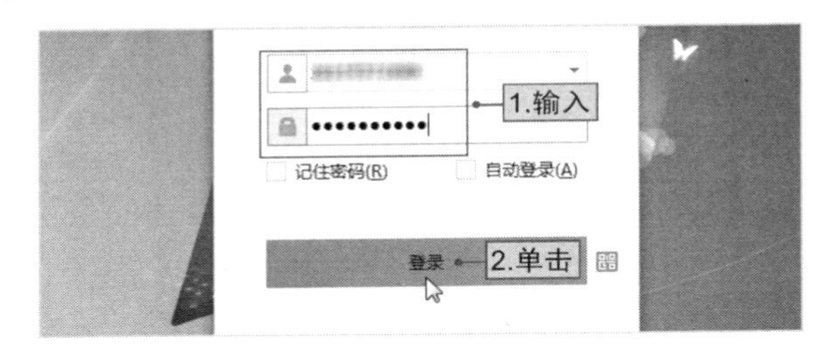

图5-6

NO.002

添加联系人和使用群组功能

登录成功后，进入“我的工作台”界面。此时，班聊中还没有其他联系人，可以添加同事，以便于工作上的交流。在“我的工作台”界面单击“添加联系人/群组”按钮。在打开的“添加联系人”对话框中输入联系人账号，单击“添加”按钮即可，如图5-7所示。

图5-7

班聊还具有群组功能，可实现多人同时会话交流。可以选择加入他人已创建的群组，也可以自己创建群组。单击“添加联系人/群组”下拉按钮，在打开的下拉列表中选择“申请入群”选项。在打开的页面中选择查找方式，这里选中“精确查找”单选按钮，输入群号码，单击“下一步”按钮，即可发起加入群的申请，如图5-8所示。

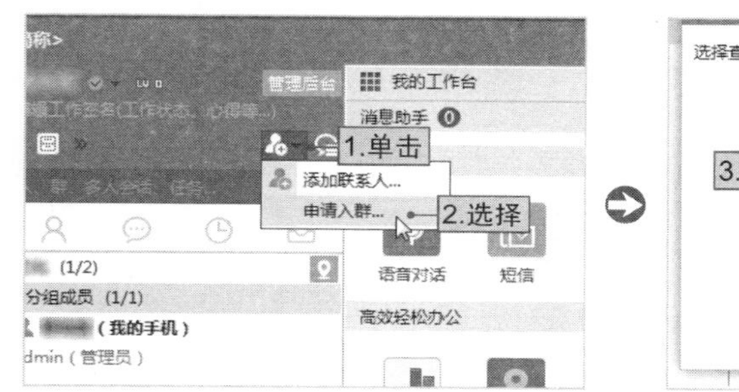

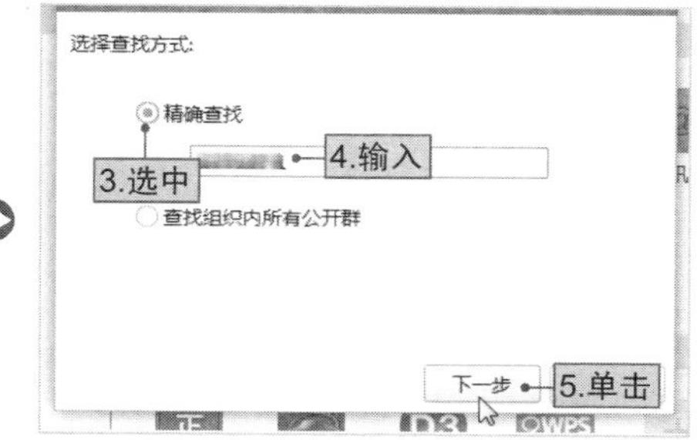

图5-8

在工作中，若需多个同事共同参与讨论，那么可以创建班聊群组，让其他同事加入群组进行讨论，创建群组的具体操作如下。

STEP 01 单击“群/多人会话”按钮，单击“创建”下拉按钮，在打开的下拉列表中，选择“创建群“选项，如图5-9所示。

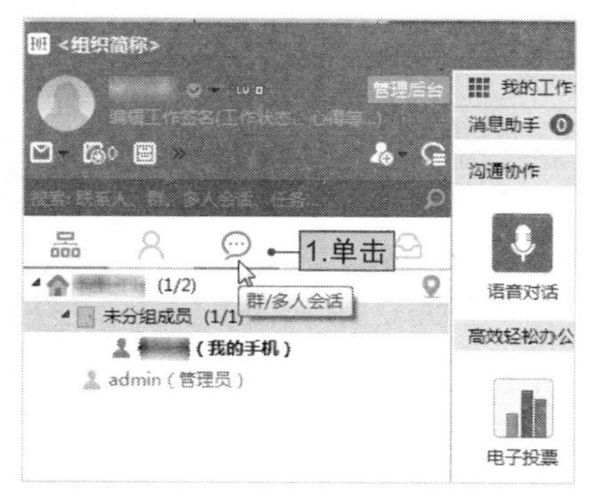

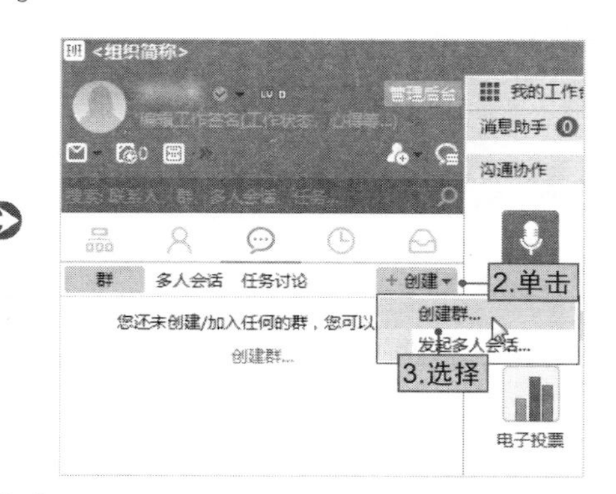

图5-9

STEP 02 进入创建群界面，设置群名称，选择“群公开属性设置”，这里选中“仅对内公开”单选按钮，单击“下一步”按钮。在打开的页面中选择群成员，单击“完成”按钮，如图5-10所示。

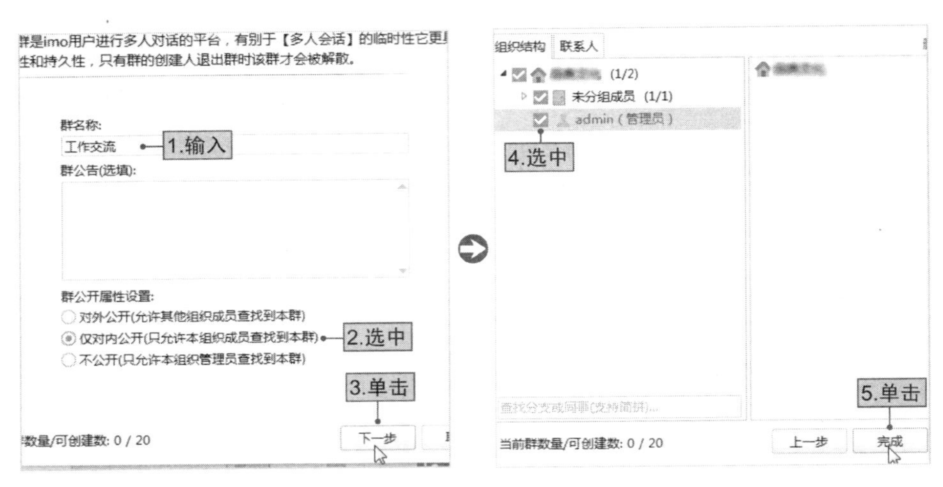

图5-10

NO.003

发布电子公告

电子公告相当于通知栏，它可以让信息快速下达。通过班聊发送电子公告，只要公告接受者登录了班聊，那么公告就会自动弹出，使所有接受者都不错过任何公告。发布电子公告的具体操作流程如下。

STEP 01 在班聊主界面中单击“电子公告”按钮，在打开的“电子公告”对话框中单击“发送公告”选项卡，如图5-11所示。

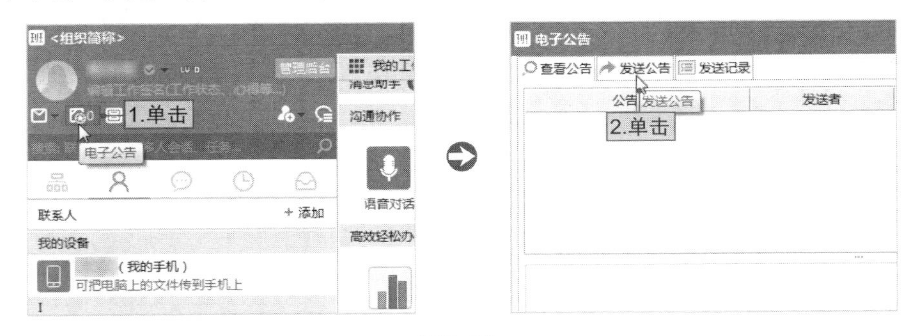

图5-11

STEP 02 单击“选择接收者”按钮，在打开的页面中选中接收者，再单击“确定”按钮，如图5-12所示。

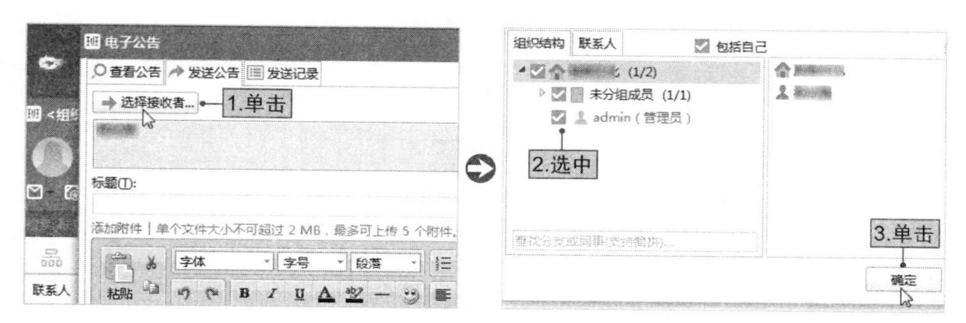

图5-12

STEP 03 填写电子公告的标题和内容，再单击“发送”按钮即可发送公告，如图5-13所示。

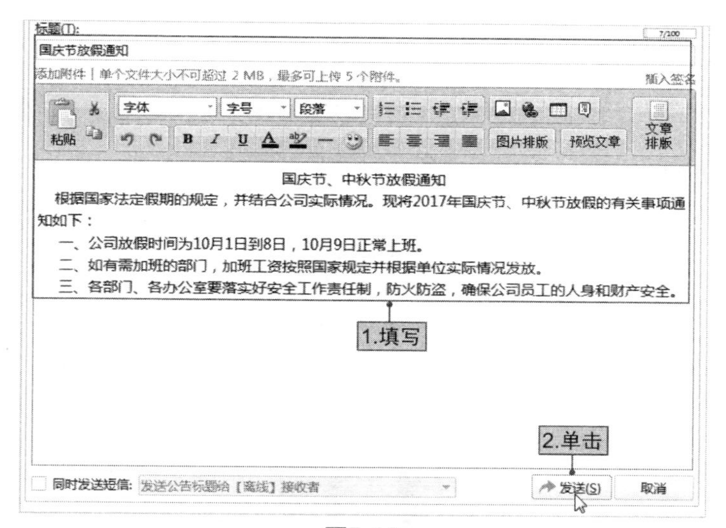

图5-13

NO.004

导入通讯录

导入通讯录可以使商务联系更加方便，班聊通讯录具有以下五大功能特点。

◆ 一键发送邮件和短信，方便快捷。

◆ 接收和发送E-mail。

◆ 与非imo用户通过imo进行交流。

◆ 联系人信息永不丢失。

◆ 方便查询，登录imo即可查看所有联系方式。

导入通讯录的具体操作如下。

STEP 01 在“我的工作台”界面中单击“通讯录”按钮，在打开的页面中单击“立即使用”按钮，如图5-14所示。

图5-14

STEP 02 在打开的页面中可以选择批量导入的途径，进行一键导入，也可以选择手动添加。这里单击“手动添加”按钮，在打开的页面中输入姓名和手机号码，单击“保存”按钮，如图5-15所示。

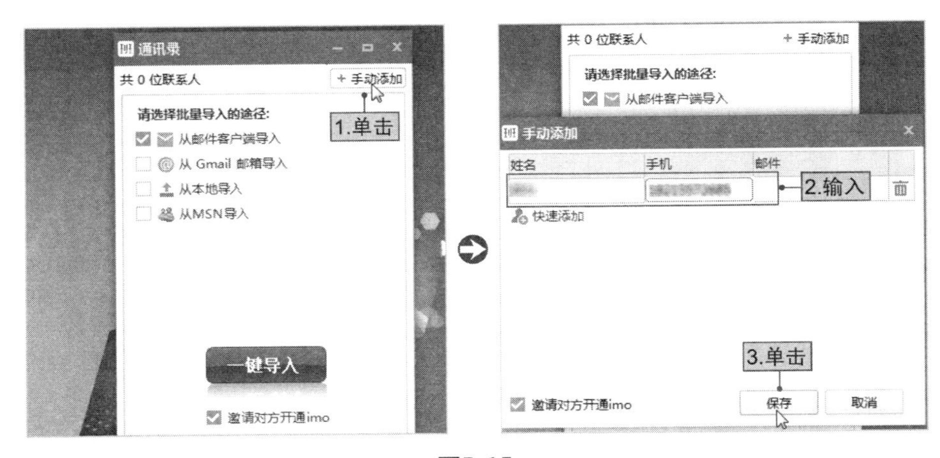

图5-15

NO.005

网络文件柜

在班聊的“高效轻松办公”栏中，可以看到“文件柜”这一功能。班聊提供的“文件柜”功能具有以下特色。

- 由企业文件柜和个人文件柜组成，可随时随地上传和下载文件。
- 管理员可在管理后台对成员设置其在企业文件柜中“上传”、“下载”和“删除他人文件”的文件管理权限。
- 管理员可在管理后台根据具体情况，给每个成员分配相应的个人文件柜空间。

下面介绍上传文件到“文件柜”中的操作方法。

STEP 01 在“我的工作台”界面中单击“文件柜”按钮，在打开的页面中单击“立即上传”超链接，如图5-16所示。

图5-16

STEP 02 在计算机中选择要上传的文件，单击“打开”按钮，即可将文件上传到班聊“文件柜”中，如图5-17所示。

图5-17

在“文件柜”中还可以新建文件夹，将文件分门别类地进行存放，单击“新建文件夹”按钮，再输入文件夹名称即可，如图5-18所示。

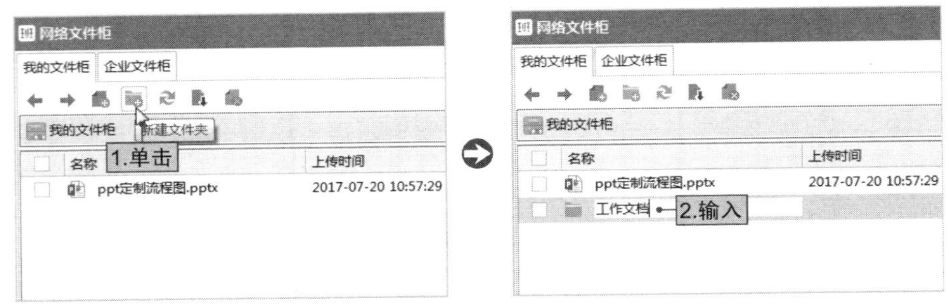

图5-18

NO.006

查看与发起投票

班聊支持以电子方式进行投票，电子投票具有以下特色。

◆ 与组织结构深度整合，一键快速勾选企业成员作为投票参与者。

◆ 设置投票选项内容，并可根据情况设定单/多选。

◆ 支持“匿名投票”功能，满足特定情况需求。

◆ 投票结束，结果自动产生，无须人工计票，准确查看。

下面介绍查看和发起投票的操作方法。

STEP 01 在“我的工作台”界面中单击“电子投票”按钮，在打开的页面中可查看进行中的投票，若要发起投票则单击“发起投票”选项卡，如图5-19所示。

图5-19

STEP 02 单击“选择参与者”按钮，在打开的页面中选中参与者，再单击“确定”按钮，如图5-20所示。

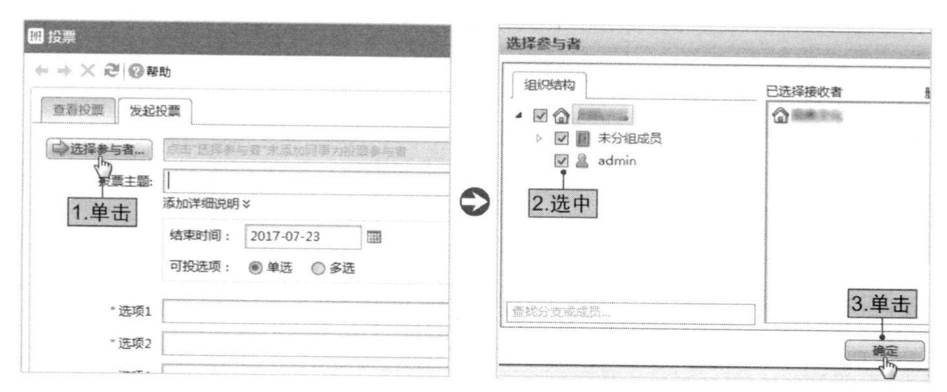

图5-20

STEP 03 在打开的页面中填写投票主题，设置结束时间和可投选项，填写选项，单击“发布”按钮，如图5-21所示。

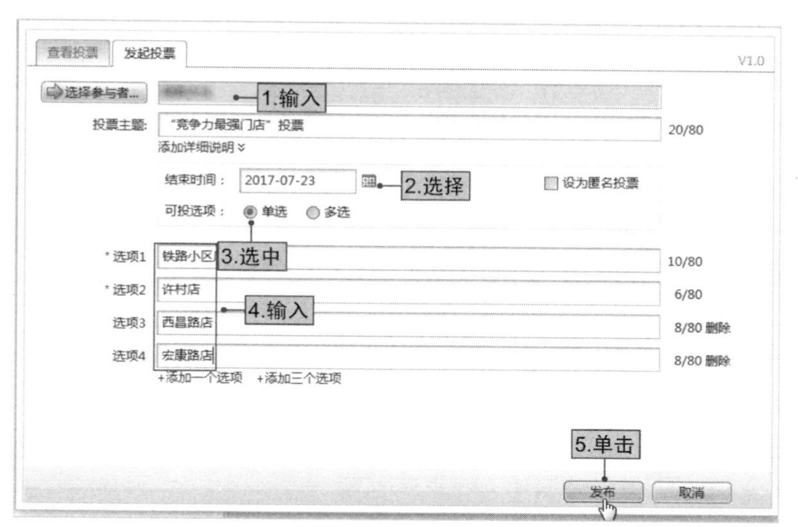

图5-21

发起投票后，若发起者也是参与者，那么发起者也可以参与投票。在“查看投票”选项卡中单击“投票”按钮。在打开的页面中选中相应选项前的单选按钮，再单击“投票”按钮即可，如图5-22所示。

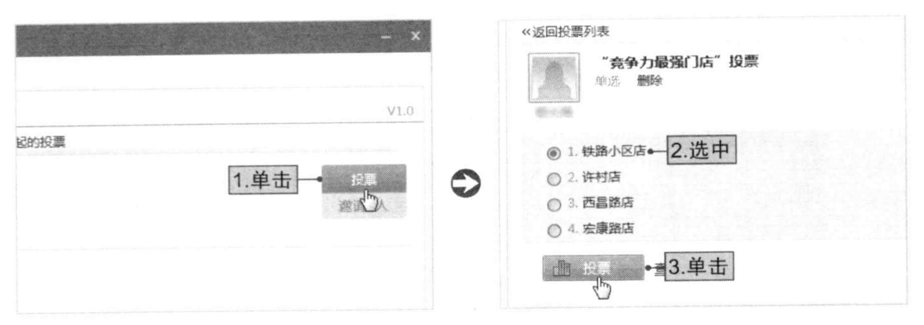

图5-22

NO.007

日程提醒与电子考勤

团队日程功能可以给员工创建日程，让自己和员工不错过重要的工作，其具有以下特色。

◆ 支持给自己和同事新建日程提醒，可以填写事件、备注，设置事件提醒开始时间。

◆ 新建的日程可设置“提前提醒”，便于某些工作提前开展。

◆ 新建日程支持“重复模式”的提醒设置，确保每周、每月、每年的例行工作准时完成。

◆ 根据设置的时间自动弹出提醒提示窗口，智能化提醒功能。

◆ 日历支持阳历、农历转换查看。

下面介绍如何创建日程提醒。

STEP 01 在“我的工作台”界面中单击“团队日程”按钮，在打开的页面中单击“点击添加新日程”超链接，如图5-23所示。

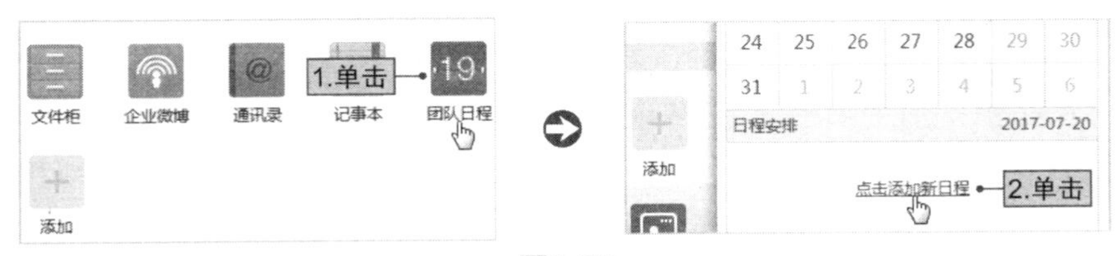

图5-23

STEP 02 在“团队日程”对话框中填写日程内容，设置开始时间、结束时间、参与人员等，单击“保存”按钮，如图5-24所示。

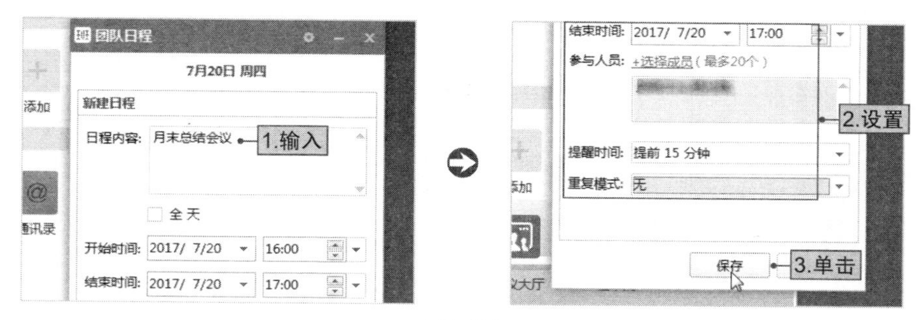

图5-24

电子考勤是员工进行上下班打卡以及外出操作的考勤系统，员工可以查询自己的考勤记录、外出事项和时间，企业和部门管理者也能一目了然，实时了解企业人员动向，并可方便进行历史查询。其具有以下特色功能。

- 支持设置“登录和登出时每次提醒”，确保员工不遗忘上下班打卡考勤。
- 员工可自主填写考勤备注，外出归来情况实时更新。
- 支持根据日期条件查询考勤并导出考勤记录，考勤情况一目了然。
- 电子考勤支持分权限查看和管理，管理员可查看所有员工的考勤状况，更改异常考勤，并可添加“上级批注”。
- 可生成“考勤统计”报表，协助人事做考勤数据的统计。
- 比传统考勤机更环保、更智能。
- 支持PC和手机打卡，操作更便捷，管理更方便。

在“我的工作台”界面单击“电子考勤”按钮。在打开的页面中单击“上班”按钮，系统将记录当前时间为上班时间，若单击“下班”按钮，系统将记录当前时间为下班时间。除了“上班”和“下班”考勤管理外，还可以进行“外出”和“归来”考勤管理，如图5-25所示。

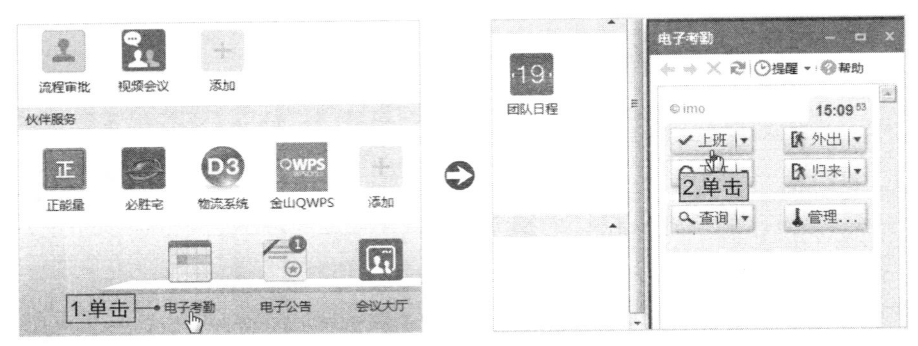

图5-25

在电子考勤打卡界面中单击“查询”下拉按钮可查询近几天的考勤记录，单击“管理”按钮可进入考勤管理页面进行考勤的管理，如图5-26所示。

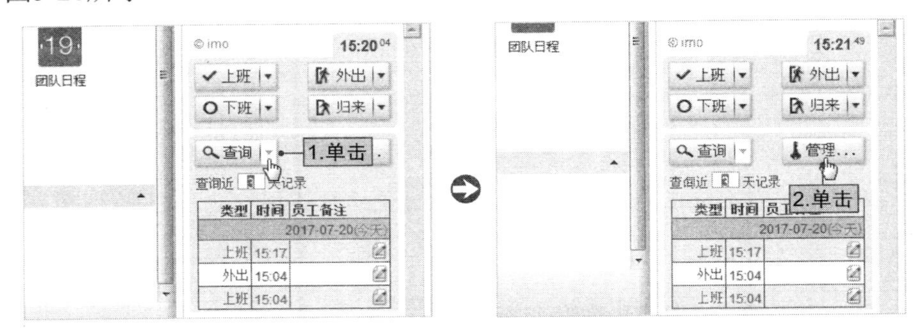

图5-26

在电子考勤管理界面，可以查询考勤记录，导出考勤记录，进行考勤确认和考勤统计，以及导出考勤统计的操作，如图5-27所示。

图5-27

NO.008

简单便捷的轻审批

在日常工作中，许多重要的文件在书写和整理完成后都需要交于上级进行审批。班聊的轻审批是比较简单便捷的审批应用，手机端也可以使用。员工可以上传附件并选择审批人和抄送者，审批人批复后，可以转给下一级审批人。但轻审批目前只支持上传一个附件，下面介绍如何新建审批。

STEP 01 在“我的工作台”界面中单击“轻审批”按钮，在打开的页面中单击“新建审批”按钮，如图5-28所示。

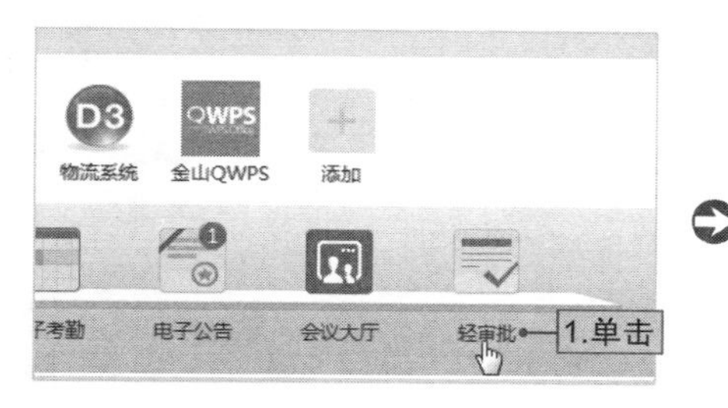

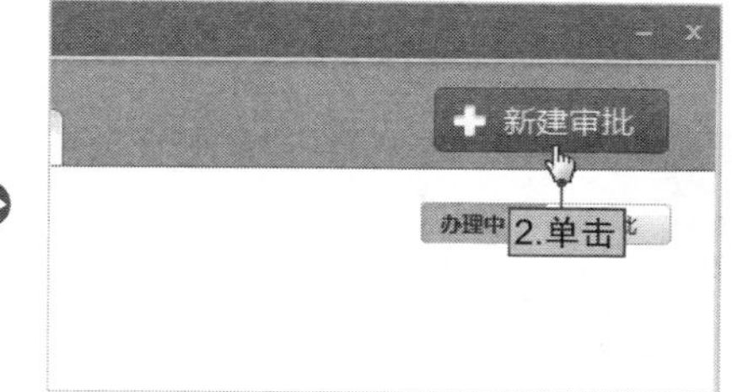

图5-28

STEP 02 在打开的页面中填写审批标题和审批人等信息，单击“添加附件”超链接，在计算机中选择附件并上传，上传成功后单击“发起审批”按钮，即可发起审批，如图5-29所示。

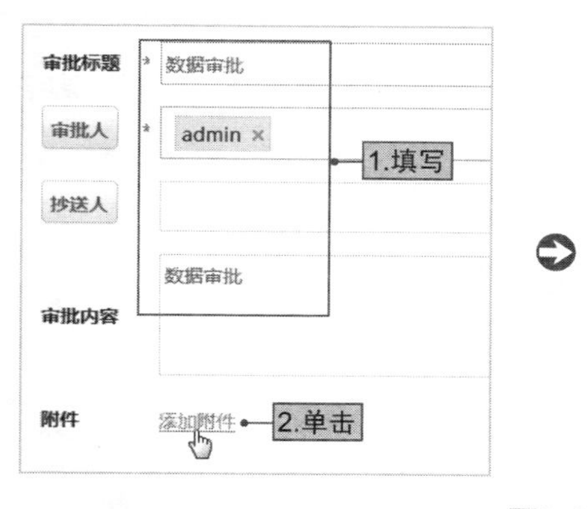

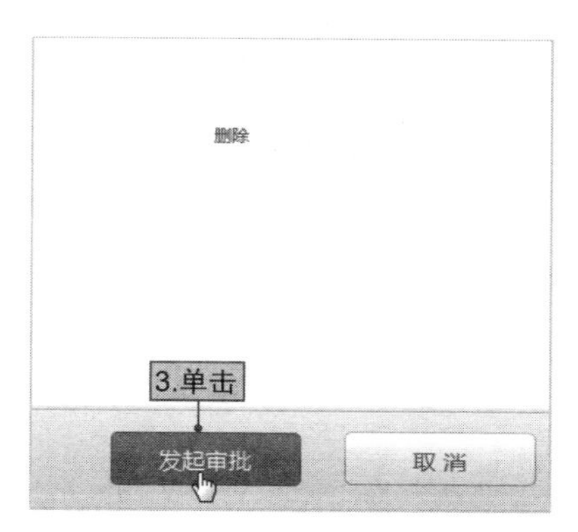

图5-29

NO.009

“对话记录”的导出、备份与还原

当更换计算机或重装系统时，原计算机中的班聊对话信息就会被删除。对于工作上的一些重要对话记录有时需要我们进行保存，为了避免更换计算机或重装系统时对话记录被删除，可以将对话记录导出到本地计算机中或备份到imo服务器上。

1. 导出对话记录

STEP 01 在班聊主界面中单击“打开对话记录管理器”按钮。在“记录分组”栏中选择要导出对话记录的联系人，在页面右侧选中要导出的对话记录前的复选框，如图5-30所示。

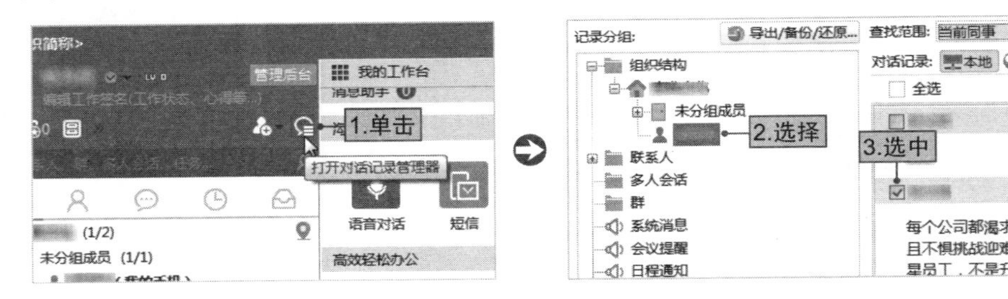

图5-30

STEP 02 在页面下方单击“导出”按钮，在打开的“浏览文件夹”对话框中选择文件保存位置，再单击“确定”按钮，如图5-31所示。

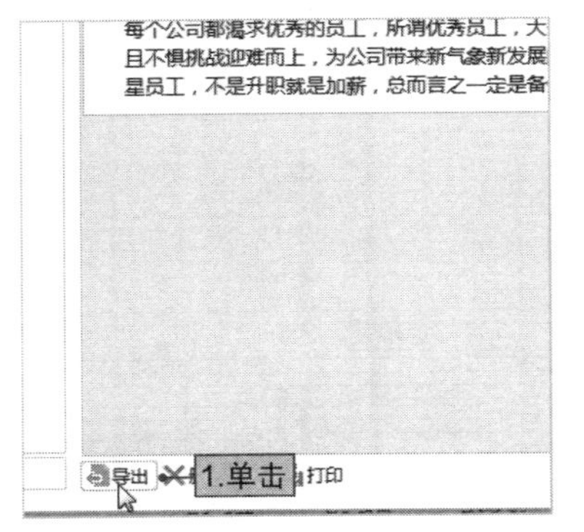

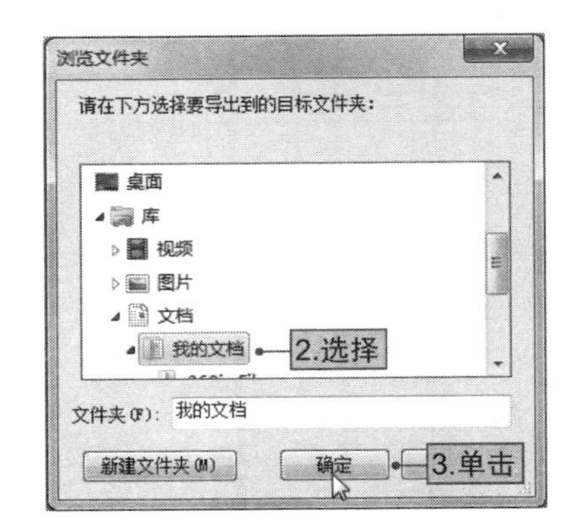

图5-31

2. 备份对话记录

STEP 01 在“消息管理器”界面中单击“导出/备份/还原”按钮，在弹出的“导出/备份/还原对话记录”对话框中单击“备份”按钮，如图5-32所示。

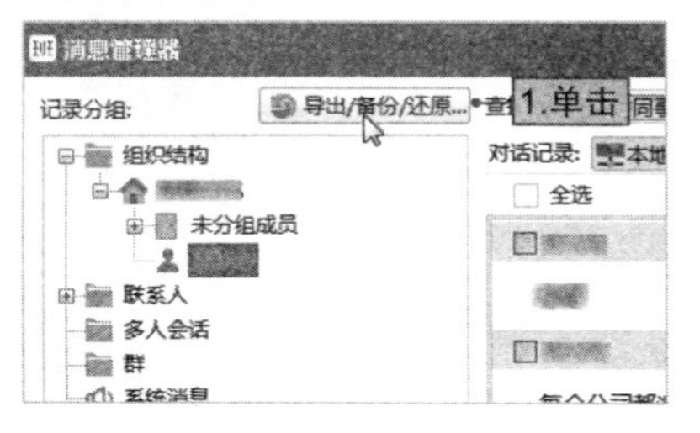

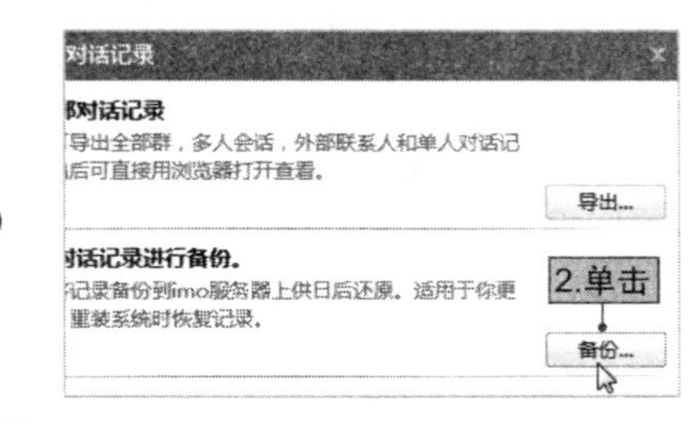

图5-32

STEP 02 在“备份对话记录”对话框中单击“开始备份”按钮，系统会自动进行备份，备份完成后单击“确定”按钮，如图5-33所示。

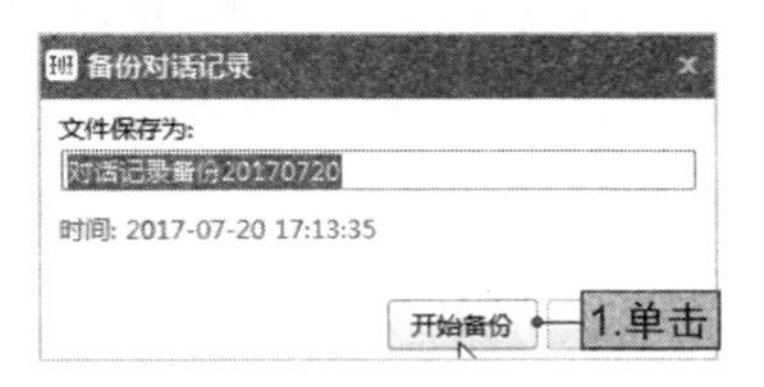

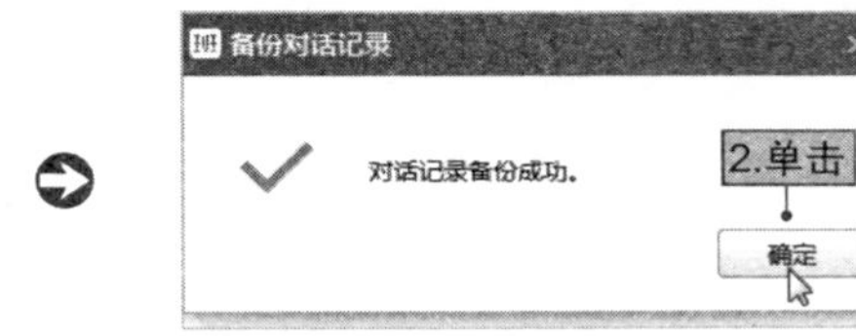

图5-33

3. 还原对话记录

还原对话记录是指将全部对话记录还原到自己选择的一个备份节点中，具体操作如下。

STEP 01 在“导出/备份/还原对话记录”对话框中单击“还原”按钮，在“还原对话记录”对话框中选择需要还原的文件，单击“开始还原”按钮，如图5-34所示。

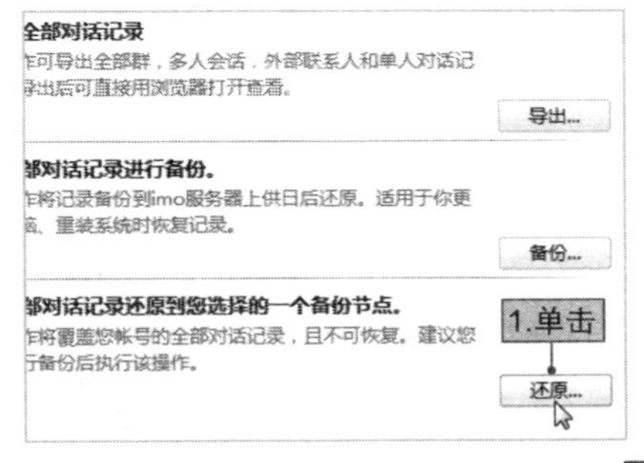

图5-34

STEP 02 在打开的“imo班聊”对话框中单击“是”按钮，还原成功后，在“还原对话记录”对话框中单击“确定”按钮，如图5-35所示。

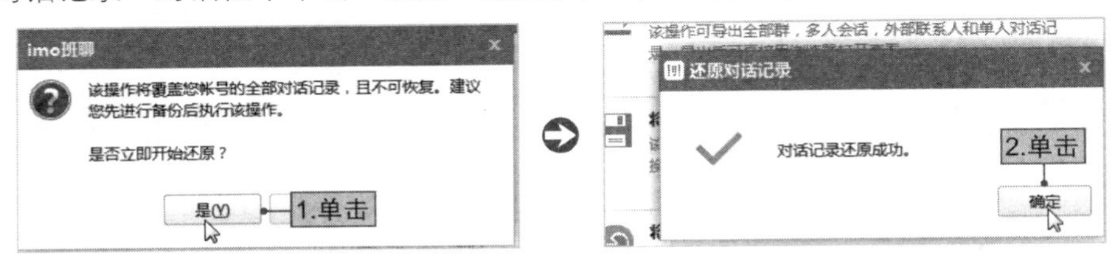

图5-35

NO.010

企业内部交流平台

企业微博是班聊为企业提供的一个内部交流平台，企业内部可以实时沟通，快速和其他成员分享想法，给每个企业提供了专属的封闭空间，只供企业的内部员工访问。下面介绍如何发布企业微博。

STEP 01 在“我的工作台”界面中单击“企业微博”按钮，在打开的页面中单击“👤”按钮，如图5-36所示。

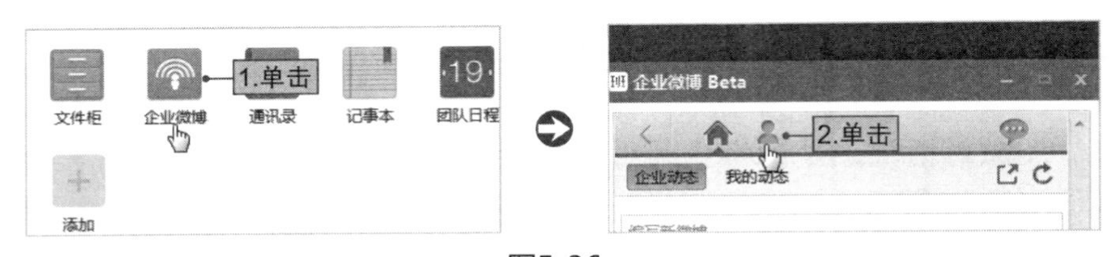

图5-36

STEP 02 单击“编写新微博”文本框，在打开的文本框中输入微博内容，单击“发布”按钮，如图5-37所示。

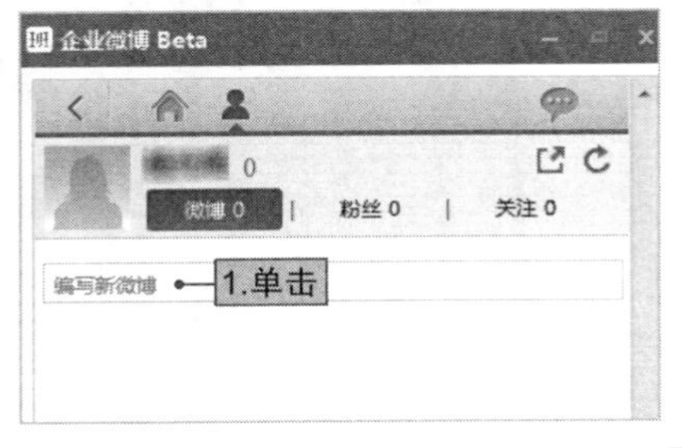

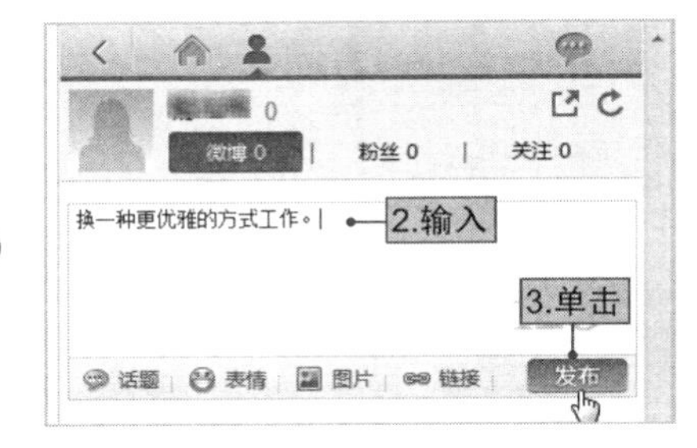

图5-37

NO.011

让会议大厅提高会议效率

工作中，总免不了要发起即时会议，使用会议大厅发起会议，可以在会议召开前将会议的议题发布给参会人员，让参会人员提前做好会议准备。下面介绍如何使用会议大厅发起会议。

STEP 01 在“我的工作台”界面中单击“会议大厅”按钮，在打开的页面中单击“新建会议”按钮，如图5-38所示。

图5-38

STEP 02 在打开的页面中设置会议主题、会议时间和会议地点等，设置完成后单击“发起会议”按钮，如图5-39所示。

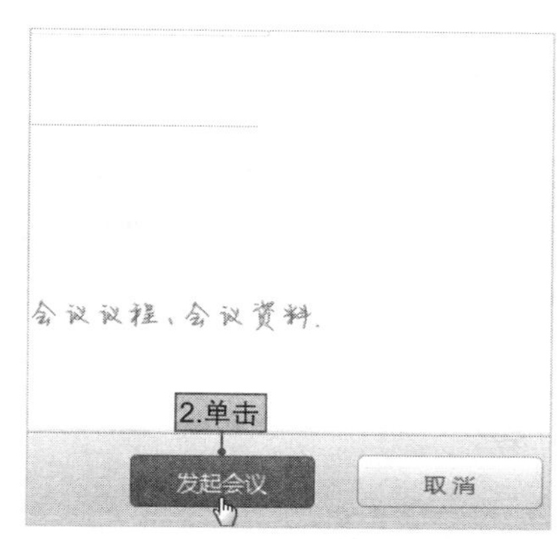

图5-39

在会议设置页面，单击“高级会议设置”下拉按钮，还可以设置会议目的和会议议程，添加会议资料，让会议更高效。选中“同时发短信”复选框，可以将会议通知发送给离线接收者，如图5-40所示。

图5-40

5.2 班聊让我们在“云”上办公

班聊手机版和电脑版是可以实现互连互通的，这使得我们可以将计算机中的文件无障碍地发送到手机上，在手机上也可以进行办公以及工作交流，从而提高工作效率。

NO.012

传文件到手机

将计算机中的文件传送到手机班聊中并不难，只需简单的几步即可完成。下面介绍具体的操作流程。

STEP 01 在班聊主界面中单击“联系人”选项卡，在打开的页面中双击“××（我的手机）”进入对话界面，如图5-41所示。

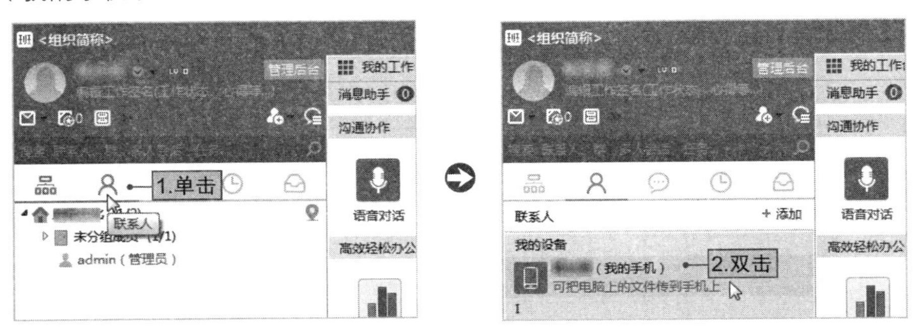

图5-41

STEP 02 在计算机中选择文件并拖动到聊天窗口中，即可传输文件到手机中，如图5-42所示。

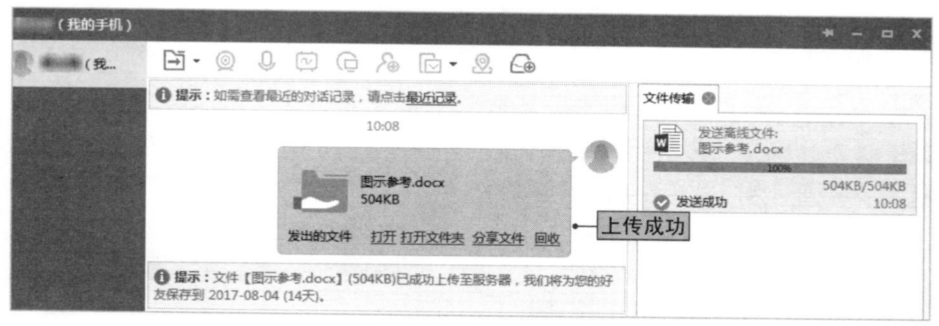

图5-42

将计算机文件传送到手机班聊中后，就可以打开手机班聊客户端将文件下载到手机中了，具体操作方法如下。

STEP 01 打开手机班聊并登录个人账号，在打开的页面中选择“我的电脑”选项。进入“我的电脑”界面，点击传送到手机中的文件，如图5-43所示。

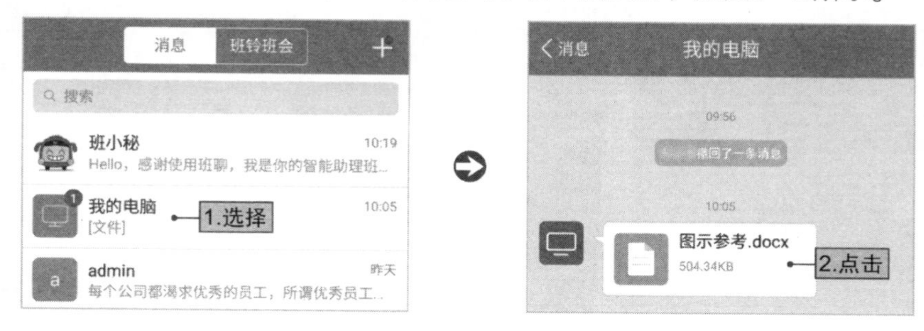

图5-43

STEP 02 在打开的页面中点击“开始下载”按钮，系统会自动进行文件的下载，如图5-44所示。

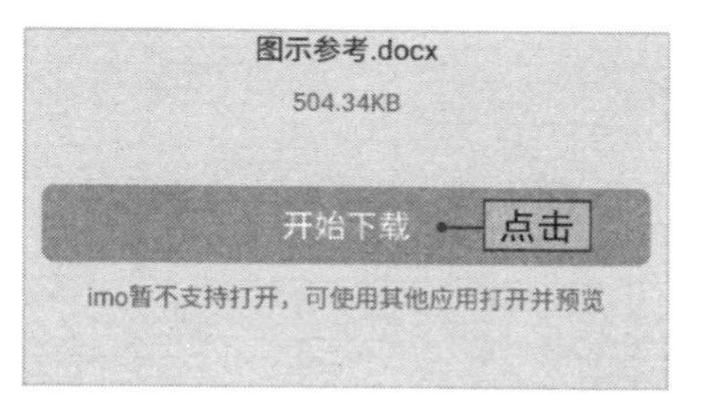

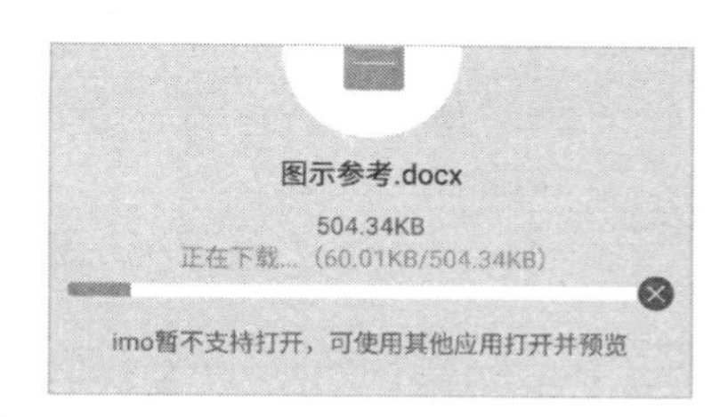

图5-44

NO.013

多人会话传文件

如果要将一个文件同时传送给多人，那么可以发起多人会话，具体操作方法如下。

STEP 01 在计算机端班聊主界面中单击“群/多人会话”选项卡，在打开的页面中选择“多人会话”选项，如图5-45所示。

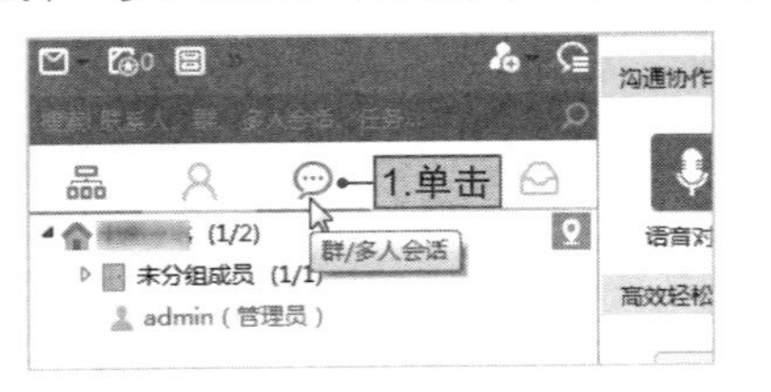

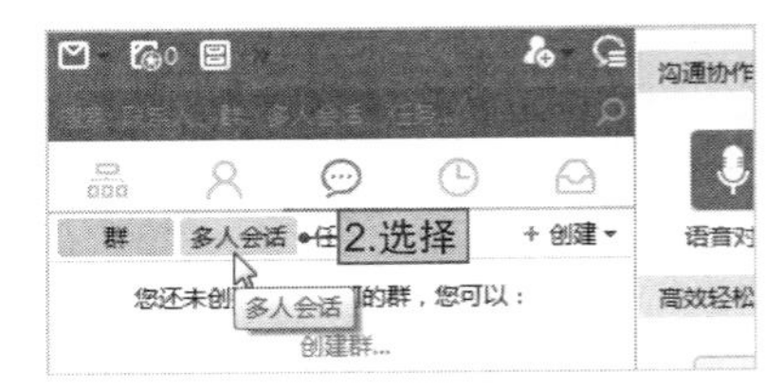

图5-45

STEP 02 在打开的页面中单击“发起多人会话”超链接。在打开的页面选中需要添加的联系人的复选框，再单击“确定”按钮，如图5-46所示。

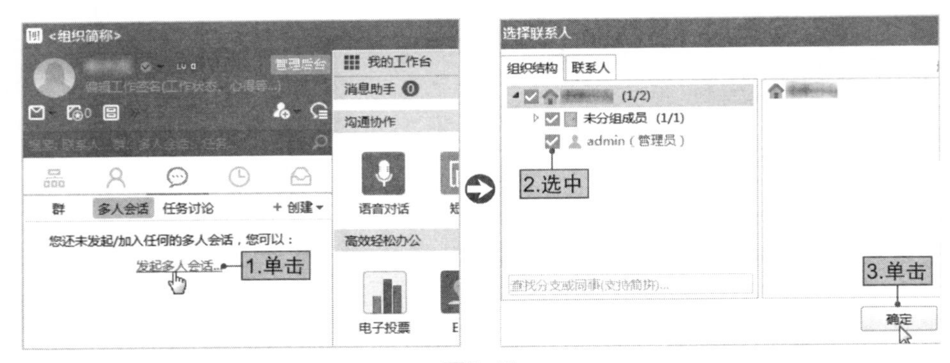

图5-46

STEP 03 将计算机中的文件拖动到聊天窗口中，在“多人会话”中的成员都能接收到文件，如图5-47所示。

图5-47

NO.014

客户端主界面显示头像自定义

不管电脑版还是手机版班聊都可以自定义个人头像，自定义个人头像可以让同事更好地找到自己。下面介绍如何自定义个人头像。

STEP 01 在班聊主界面中单击“头像”按钮，在打开的页面中单击“设置照片”超链接，如图5-48所示。

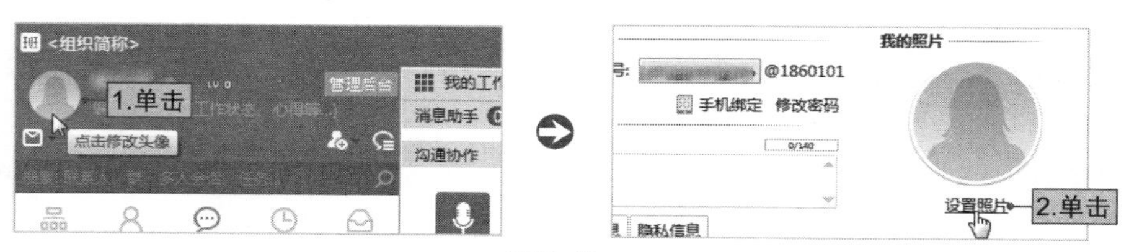

图5-48

STEP 02 在“设置照片”对话框中单击“添加”按钮，在计算机中选择要添加的图片，单击“打开”按钮，如图5-49所示。

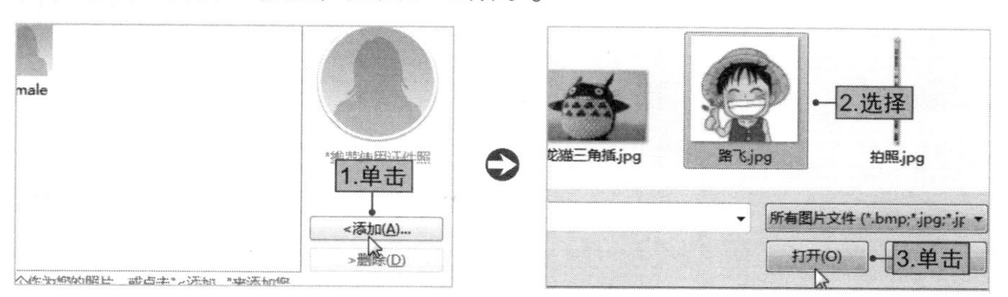

图5-49

STEP 03 在打开的页面中设置照片，设置完成后单击“确定”按钮即可，如图5-50所示。

图5-50

NO.015

班铃班会，一秒提醒

当因某项工作，迫切需要和同事联系时，就可以给对方发送一个班铃，以铃声提醒的方式与对方即时进行沟通。使用班会功能可以快速召集团队，“班会”结束后还可以在发起的群或多人会话聊天信息中点击“班会记录”按钮查询记录。下面介绍如何进行班铃班会的操作。

1. 发起班铃

STEP 01 打开班聊手机客户端，点击“班铃班会”按钮，在“+”下拉列表中选择发起班铃班会的类型，这里选择“发起群聊”选项，如图5-51所示。

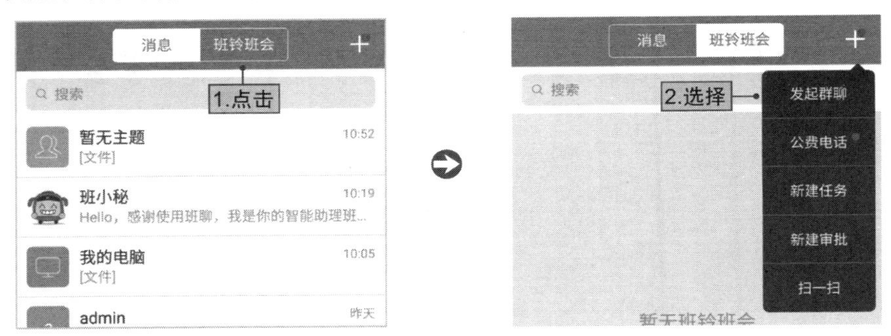

图5-51

STEP 02 在打开的页面中选中发起群聊的联系人的单选按钮，点击“完成”按钮。在聊天界面点击“+“按钮，如图5-52所示。

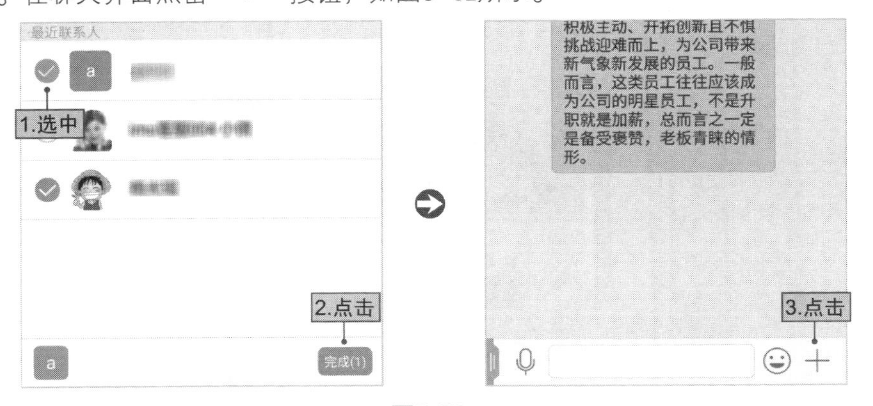

图5-52

STEP 03 点击"班铃"按钮，在打开的对话框中输入内容，点击"发送"按钮，如图5-53所示。

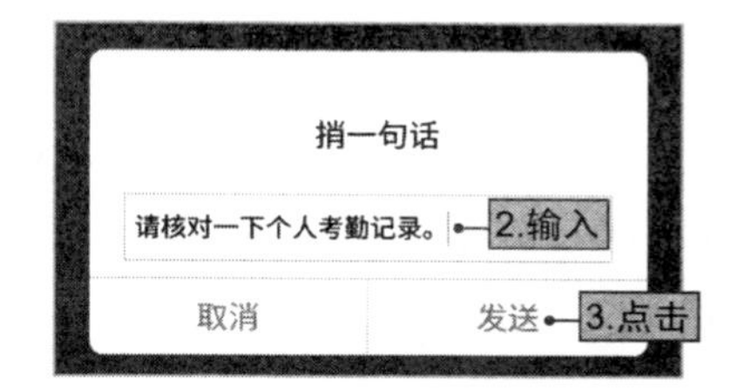

图5-53

2. 发起班会

STEP 01 在手机班聊主界面中点击"通讯录"按钮，在打开的页面中点击"公司群聊"按钮，如图5-54所示。

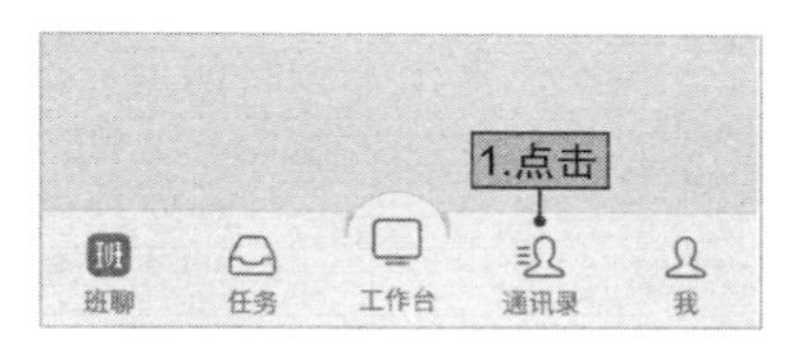

图5-54

STEP 02 在打开的页面中选择要进行班会的群聊，在群聊界面点击"＋"按钮，如图5-55所示。

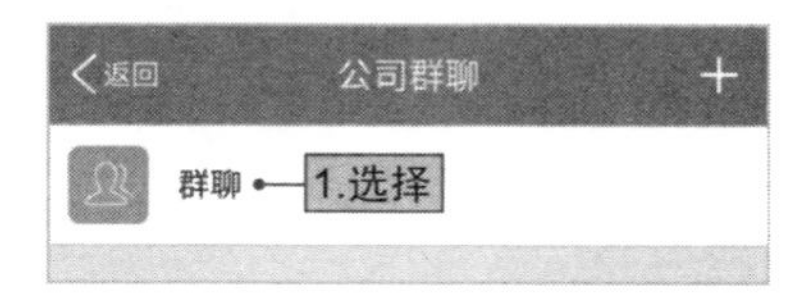

图5-55

STEP 03 点击"班会"按钮，在打开的页面中输入班会主题，选择班会参与人员，最后点击"发起"按钮，如图5-56所示。

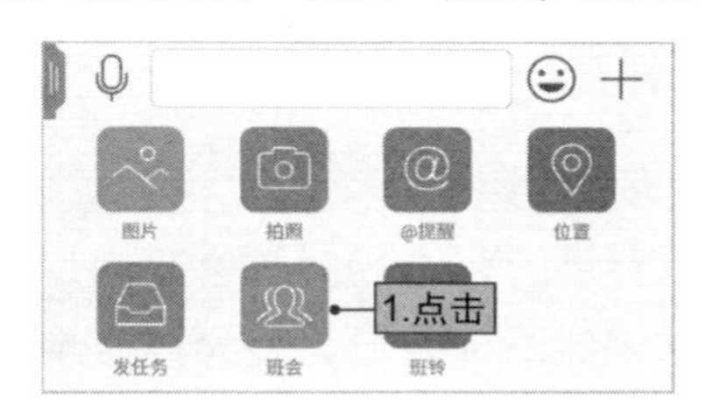

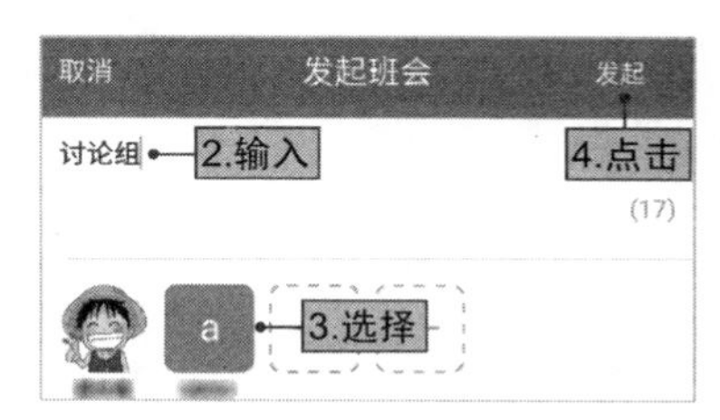

图5-56

NO.016

快速发起工作任务

对于当前需要及时处理或完成的工作，可以通过发起任务进行沟通和执行。任务的形式可以是多样化的，在聊天界面长按发送的聊天消息，然后选择“转任务”选项可以将聊天信息转为任务，如图5-57所示。

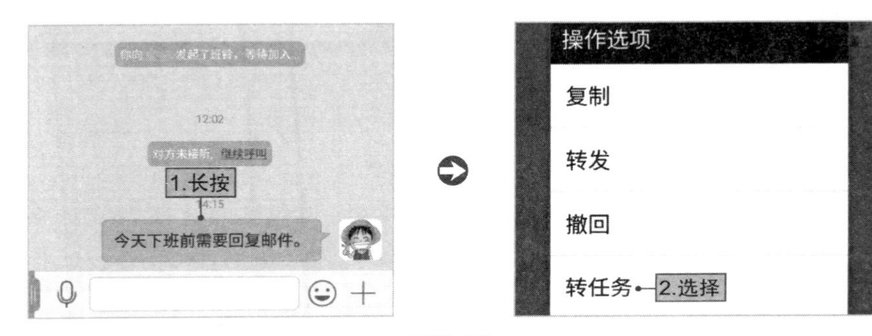

图5-57

点击“任务”按钮，在打开的页面中点击“发布新任务”按钮，也可以进行任务的发布，如图5-58所示。

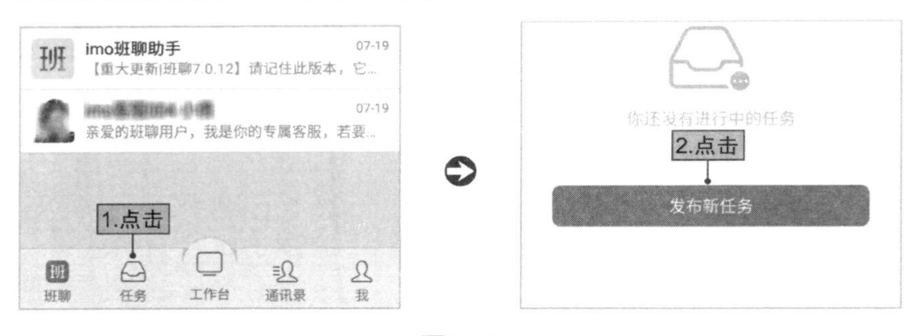

图5-58

NO.017

分享个人二维码名片

在“我的资料”中，每个人都有属于自己的二维码名片。将自己的二维码名片分享给同事，可以让同事更方便地添加自己为好友。下面介绍如何分享个人的二维码名片。

STEP 01 在手机班聊主界面中点击“我”按钮，在打开的页面中点击个人头像按钮，如图5-59所示。

图5-59

STEP 02 在打开的页面中选择“我的二维码”选项，在打开的页面中点击“...”按钮，如图5-60所示。

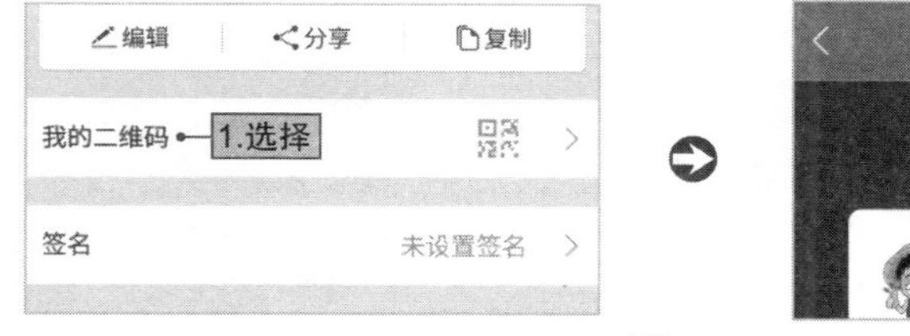

图5-60

STEP 03 选择“分享二维码”选项，在打开的页面中选择分享的位置，如微信、朋友圈、QQ和新浪微博，如图5-61所示。

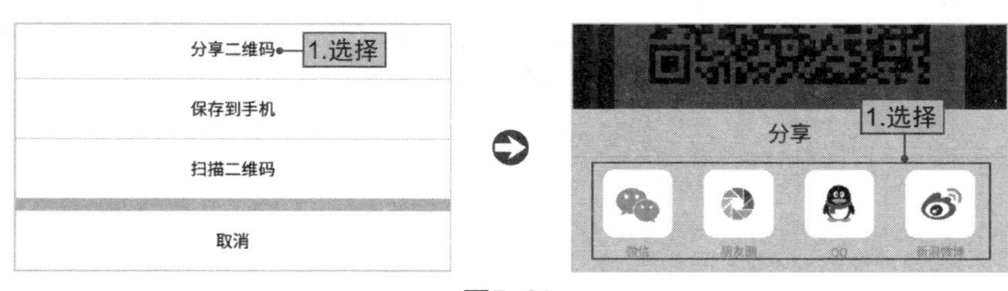

图5-61

NO.018

分享组织二维码名片

在班聊中除了可以将个人的二维码名片分享给同事外，还可以将组织的二维码名片分享给同事，具体操作方法如下。

STEP 01 在“我”界面中点击组织名称按钮，在打开的页面中选择“组织二维码”选项，如图5-62所示。

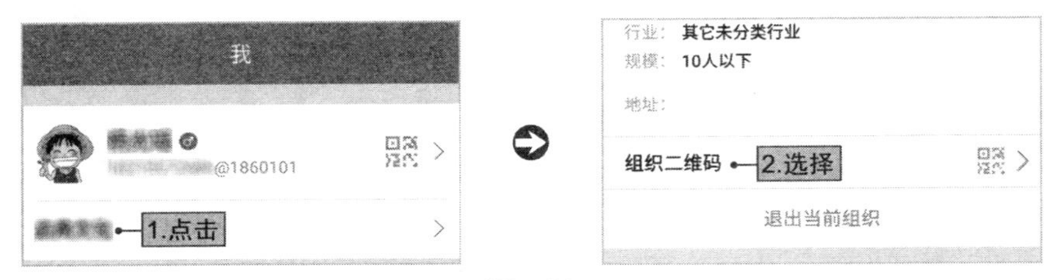

图5-62

STEP 02 在打开的页面中点击“···”按钮，在页面下方选择“分享二维码”选项，如图5-63所示。

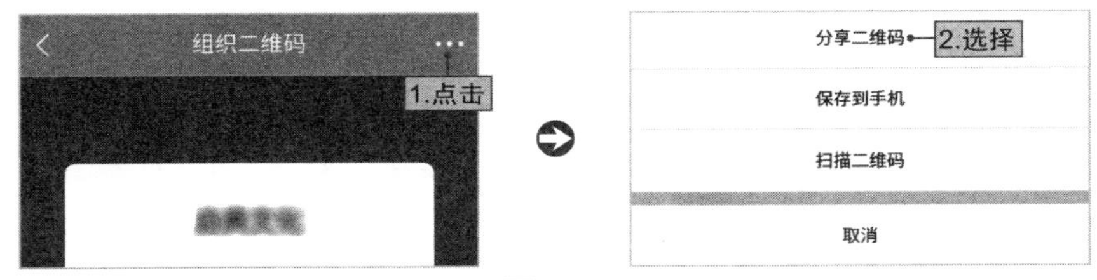

图5-63

与分享个人二维码一样，组织二维码也可以分享到微信、朋友圈、QQ和微博中。

第6章

WiseUC:
企业专属的即时通信云平台

一个团队到一个组织的良好运作都离不开有效的沟通交流，企业沟通交流的方式有很多，如即时消息、短信、电话和邮件等。汇讯WiseUC融合了多种沟通交流方式，能帮助企业实现“随时、随地、随身”的交流，降低运营成本，提升组织效率。

6.1 WiseUC的基本使用技巧

汇讯WiseUC是一款以组织内部沟通交流为基础，融合办公协同和IT系统集成功能，帮助企业降低运营成本、提升组织效率的企业级沟通协同平台，下面介绍WiseUC的基本操作。

NO.001

如何快速体验汇讯

对于初次使用汇讯的企业用户来说，可以先使用体验账号进行体验后，再下载完整的安装包进行组织交流，具体操作如下。

STEP 01 在汇讯官方网站首页（http://www.wiseuc.com/）单击“立即体验”按钮，在打开的页面中单击“下载企业版”按钮，如图6-1所示。

图6-1

STEP 02 在打开的页面中填写注册信息，包括企业名称、使用人数和申请人等，再单击“立即下载”按钮，如图6-2所示。

图6-2

STEP 03 申请成功后会进入下载页面，可以选择配置安装服务端或直接体验产品，这里单击“直接体验产品”按钮，如图6-3所示。

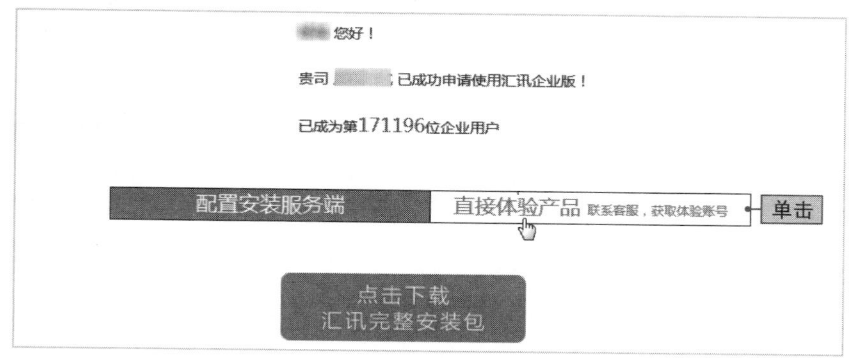

图6-3

STEP 04 在打开的页面中单击“PC版下载”按钮下载PC版，如图6-4所示。

图6-4

客户端下载并安装完成后，需要在汇讯官方网站向QQ客服索要账号。QQ客服将注册一个具有管理权限的账号供用户体验。使用该账号可以登录PC客户端和移动端。如果不希望使用体验账号进行操作，那么也可以下载汇讯完整安装包。完整安装包中包含服务端安装程序，需在计算机中安装服务端、配置服务器后才能生成企业账户。用户生成的账户或体验账户登录客户端后所进入的操作界面是一致的。

NO.002

如何部署WiseUC组织架构

获得账户后就可以登录PC客户端构建企业的组织架构了，下面介绍具体操作。

STEP 01 双击PC客户端快捷方式，进入客户端登录界面，单击“登录设置”超链接（使用体验账号登录的用户需进行登录设置）。在打开的“登录设置”对话框中，单击“增加”按钮，如图6-5所示。

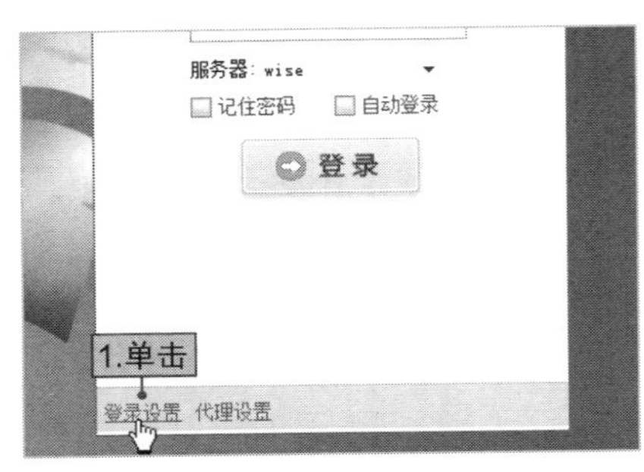

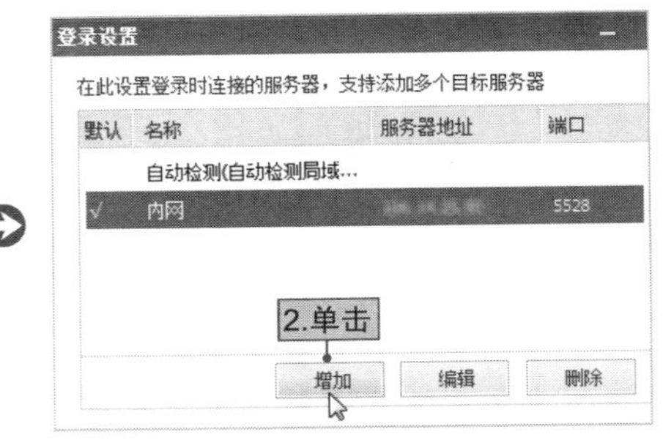

图6-5

STEP 02 在打开的“添加登录服务器”对话框中输入服务器名称、服务器地址和端口，单击“确定”按钮。返回登录界面，输入体验账号和密码，单击“登录”按钮，如图6-6所示。

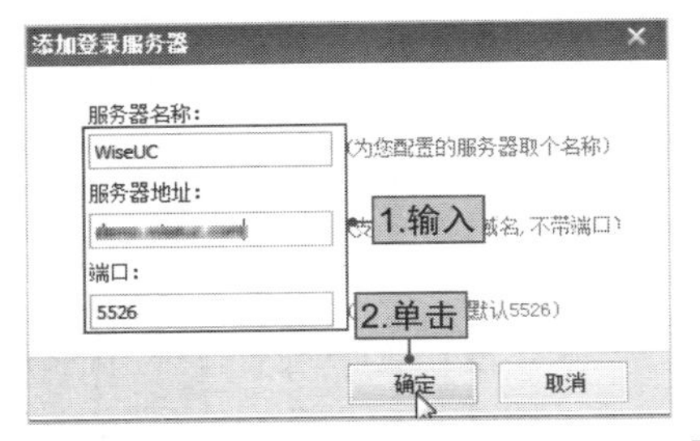

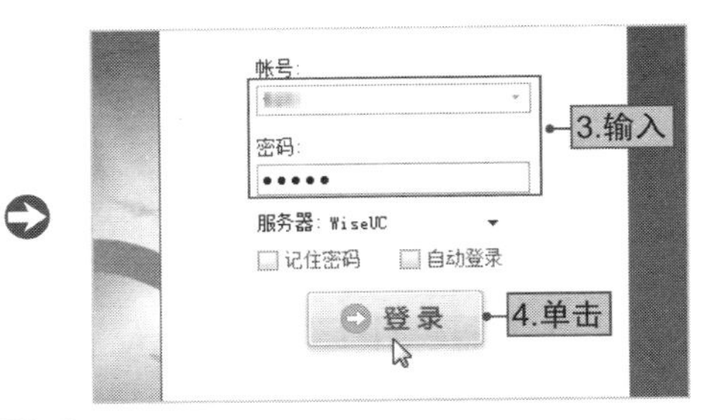

图6-6

STEP 03 进入客户端主界面，单击“组织管理”按钮。进入组织管理后台页面，在“组织管理”列表中选择“组织架构”选项，如图6-7所示。

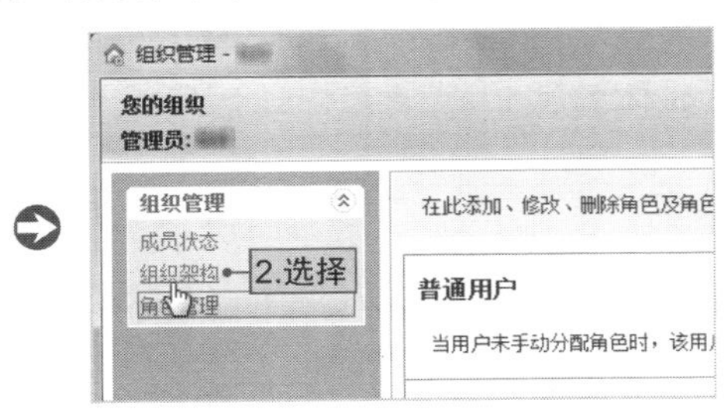

图6-7

STEP 04 在打开的页面中单击“添加部门”按钮。在打开的“添加部门”对话框中输入部门名称，单击“添加”按钮，如图6-8所示。

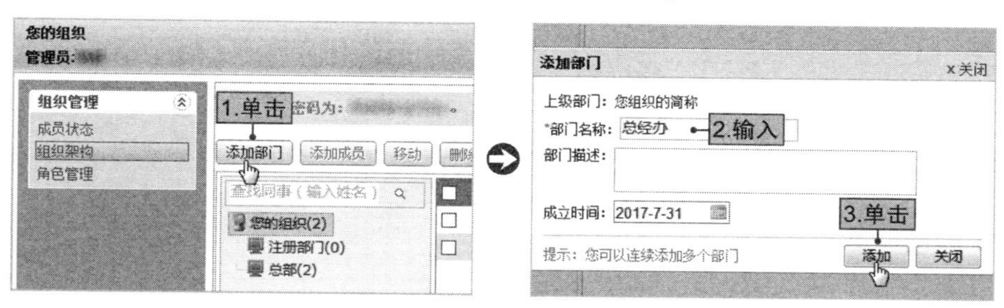

图6-8

按照上述方法依次添加企业的其他部门，便可完成企业组织架构的部署。

NO.003

如何使用WiseUC审批功能

“审批”是简单易用的公文流转和事务审批管理工具，下面来看看如何使用审批功能。

STEP 01 在客户端主界面单击“审批”按钮，在打开的页面中单击“发起审批”选项卡，如图6-9所示。

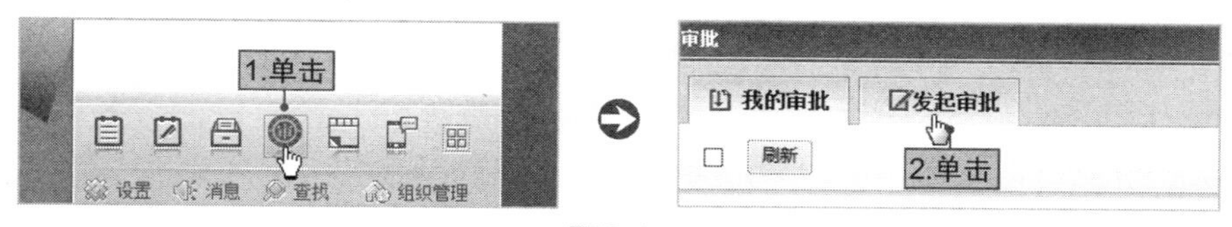

图6-9

STEP 02 单击“下步审批人”按钮，在打开的页面中选中审批人复选框，单击“增加”按钮，如图6-10所示。

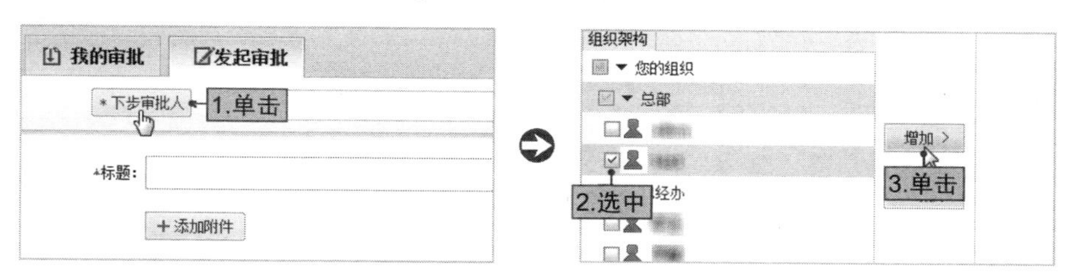

图6-10

STEP 03 审批人选择完成后单击“确定”按钮。返回发起审批页面，填写审批标题和内容，如图6-11所示。

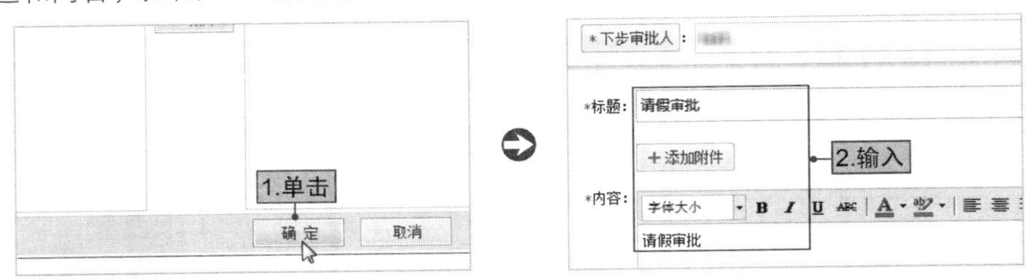

图6-11

STEP 04 单击“添加附件”按钮添加附件，最后单击“发起审批”按钮，如图6-12所示。

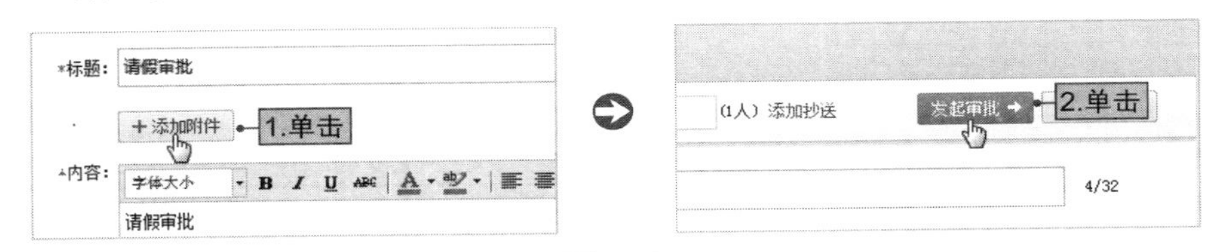

图6-12

NO.004

WiseUC日志功能的使用

日志可用于记录日常工作计划、自我总结和项目进度等，合理地使用工作日志可以提高工作执行力，下面来看看如何写日志。

STEP 01 在客户端主界面单击“工作日志”按钮，进入“我的日志”网页端，单击“添加日志”按钮，如图6-13所示。

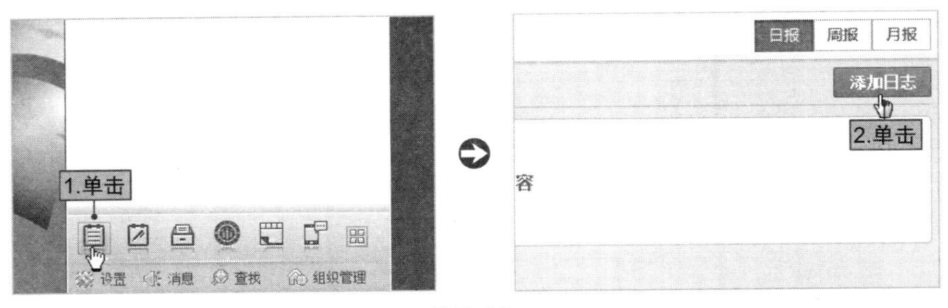

图6-13

STEP 02 在打开的文本框中输入内容，单击“确定”按钮，如图6-14所示。

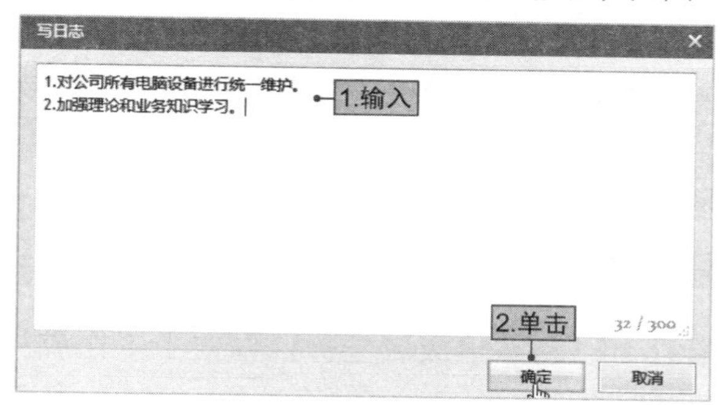

图6-14

在日常工作中，工作日志有日报、周报和月报，这些日志一般需要发送给指定的对象。在WiseUC中书写好日志后可以在“汇报设置”页面设置工作时间、汇报时间和汇报方式，具体操作如下。

STEP 01 在“我的日志”网页端单击“日志设置”超链接。在“工作时间”选项卡中选中相应的时间复选框设置工作时间，单击“保存”按钮，如图6-15所示。

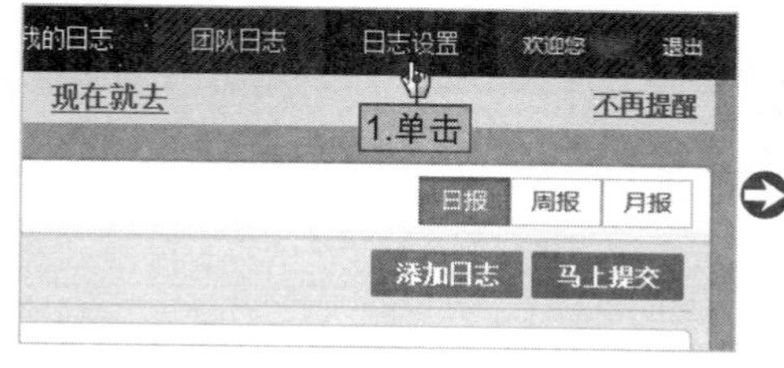

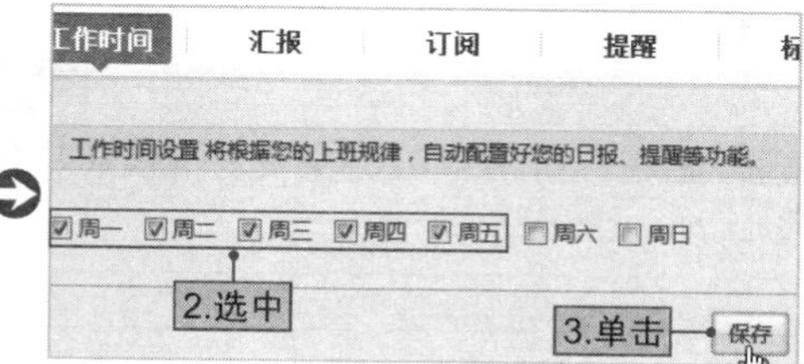

图6-15

STEP 02 切换至“汇报”选项卡，在其中设置日报、周报或月报的汇报对象、汇报时间和汇报方式，单击“保存”按钮，如图6-16所示。

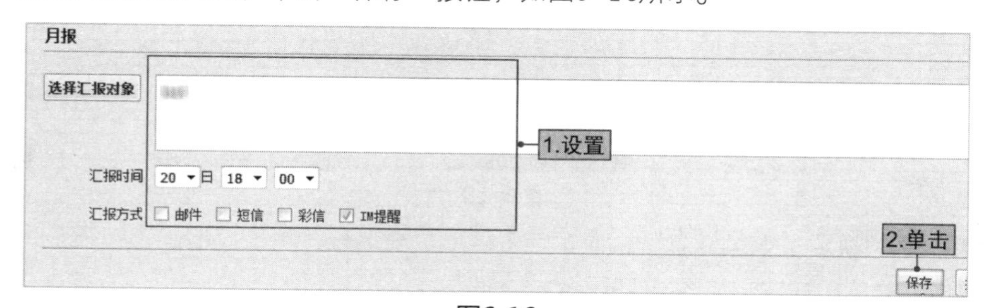

图6-16

除了可以进行日志的工作时间和汇报设置外，还可以在“订阅”选项卡中订阅他人的日志，订阅后系统将自动将他们的报告汇总到个人的“团队日志”。在“提醒”选项卡中可以设置日志提醒，系统将根据用户的设置定时提醒。在“标签”选项卡中可以为日志添加标签。

NO.005

WiseUC如何创建属性群

在客户端后台可以动态生成属性群，以便于工作成员进行集体交流，下面介绍如何创建。

STEP 01 在PC客户端主界面单击“群/组”按钮，在打开的页面中单击“创建一个新的群”超链接，如图6-17所示。

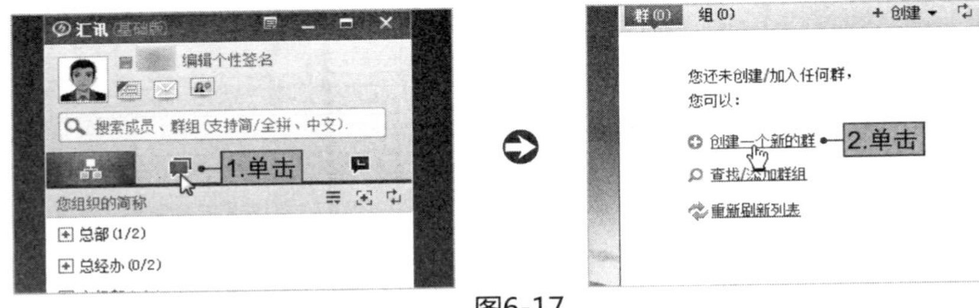

图6-17

STEP 02 在“群信息”页面填写群信息，如名称和主题等，如图6-18所示。填写完成后单击“确定”按钮。

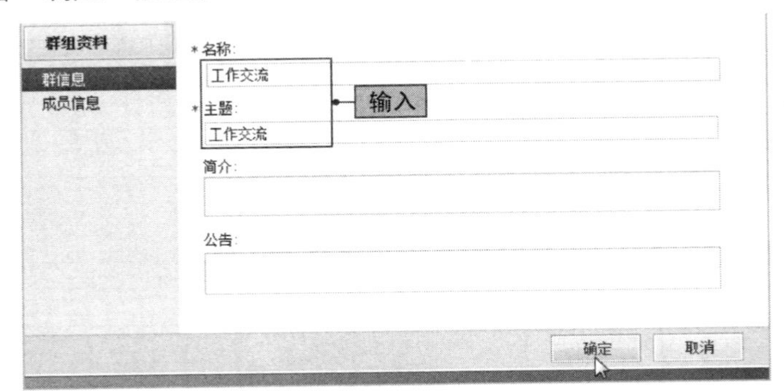

图6-18

STEP 03 切换至“成员信息”页面，选中群成员复选框，单击“增加”按钮，再单击“确定”按钮，如图6-19所示。

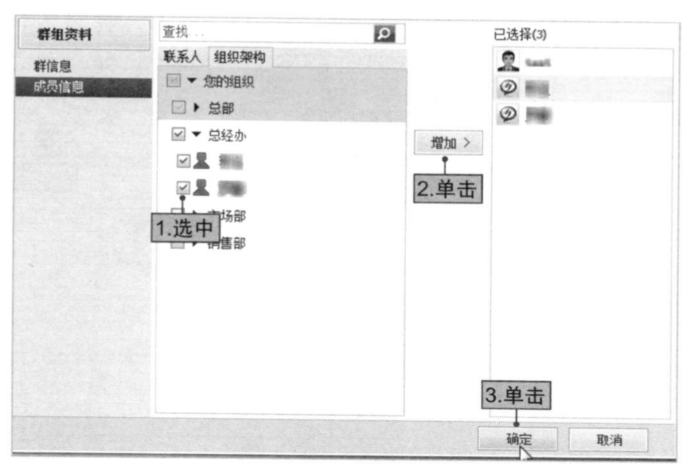

图6-19

NO.006

WiseUC组织公告如何发布

工作中的通知公告可以在WiseUC客户端中以邮件的方式实时推送给用户，以确保通知公告能准确传达，下面介绍如何发布通知公告。

STEP 01 在客户端主界面单击“菜单”按钮，在打开的下拉菜单中选择“发起公告”命令，如图6-20所示。

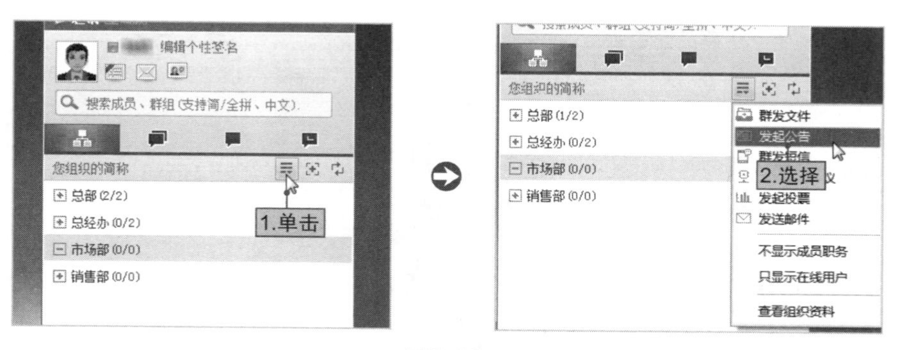

图6-20

STEP 02 在打开的“通知公告”对话框中单击“添加接收人”按钮。在打开的页面中选中相应的接收人复选框，并单击“增加”按钮，最后单击“确定”按钮，如图6-21所示。

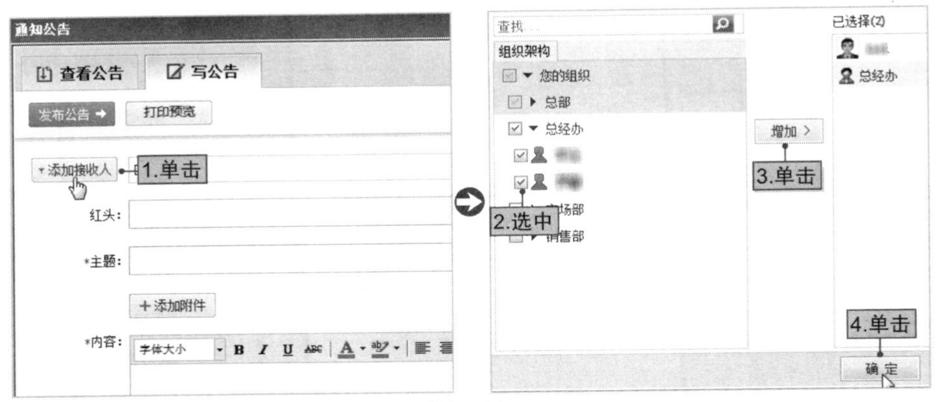

图6-21

STEP 03 在返回的页面中填写公告主题和内容（如有附件则单击“添加附件”按钮添加附件），然后单击“发布公告”，如图6-22所示。

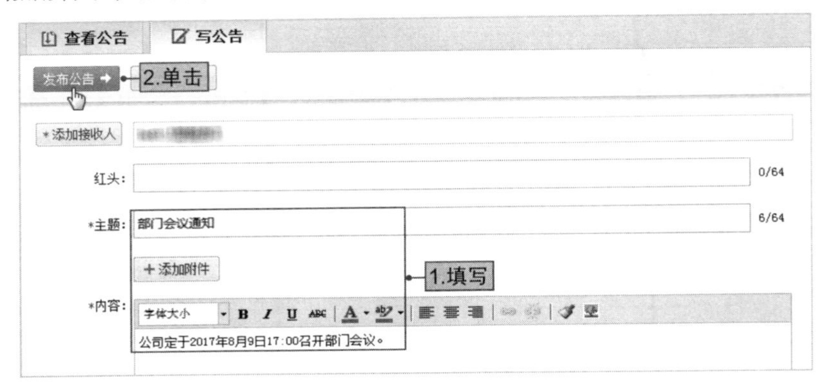

图6-22

NO.007

使用汇讯WiseUC电子投票功能

使用WiseUC提供的电子投票功能可以自动统计投票结果，实时查询每项投票结果及名单，下面介绍如何发起投票。

STEP 01 在客户端主界面的“菜单”下拉菜单中选择“发起投票”命令。在打开的“投票”对话框中单击“选择接收人”按钮，如图6-23所示。

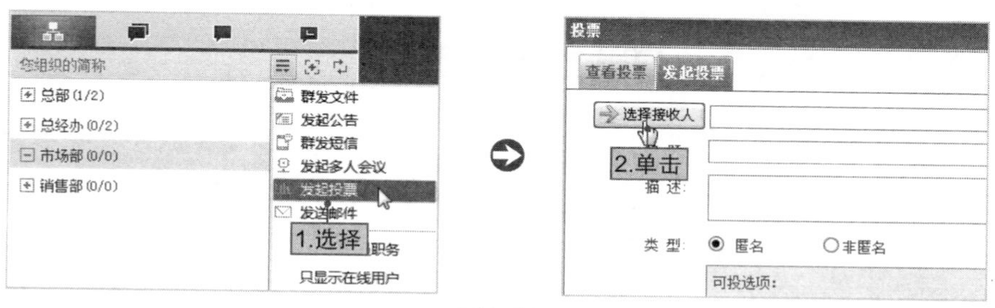

图6-23

STEP 02 在打开的页面中选中人员或部门复选框，单击“增加”按钮，再单击“确定”按钮。在返回的页面中设置标题、描述、类型和投票模式，单击“发起投票”按钮，如图6-24所示。

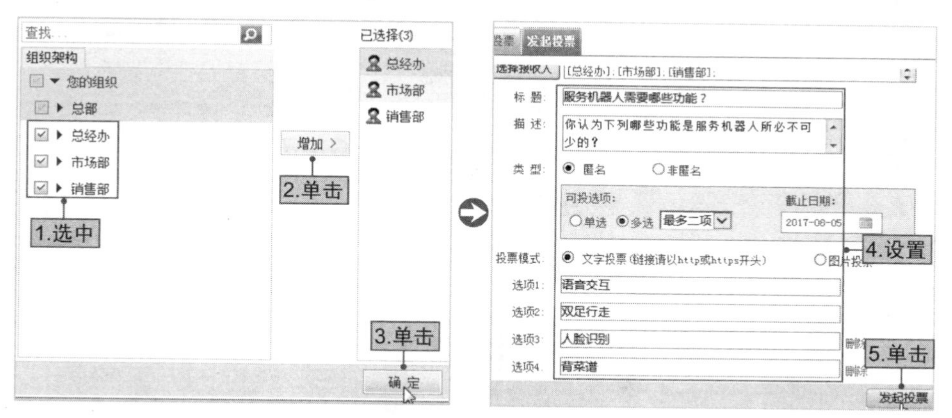

图6-24

发起投票后，接收人可在“查看投票”页面进行投票。选中相应复选框，单击“投票”按钮即可，如图6-25所示。

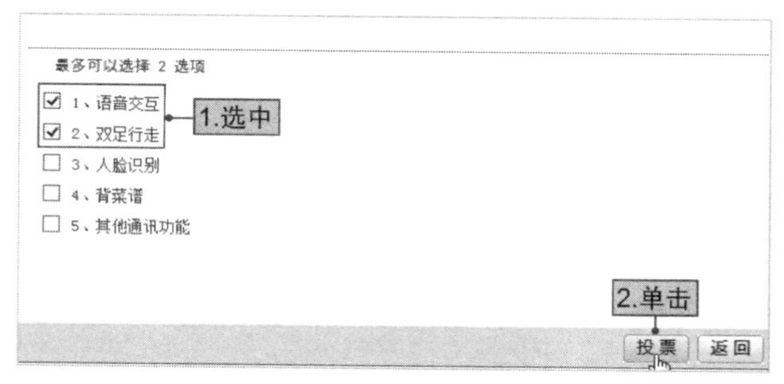

图6-25

NO.008

使用WiseUC云便签记录工作事项

工作过程中需要处理的工作有多项，而每项工作的紧急程度是不同的，为了不让自己遗忘某项工作，可以使用WiseUC提供的云便签工具，提醒自己当天需要完成哪些工作。下面介绍如何使用云便签记录待办事项。

STEP 01 在客户端主界面单击“云便签”按钮，阅读功能介绍后，单击“完成”按钮，如图6-26所示。

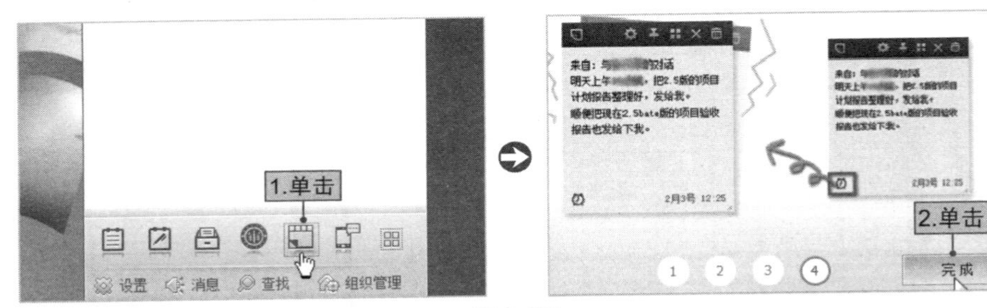

图6-26

STEP 02 在打开的页面中单击“创建一个新便签”超链接，此时会自动打开一个便签，在其中输入内容即可，如图6-27所示。

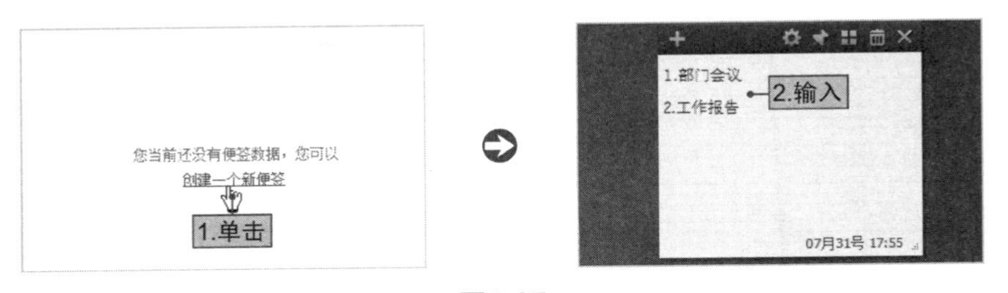

图6-27

云便签可以随意放在桌面的任意位置，如果待办工作中有比较重要的事项，那么可以给便签设置闹铃提醒。在云便签中选择“便签设置”下拉列表中的“设置闹铃”命令。在打开的页面中设置闹铃日期和时间，单击“确定”按钮，如图6-28所示。

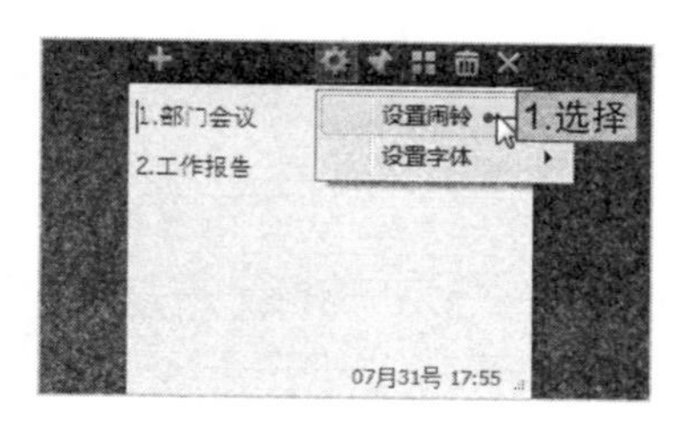

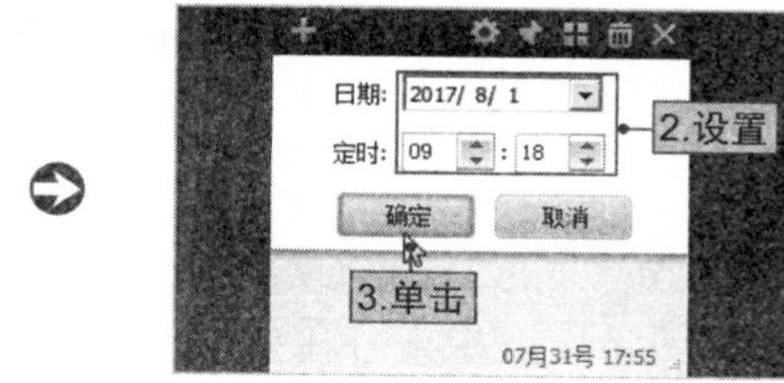

图6-28

NO.009

创建组织邮局账户

“组织邮局”是WiseUC的特色功能，邮件客户端与系统完美融合，支持多个邮件账户以及在组织架构、群组单发或群发邮件等。要创建组织邮局账户首先需要安装“组织邮局”，具体操作如下。

STEP 01 在客户端主界面单击“组织邮局”按钮。在打开的“在线安装-组织邮局”对话框中单击“安装”按钮，如图6-29所示。

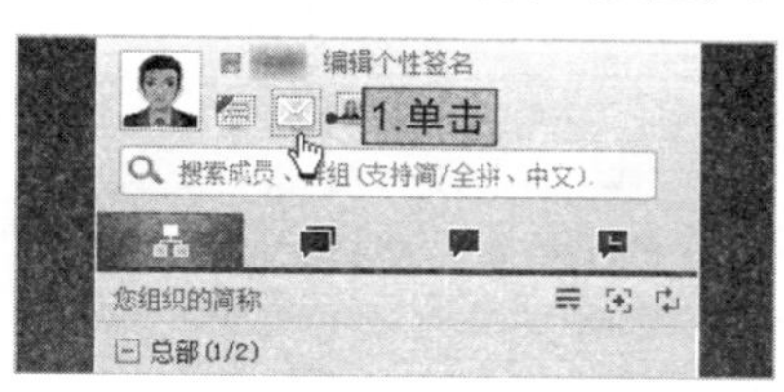

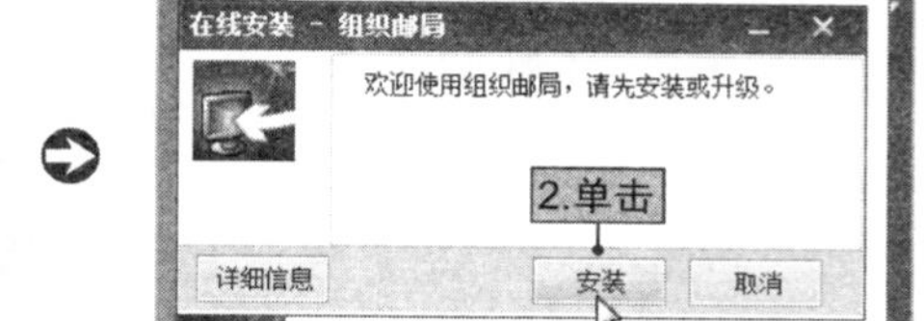

图6-29

STEP 02 等待系统下载安装包，下载完成后在打开的对话框中单击“下一步”按钮，在接下来打开的对话框中单击“下一步”按钮，如图6-30所示。

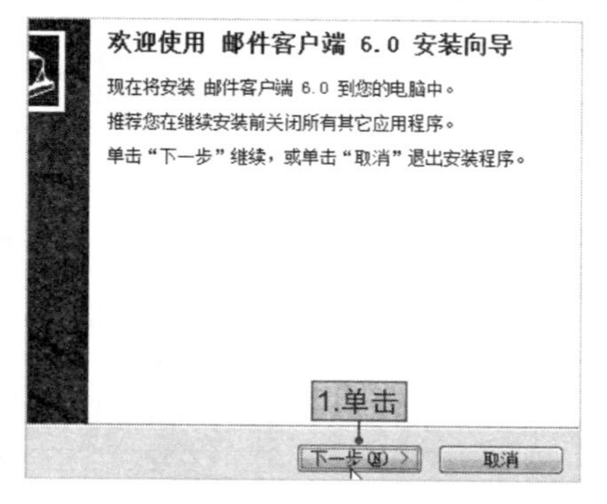

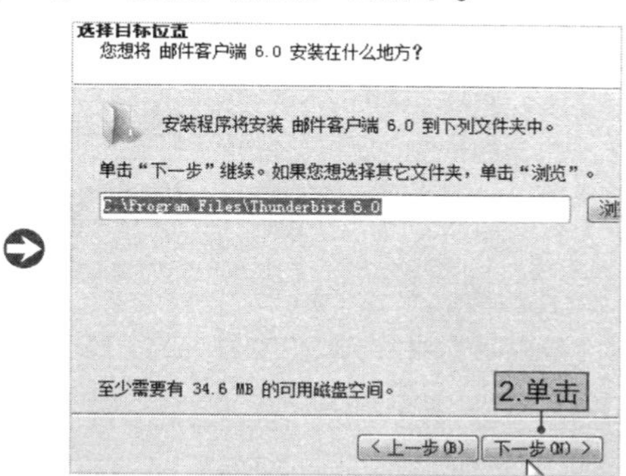

图6-30

STEP 03 单击“安装”按钮，系统会自动进行安装，安装完成后单击“完成”按钮，如图6-31所示。

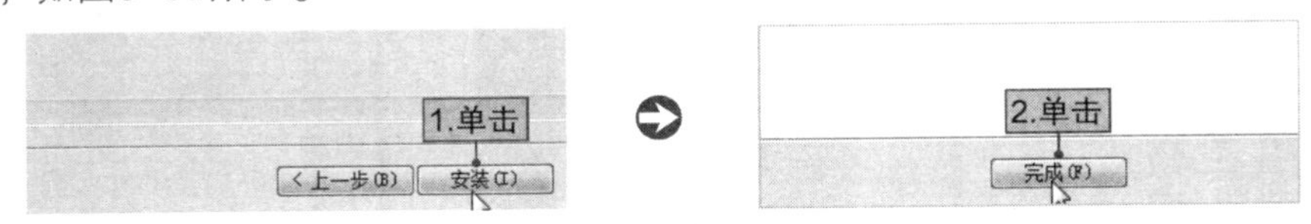

图6-31

安装完成后便可以使用组织邮局了，下面介绍如何使用组织邮局发送邮件给联系人。

STEP 01 在客户端主界面单击“组织邮局”按钮，在打开的“提示”对话框中单击“确定”按钮。在打开的“设置”页面中单击“创建邮件账户”按钮，如图6-32所示。

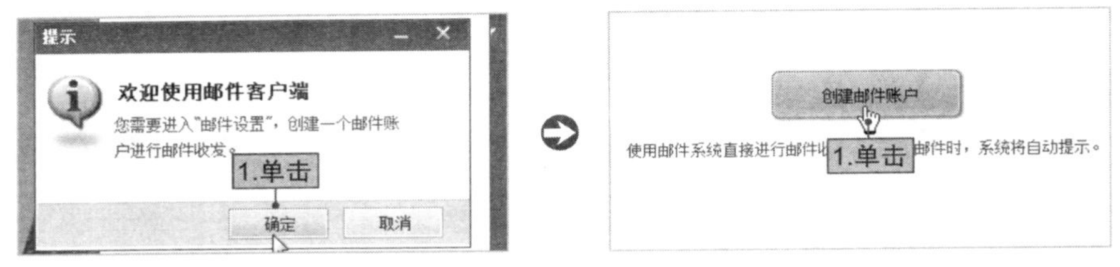

图6-32

STEP 02 在“创建账户”对话框中输入名字、邮箱地址和邮箱密码，单击“确定”按钮，如图6-33所示。

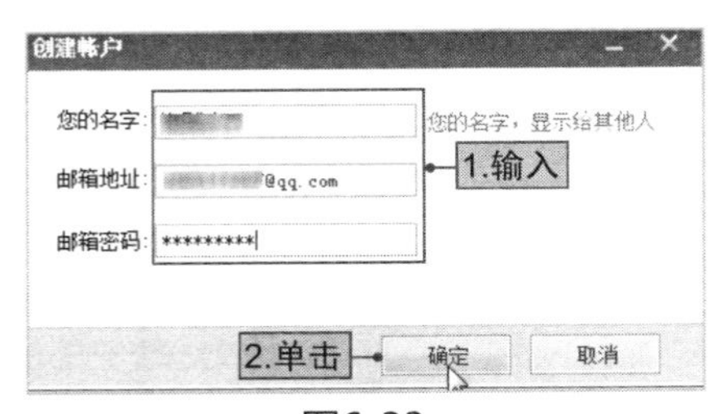

图6-33

在创建账户的过程中要注意，创建前应确保邮箱已开启了POP3、IMAP或SMIP服务，若没有开启，则需登录邮箱在“设置”页面中开启服务，否则将导致创建账户不成功。

6.2 WiseUC的常见问题

大多数用户在使用WiseUC的过程中或多或少都遇到过一些问题，下面就这些常见问题进行解答。

NO.010

如何管理企业成员的角色权限

在WiseUC中，管理员可以为不同的角色设置不同的权限，再为企业成员分配不同的角色，使每个成员拥有不同的管理权限，下面介绍如何为角色设置权限并为成员配置角色。

STEP 01 在客户端主界面单击“组织管理”按钮。在打开的页面右侧选择角色，如选择“财务”选项，如图6-34所示。

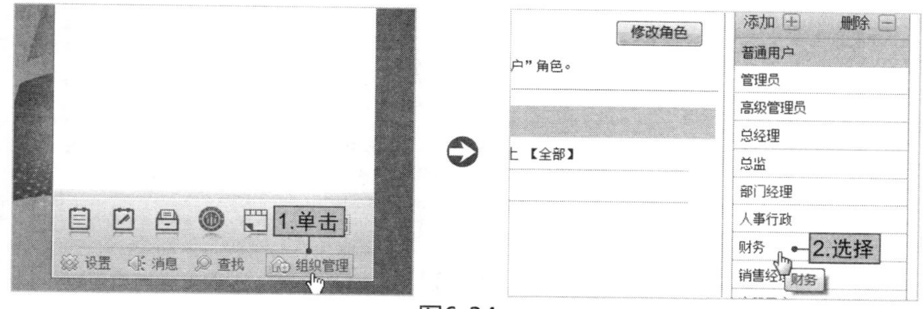

图6-34

STEP 02 单击“修改角色”按钮，选中允许的权限类型的复选框，单击“保存”按钮，如图6-35所示。

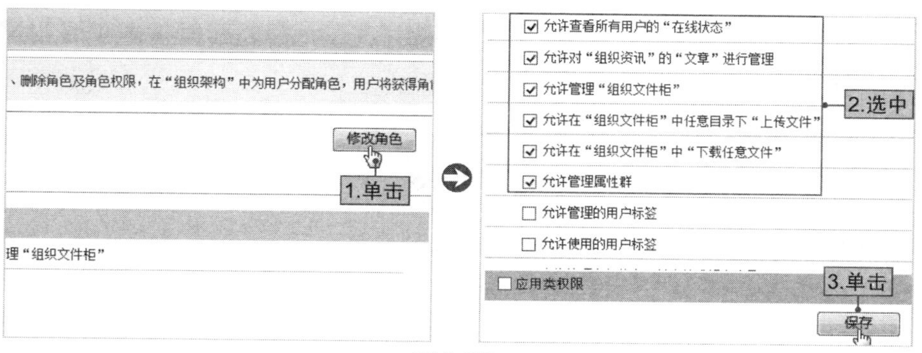

图6-35

STEP 03 选择“组织架构”选项，在打开的页面中选中成员复选框，单击“修改”按钮，如图6-36所示。

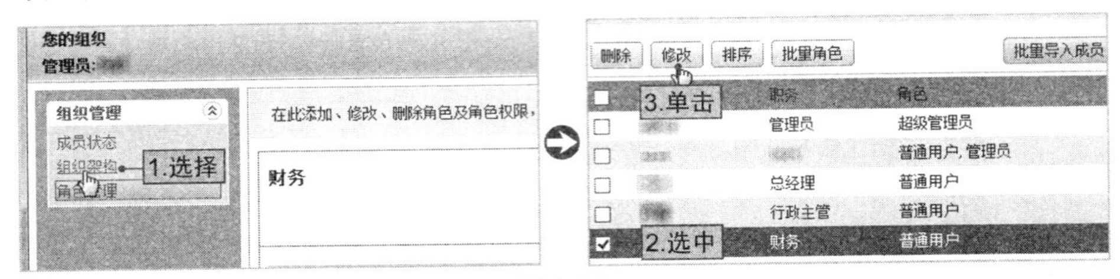

图6-36

STEP 04 在打开的页面中单击“普通用户”超链接，在“选择角色”对话框中选中角色“财务”复选框，单击“确定”按钮，如图6-37所示。

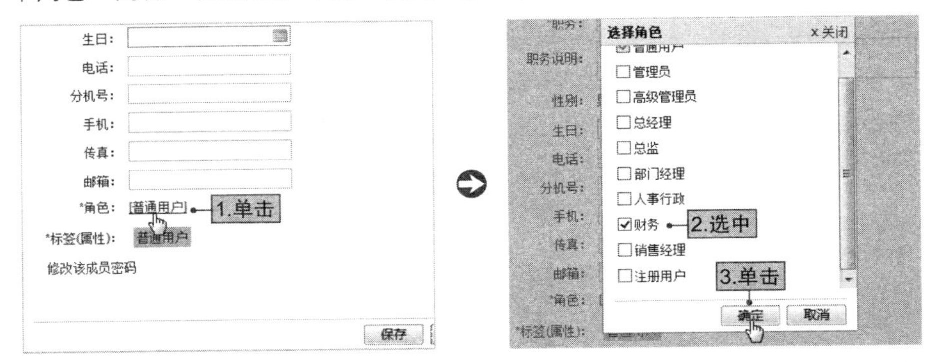

图6-37

NO.011

截图可以另存为图像文件吗

在与企业成员进行沟通交流的过程中，有时需要使用截图工具将网页或对话截取成图片发送给同事。使用WiseUC客户端的截图工具截图，不仅可随意调整截图的范围和大小，还可将截图另存为bmp、jpg和png等图像格式。下面介绍具体的操作方法。

STEP 01 在客户端主界面双击需要进行沟通交流的成员，在会话窗口单击“屏幕截图”按钮（或按【Ctrl+Alt+S】组合键），如图6-38所示。

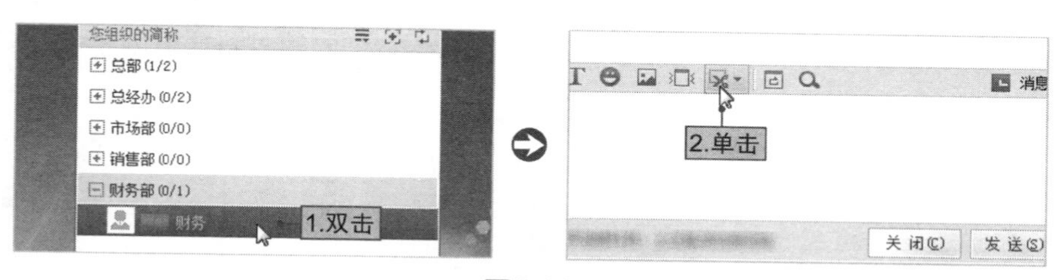

图6-38

STEP 02 选择要截图的区域，单击“保存”按钮。在打开的“另存为”对话框中选择保存类型，单击“保存”按钮，如图6-39所示。

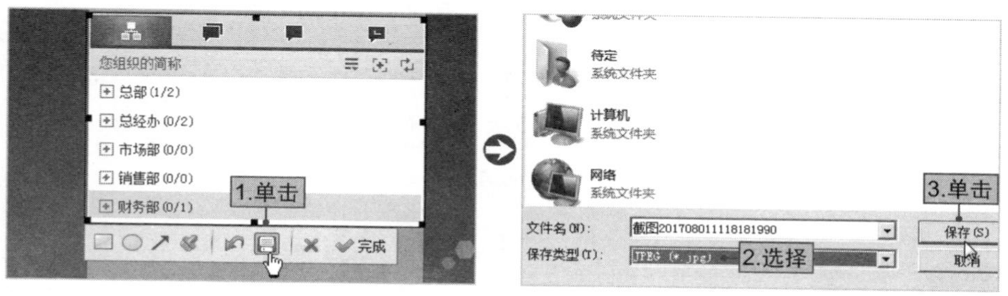

图6-39

NO.012

如何更改文件保存位置

在与同事进行工作交流的过程中，有时需要接收同事发送的文件。接收文件后文件会保存在默认的文件夹中，用户可以通过更改目录，将接收的文件保存在自己经常使用的文件夹中，以方便使用。下面介绍如何更改文件保存目录。

STEP 01 在客户端主界面的“▤”下拉菜单中选择“系统设置”命令，在打开的“设置”对话框中选择“文件传输”选项，如图6-40所示。

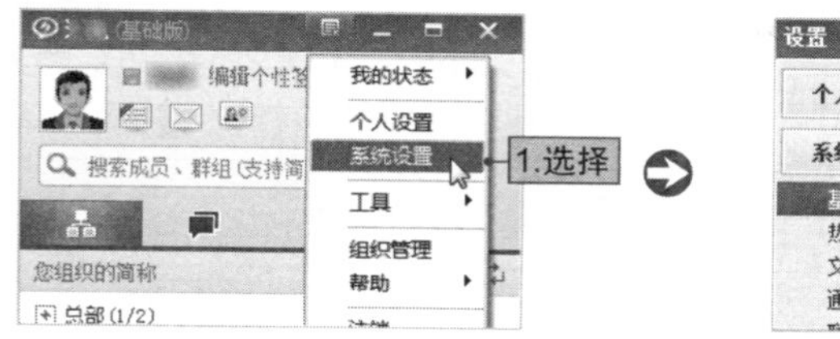

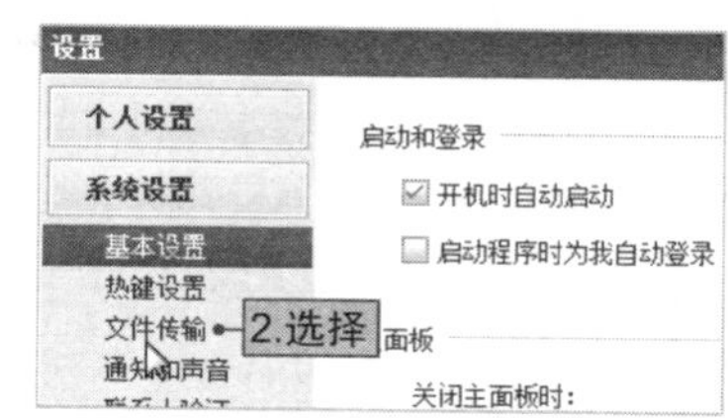

图6-40

STEP 02 在打开的页面中单击“更改目录”按钮，在弹出的对话框中选择目录文件，单击“确定”按钮，如图6-41所示。

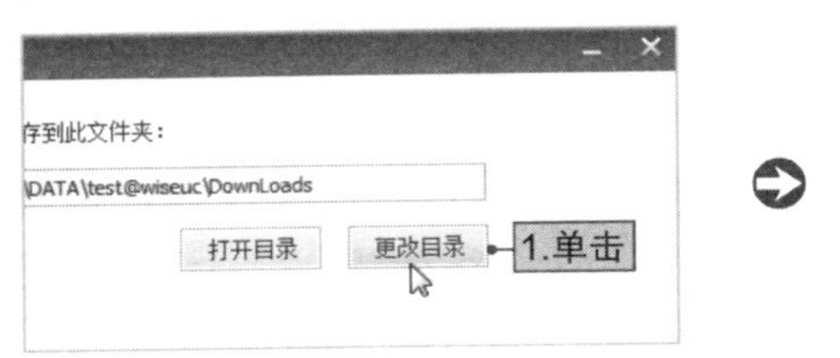

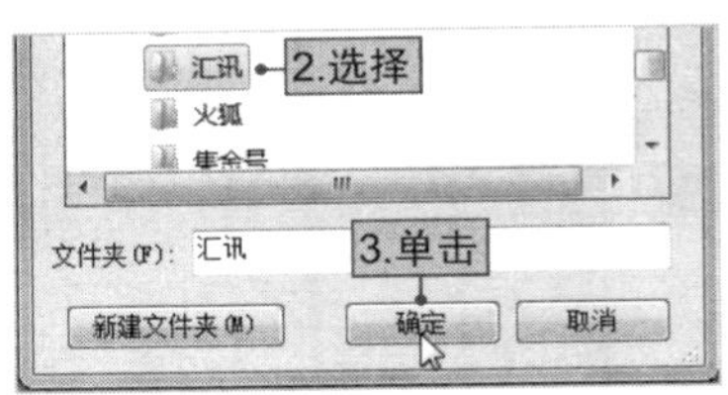

图6-41

STEP 03 返回“设置”对话框，单击“应用”按钮，如图6-42所示。

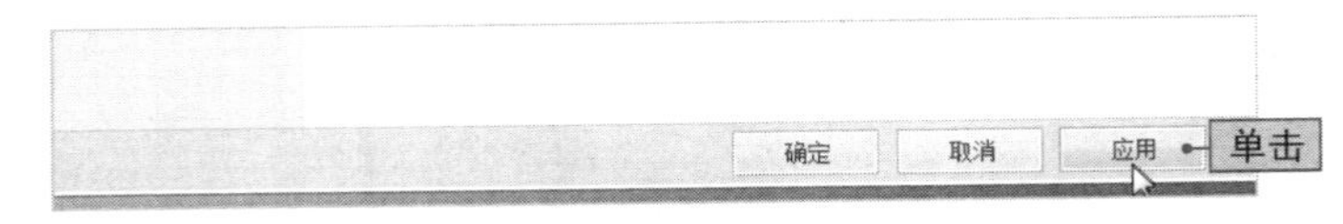

图6-42

NO.013

如何实现上下班打卡

WiseUC也提供了考勤管理功能，那么为什么在客户端主界面中找不到“考勤”功能按钮呢？这是因为“考勤”被放置在“应用管理中心”中，下面介绍如何进行上下班打卡操作。

STEP 01 在客户端主界面中单击“应用管理中心”按钮，在打开的页面中单击“考勤”按钮，如图6-43所示。

图6-43

STEP 02 在打开的页面中单击“上班打卡”或“下班打卡”按钮进行打卡操作，如单击“上班打卡”按钮，再单击“确定”按钮，如图6-44所示。

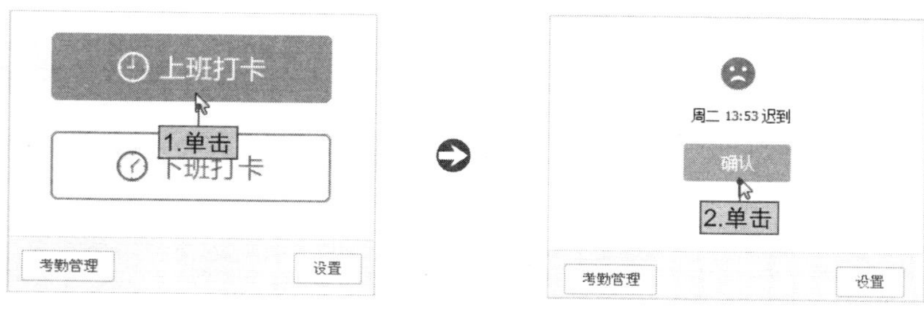

图6-44

不同企业上下班时间是不同，可在客户端中设置上下班时间。在上下班打卡页面中单击“设置”按钮，在打开的页面中设置上下班时间、工作日和提醒频率，最后单击“返回”按钮，如图6-45所示。

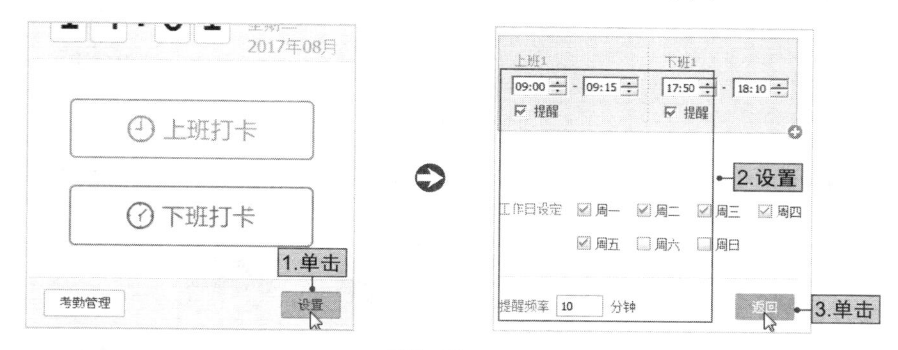

图6-45

在上下班打卡页面单击“考勤管理”按钮可进入“工作考勤”页面中，在该页面可以查询考勤情况，单击“统计”按钮可进行考勤统计查询，如图6-46所示。

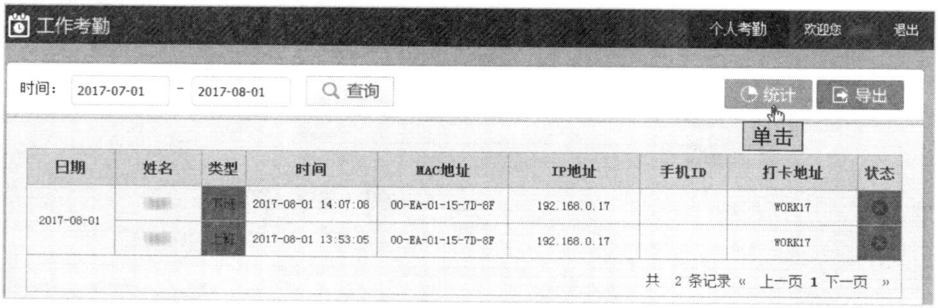

工作考勤　个人考勤　欢迎您　退出

时间：2017-07-01 - 2017-08-01　查询　统计　导出

单击

日期	姓名	类型	时间	MAC地址	IP地址	手机ID	打卡地址	状态
2017-08-01		下班	2017-08-01 14:07:08	00-EA-01-15-7D-8F	192.168.0.17		WORK17	
		上班	2017-08-01 13:53:05	00-EA-01-15-7D-8F	192.168.0.17		WORK17	

共 2 条记录 « 上一页 1 下一页 »

图6-46

NO.014

不喜欢默认头像怎么办

用户如果不喜欢系统默认的个人头像，可以在“个人设置”中进行更换，具体操作如下。

STEP 01 在客户端主界面的“▣”下拉菜单中选择“个人设置”命令，在打开的页面中单击“修改头像”按钮，如图6-47所示。

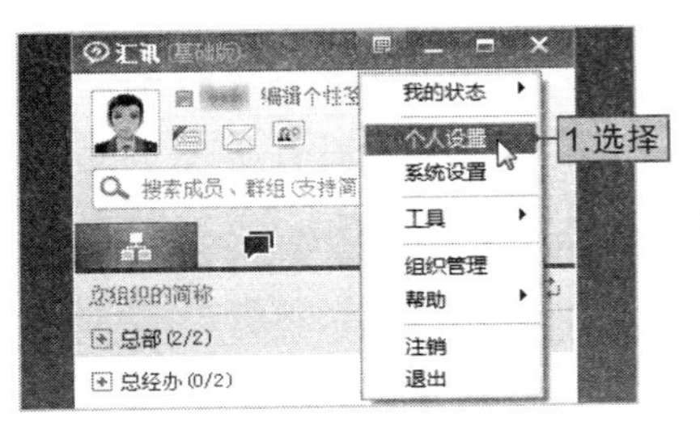

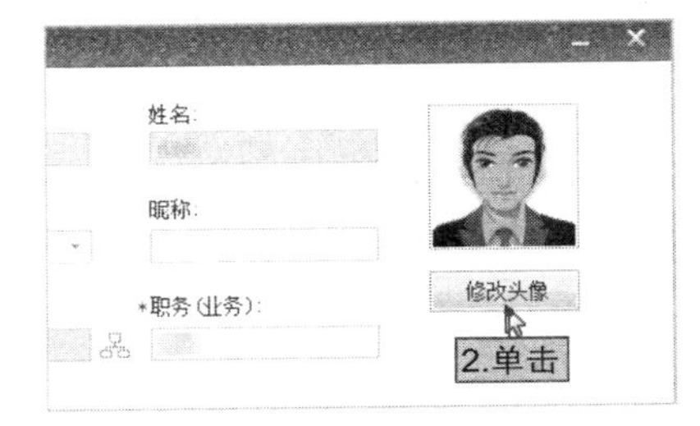

图6-47

STEP 02 在打开的页面中单击“本地浏览”按钮，在本地计算机中选择图片，单击“打开”按钮，如图6-48所示。

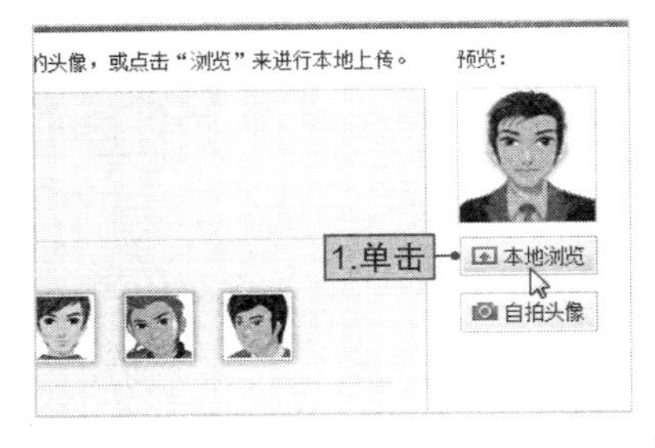

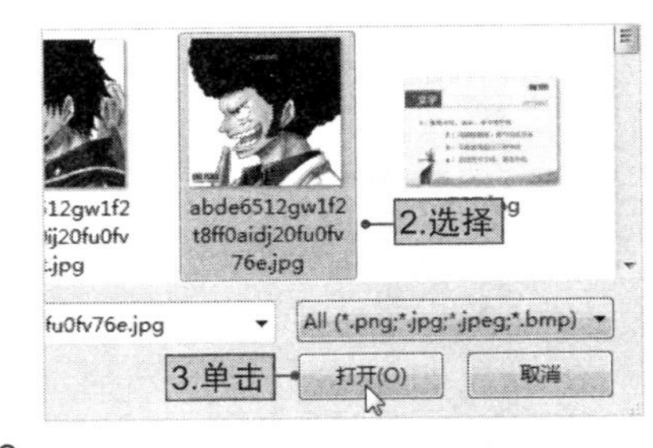

图6-48

STEP 03 在打开的页面中进行头像裁剪，如放大、缩小等，单击“确定”按钮。在返回的“更换头像”页面中单击“确定”按钮，如图6-49所示。

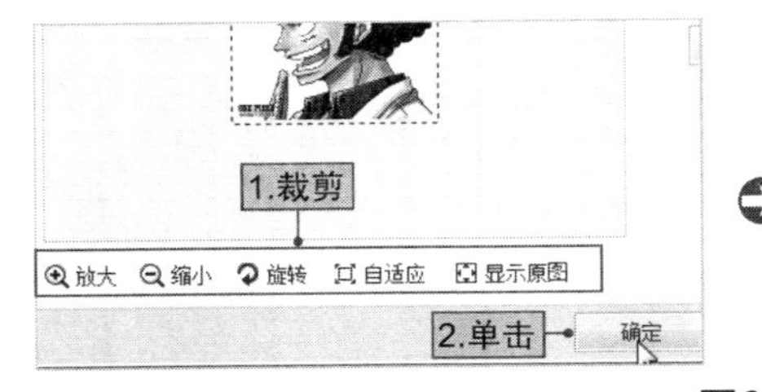

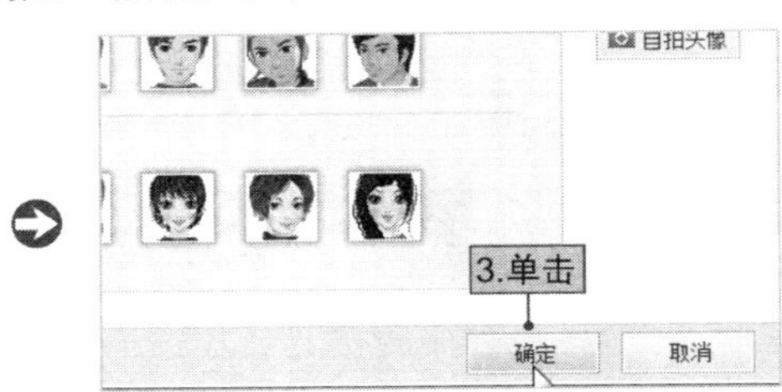

图6-49

STEP 04 在返回的设置页面中单击“应用”按钮，如图6-50所示。

图6-50

NO.015

发送同一文件给多人

当要将同一份文件发送给多人时，可以采用群发的方式提高文件发送效率。下面介绍如何进行群发文件的操作。

STEP 01 在客户端主界面中单击“应用管理中心”按钮，在打开的页面中单击“群发文件”按钮，如图6-51所示。

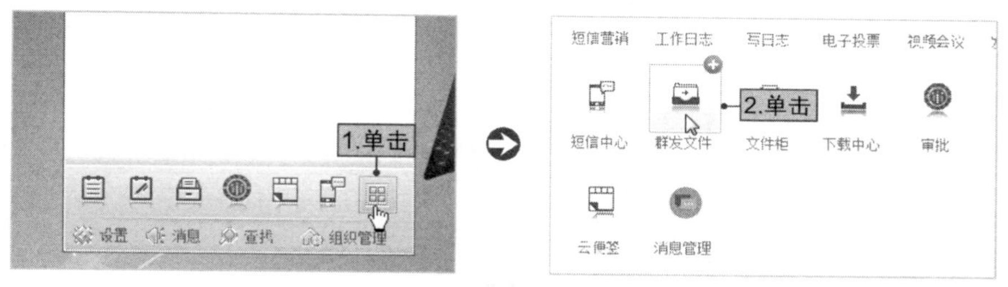

图6-51

STEP 02 在打开的“文件群发”页面中单击“添加联系人”按钮。在组织架构中选择要增加的联系人并单击“增加”按钮，然后单击“确定”按钮，如图6-52所示。

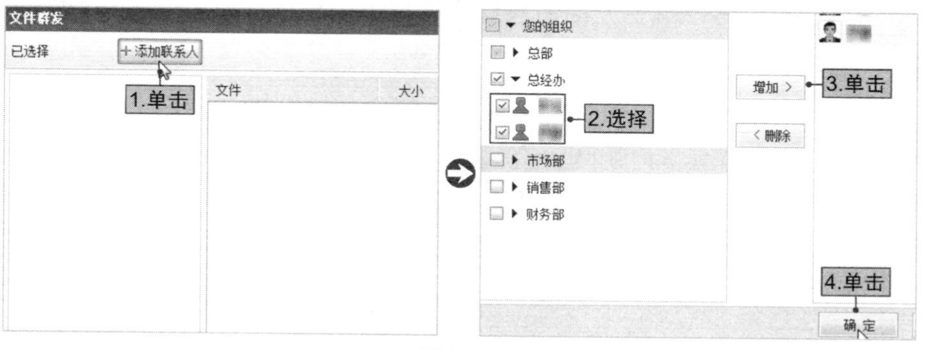

图6-52

STEP 03 在“文件群发”页面中单击“选择文件”按钮，在本地计算机中选择增加的文件，单击“打开”按钮，如图6-53所示。

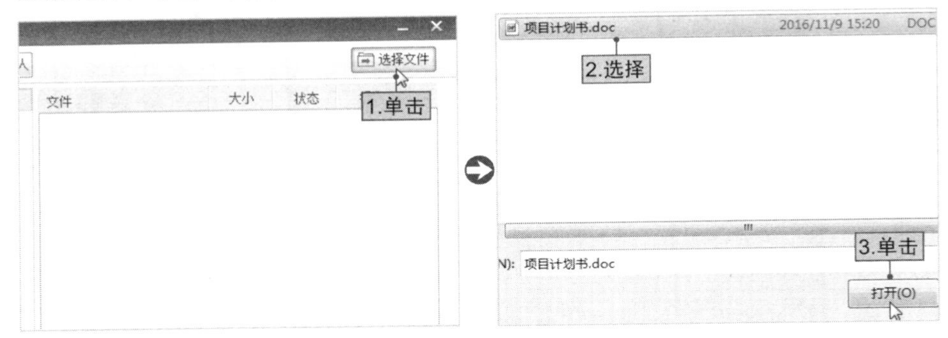

图6-53

STEP 04 文件上传成功后，在“接收方提示信息”文本框中输入提示信息，单击“发送”按钮，如图6-54所示。

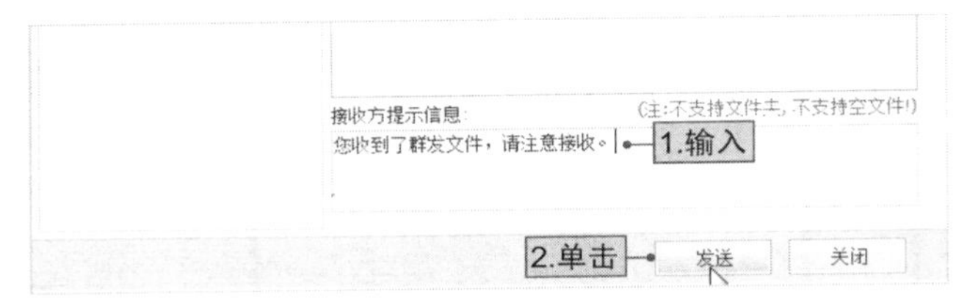

图6-54

NO.016

考勤功能可以在主界面显示吗

在WiseUC客户端主界面的快速启动栏中，默认的应用有工作日志、云便签、审批和短信中心等。

对于部分组织成员来说，快速启动栏中的部分默认应用并不常用，相反常用的“考勤”应用却没有显示在快速启动栏中。此时，可以将考勤应用添加到快速启动栏中，具体操作如下。

STEP 01 在客户端主界面中单击“应用管理中心”按钮，在打开的页面中单击“设置快捷应用”按钮，如图6-55所示。

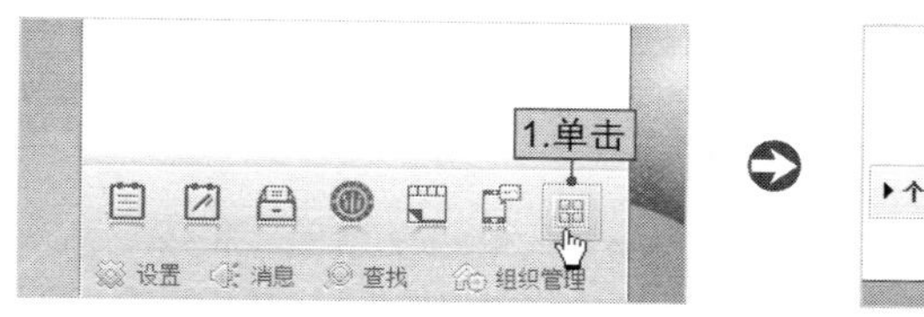

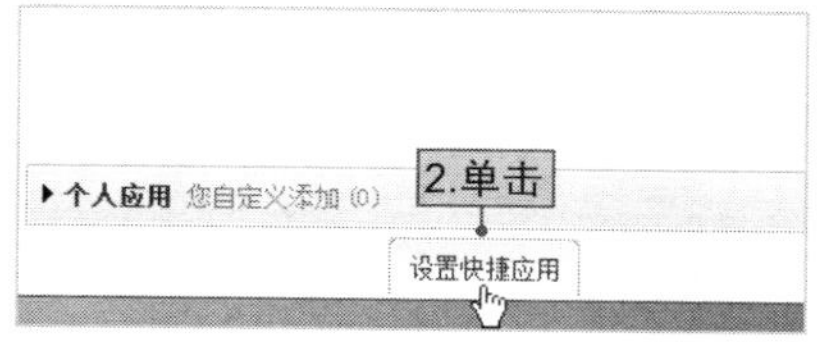

图6-55

STEP 02 单击“⊖”按钮，删除不常用的应用如短信中心，单击“考勤”中的“⊕”按钮，将其添加到快捷应用中，如图6-56所示。

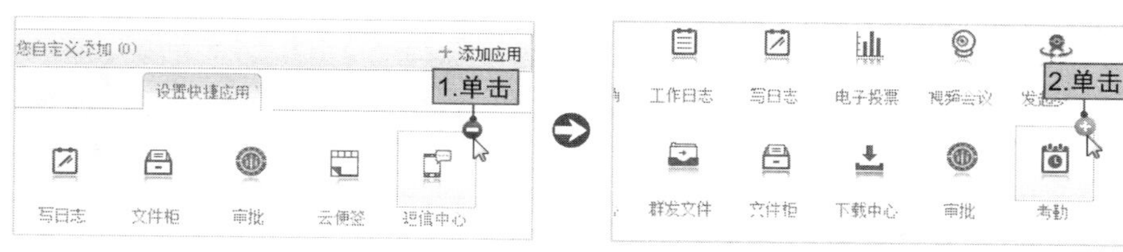

图6-56

NO.017

手机客户端没有显示的好友

登录WiseUC手机客户端以后，在“联系人”页面选择“好友”选项可查看联系人，但点击进入后“所有联系人”显示为0是怎么回事呢？如图6-57所示。

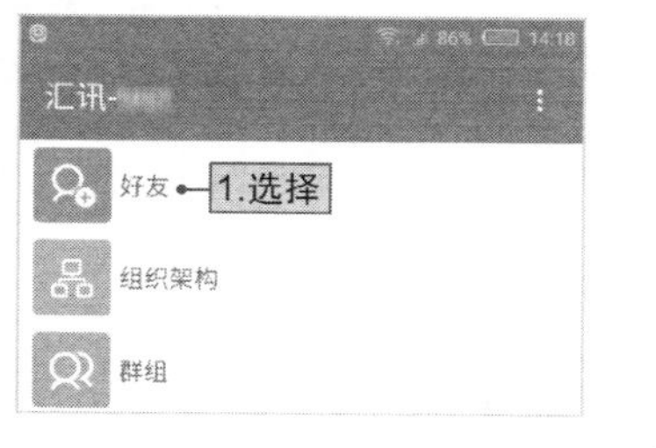

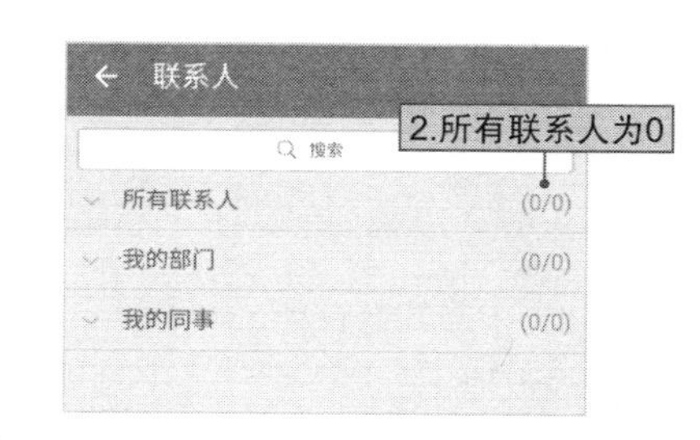

图6-57

出现图6-57所示的情况是因为该用户并未添加组织架构中的成员为自己的好友。下面介绍如何在手机客户端中添加好友。

STEP 01 在手机客户端“联系人”页面中选择“组织架构”选项，在打开的页面中点击部门前的“+”按钮，如图6-58所示。

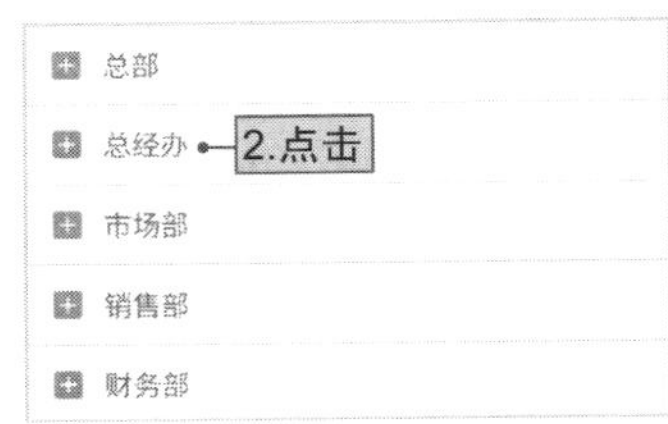

图6-58

STEP 02 在打开的页面中选择成员，进入会话窗口，选择“⋮”下拉列表中的“添加好友”选项即可，如图6-59所示。

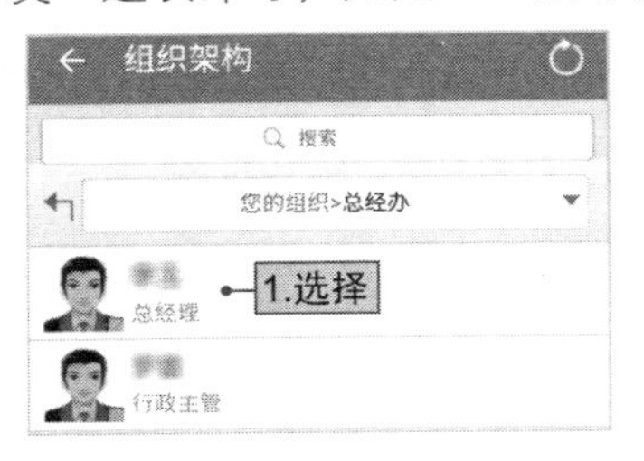

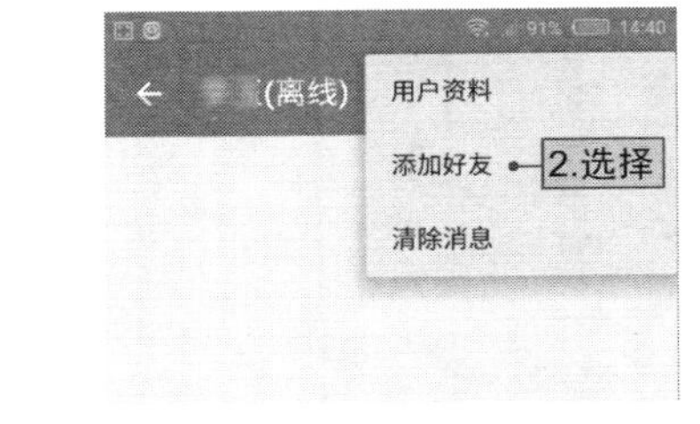

图6-59

好友添加成功后，在“所有联系人”和“我的同事”中都能显示该好友，如图6-60所示。

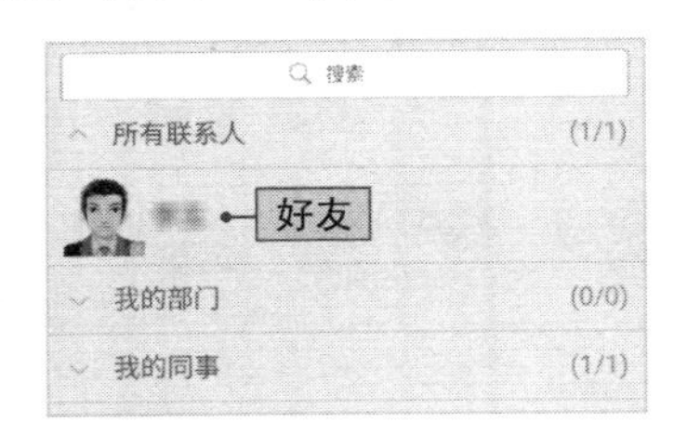

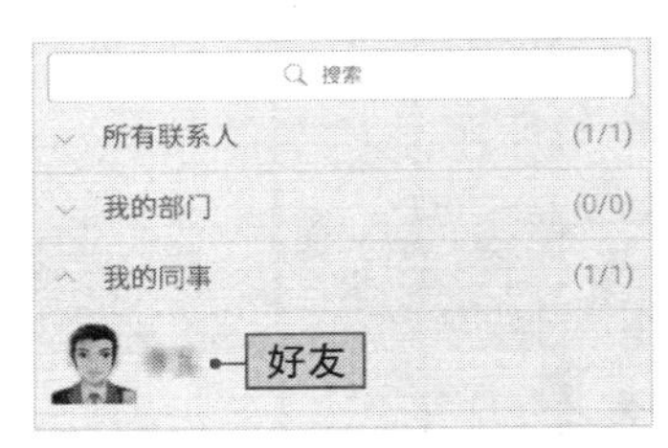

图6-60

NO.018

聊天记录太多怎么办

手机客户端中聊天记录太多怎么办呢？用户可在手机客户端中清除聊天记录，具体操作如下。

STEP 01 在手机客户端主界面中选择“⋮”下拉列表中的“设置”选项，在打开的页面中点击“聊天记录”选项，如图6-61所示。

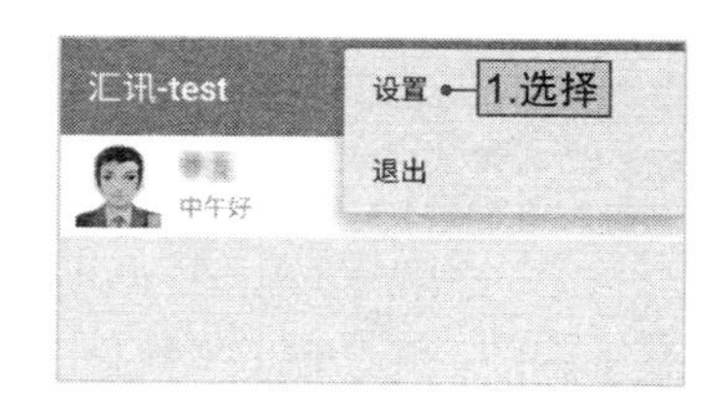

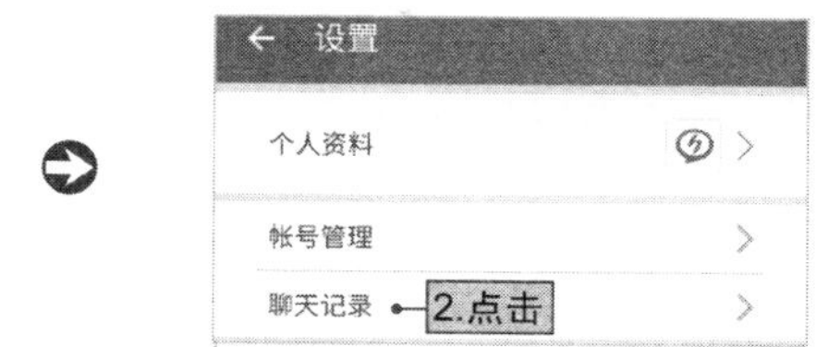

图6-61

STEP 02 在打开的页面中选择“清空所有聊天记录”选项，在打开的“提示”对话框中点击“确定”按钮，如图6-62所示。

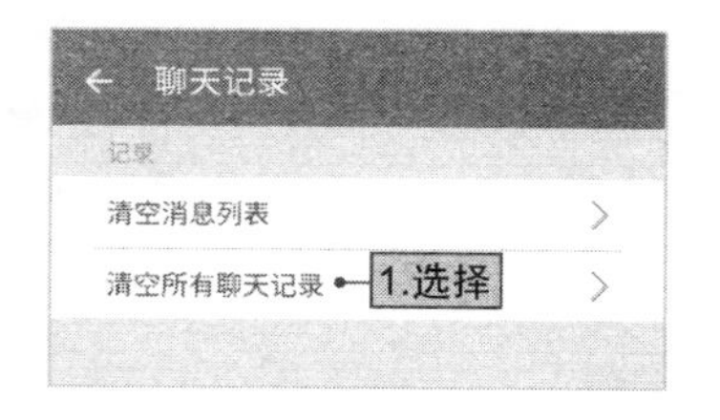

图6-62

NO.019

如何关闭声音提示

在手机客户端中登录个人账号后，若有好友发送了即时消息，系统会发出声音和震动提示。在办公环境中，声音或震动提示都会影响到其他同事，为了避免打扰他人，可以在手机客户端中关闭声音和震动提示，具体操作如下。

在手机客户端主界面中选择“⋮”下拉列表中的“设置”选项。在打开的页面中点击“ ”按钮即可关闭声音或震动提示，如图6-63所示。

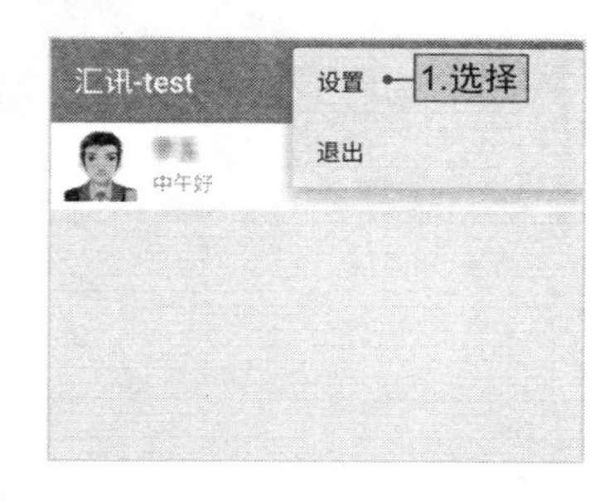

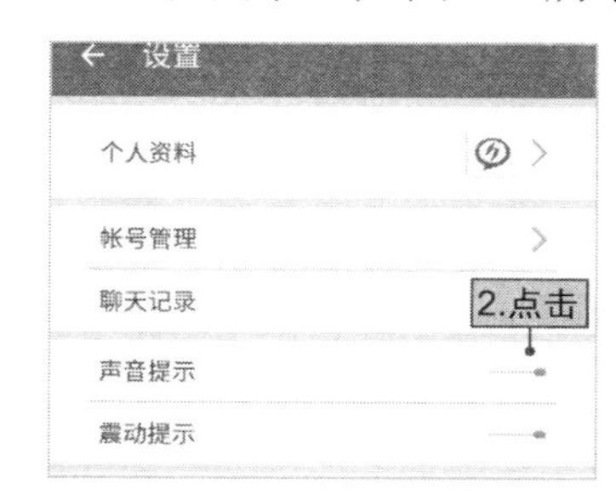

图6-63

NO.020

PC端和手机端自定义头像未同步

在PC客户端设置了自定义头像后，手机客户端仍会保持默认的系统头像，若想让手机客户端也显示自定义头像，可以在手机客户端中进行设置，具体操作如下。

STEP 01 在手机客户端主界面中选择“⁝”下拉列表中的“设置”选项，在打开的页面中选择“个人资料”选项，如图6-64所示。

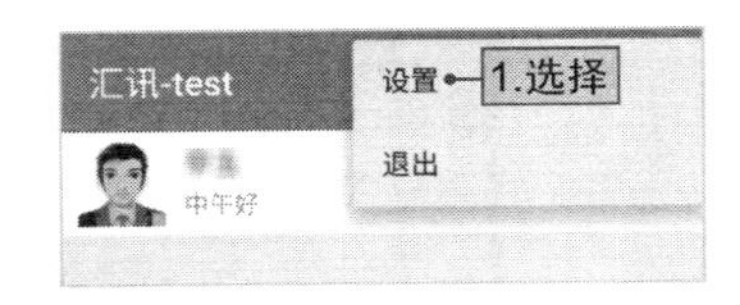

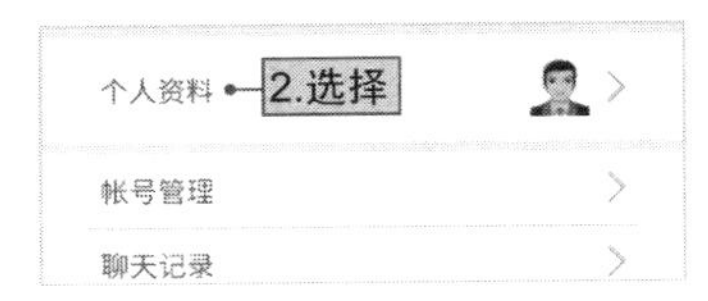

图6-64

STEP 02 在打开的页面中点击头像按钮，在打开的对话框中选择图片上传方式，这里选择“相册”选项，如图6-65所示。

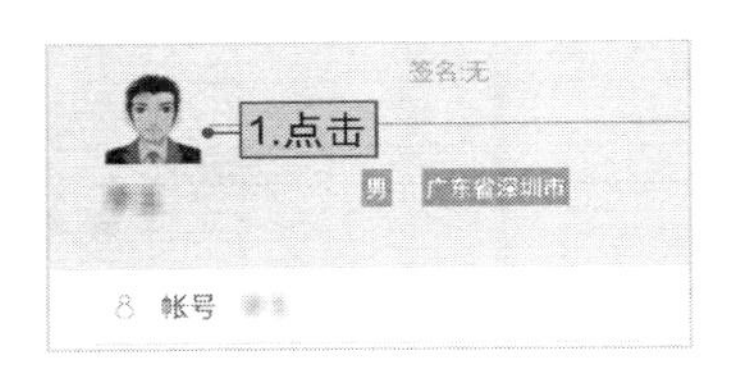

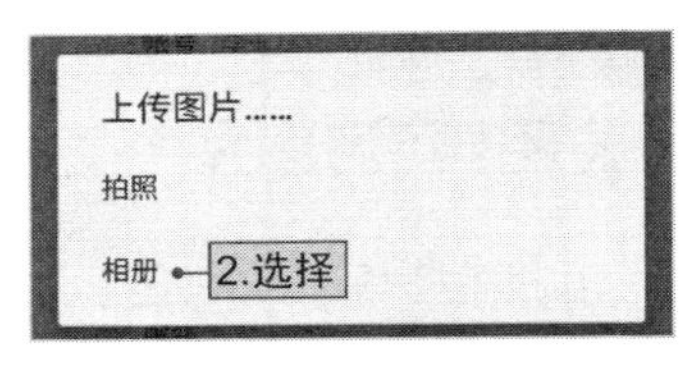

图6-65

STEP 03 在相册中选择照片，修剪照片后点击“√”按钮即可，如图6-66所示。

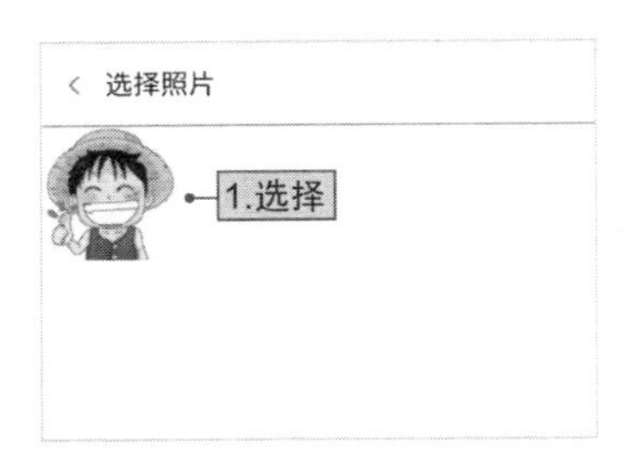

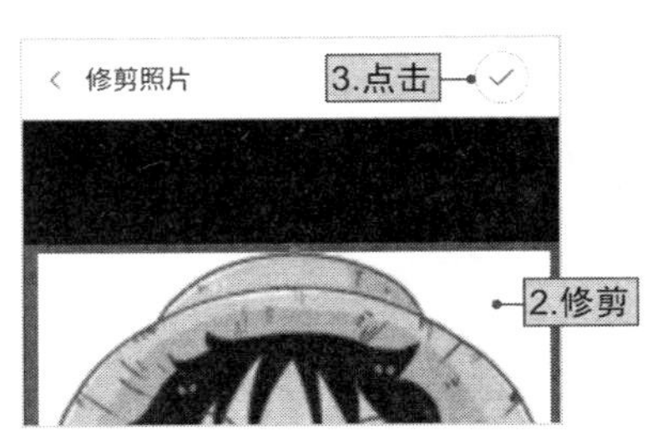

图6-66

第7章

Worktile:更好用的企业协作平台

21世纪是知识经济时代，各种知识和技术不断推陈出新，单靠个人的能力很难处理各种错综复杂的问题，所以需要借助团队进行协作，以期用更高效和直接的方式快速解决问题。而Worktile就是这样一个团队协同的办公工具，可以快速地实现团队成员之间的协作沟通和分享，使困难的事情变得简单。

7.1 Worktile新手快速入门

Worktile是一款适合团队使用的协同办公工具，以任务驱动的工作方式办公，让工作变得更简单，更方便。另外，Worktile的操作页面简单，员工可以快速上手。

NO.001

Worktile的功能和角色划分

Worktile有免费版和企业版两个版本，在企业办公中通常运用企业版。在开始使用Worktile企业版之前，需要先从宏观的角度来对Worktile进行了解，了解Worktile的产品结构与角色划分，这样可以帮助员工快速了解Worktile工具。

可以将Worktile工具的功能划分为3个部分，即外在功能模块、沟通连接机制及后台运用程序，其结构如图7-1所示。

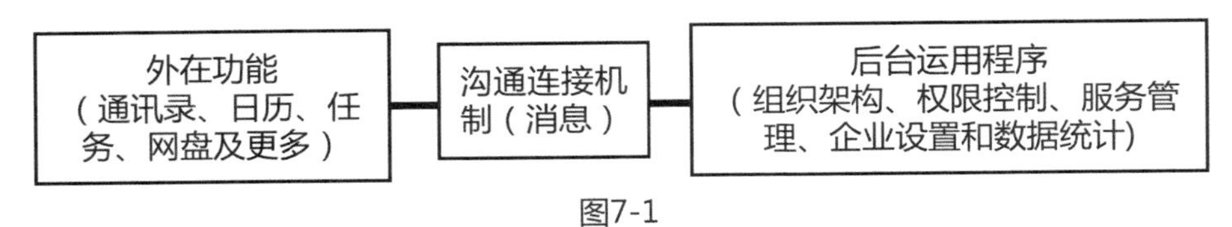

图7-1

由图7-1可以看到，Worktile工具中的外在功能是基础性功能，包括通讯录、日历、任务、网盘及更多，公司中的每一个员工都可以看到并利用这些功能来进行办公，并且除了这些基础的外在功能之外，还可以接入更多的办公模块，例如，CRM管理；而后台运用程序属于企业的后台，也是企业生存之本，所以其中包括企业配置和权限设置等模块，不是所有的员工都可以操作使用的；而连接机制实际上就是消息，负责连接整个模块与成员之间、企业内部与外部之间的沟通。

通过以上的Worktile企业版功能的介绍，可以使运用Worktile的成员进行角色划分，不同角色的人具有不同的权限和职责。通常可以划分为4类角色，权限由上到下，具体如下。

◆ **企业所有者**：企业所有者拥有最高的权限，有且仅有一人，他可以调整

Worktile企业版中的各个功能模块，并且对成员的权限进行设置。

- **企业管理员**：企业管理员是由企业所有者设置的企业管理者，其拥有的具体权限也是由企业所有者自定义的。
- **企业成员**：成员默认情况下可以使用企业的功能模块，但是无权对企业的后台进行任何操作，拥有的权限也是由企业所有者自定义设置的。
- **企业访客**：除了企业的内部人员之外，企业访客也可以浏览查看企业内容，但是浏览的内容有限，其拥有的权限也比较低。

Worktile企业版的产品功能结构配合角色体系决定了使用者的权限，企业所有者可以在很大程度上定义员工的操作权限。因此，在使用Worktile之前首先要对使用者的角色进行管理，以便定义合适的权限。

NO.002

团队成员中的角色管理

一般情况下，企业成员拥有的权限范围是根据其角色来进行控制的，例如，企业所有者是企业的管理者，拥有最高权限，所以应该具有查看公司全部资源和进行任何操作的权限，以便对公司和成员进行管理。

在Worktile中，系统预定义了企业所有者、管理员、部门主管以及成员4个默认角色，同时还根据职务预置了财务、出纳、客服、采购、人事、行政以及HR等角色。因此，企业所有者可根据公司实际的职能、岗位以及业务情况来设置相应的角色，并为其配置相应的角色成员、权限和数据范围。

角色管理分为3个步骤：①新建角色组、角色并添加成员；②为不同角色的成员设置不同角色的操作功能权限范围；③设置不同的数据查看和管理范围。

新建角色组，添加角色成员非常简单。在Worktile的操作面板中单击公司图标选项卡，选择“进入企业后台”命令。进入企业管理后台页面，选择“角色管理”选项，然后单击“新增角色”或“新建分组”按钮，添加角色就可以了，如图7-2所示。

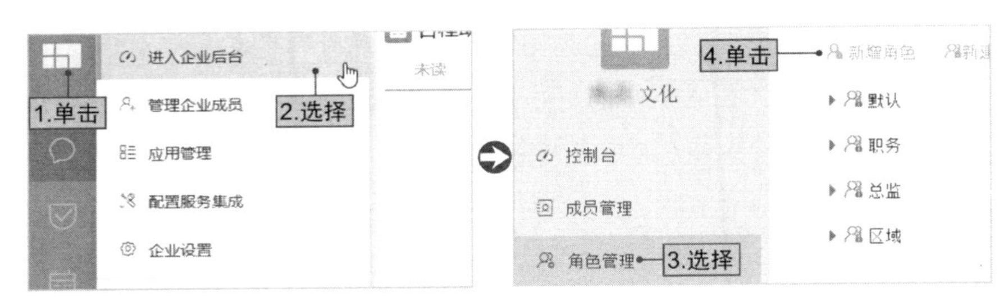

图7-2

在系统默认的角色中，除了“所有者”的权限和数据范围默认为全部且不可修改，以及部门主管仅显示角色成员外，其余角色权限皆可修改。系统默认角色的具体内容如表7-1所示。

表 7-1　Worktile 中的默认角色说明

系统默认角色	角色成员	权限设置	数据范围
所有者	一人	具有企业最高功能权限	可查看和管理全部
管理者	自定义	自定义	自定义
部门主管	组织架构信息自动同步	无设置	无设置
成员	默认为除所有者和管理员外的其他企业成员	自定义	自定义

添加完角色成员后，可继续配置角色对应的功能权限。此处的功能权限包含系统所有的基础户功能权限、应用管理权限以及后台模块的管理权限配置。在角色管理页面中，选择需要设置权限的角色，这里以“成员”为例。单击“成员”选项卡，再单击“功能权限”选项卡，选中各项功能前的复选框，单击“保存”按钮即可，如图7-3所示。

图7-3

在设置了角色的成员和权限后，还可以针对审批、考勤、简报和销售等OA应用来设置该角色的查看及管理数据范围。通常企业的数据面对不同职务的员工需要有不同的查看、管理数据范围，如销售总监可以查看全部销售、客户和合同的统计数据。

数据范围的权限设置同功能权限设置的方法相同，单击“数据范围”选项卡，选中查看数据范围和管理数据范围前的单选按钮，再单击“保存”按钮即可。

NO.003

成员的任务权限设置

在进行的项目中，需要对不同的成员进行任务操作权限的设置，例如，对于普通的成员只需要能查看就可以了，但是有的成员却需要创建任务、编辑任务、删除任务以及完成任务的操作，这些都需要企业根据自身需要去自定义。

在企业管理后台页面中，单击“应用管理”选项卡，再单击“任务”按钮。在任务权限设置页面中，单击“新建权限”按钮，在“新建项目权限”页面中，输入权限名称、描述，并选中权限配置前的复选框，如图7-4所示。单击“保存设置”按钮，完成任务权限的设置。

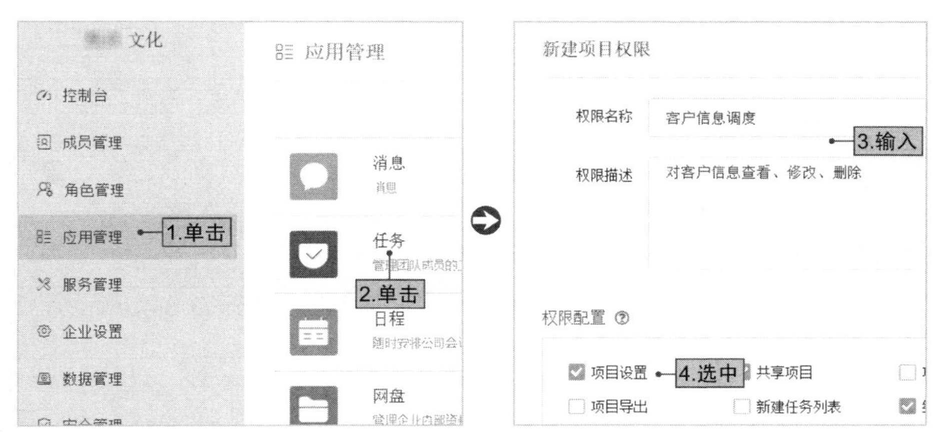

图7-4

任务权限的设置有3种模式，具体如下。

- **管理**：系统默认权限，包含项目中的所有权限，不可以修改和删除。
- **编辑**：成员初始加入时默认享有的权限,可修改权限范围。
- **只读**：项目只读的角色，不可以编辑和修改。

NO.004

设置日历的权限

在日常的工作安排中常常需要对日程工作进行处理，例如，公司的例会，项目沟通事项安排以及出差安排等，这些工作都可以在Worktile的日历应用中进行排期安排，并对各项任务进行扁平化的高效管理。为了确保企业内每个成员的日程合理安排，所以需要设置对应的权限。

日历权限的设置与任务权限类似，这里不再赘述。日历权限中有多种权限，所有者在为成员设置对应的权限前，要了解每项权限的功能，如表7-2所示。

表 7-2　日历权限功能

权限	描述
日历设置	日历的基本信息修改，添加日历成员并设置相应日历权限，提醒设置，以及归档 / 删除日历
共享日历	通过链接、邮件及二维码共享当前日历
新建日程	填写日程名称及描述，添加日程参与人，设置地点、资源、提醒和重复性等
编辑日程	编辑日程名称及描述，日程参与人和组织人，设置地点、资源、提醒和重复性等
删除日程	删除日程，删除之后无法找回
设置日程提醒	以系统消息、电子邮件、手机短信和系统弹窗方式在日程开始之前提醒日程参与人
日程添加附件	在日程详情中上传附件，或从网盘上传附件
日程删除附件	在日程详情中删除已上传的附件

NO.005
网盘权限管理

企业网盘是公司私有的专用网盘系统，具有强大和简单易用的文档在线编辑预览、协同办公、部门或虚拟团队文件共享、自动定时备份、历史资料归档等功能。与免费的个人网盘相比，企业网盘具有更好的数据安全性，非单位人员一般无法获得系统登录地址，更不可能进入。

通常来说，企业网盘作为公司各类资料的管理库，里面包含着大量可公开的、敏感的、非公开的、可共享的以及不可共享的资料，为了确保这些资料的安全，需要对其进行严格的权限设置。

网盘权限的设置方法与任务权限相同，这里不再赘述。需要说明的是，Worktile的网盘权限一共有5种访问权限，即管理、编辑、上传、下载和只读，5种权限对应的功能如表7-3所示。

表 7-3 5 种权限对应的功能内容

权限	描述	管理	编辑	上传	下载	只读
文件设置	文件夹的基本信息修改，添加文件夹成员并设置相应操作权限	√				
共享文件夹	通过链接、邮件和二维码共享当前文件夹	√	√			
共享文件	通过链接、邮件和二维码共享文件	√	√			
编辑文件	编辑文件名称和描述等	√	√			
删除文件或文件夹	删除文件 / 文件夹后不可恢复和找回	√	√			
移动文件	将文件移动到其他文件夹	√	√			
上传文件	将文件上传共享	√	√	√		
下载文件	下载需要的文件	√	√	√	√	√
预览文件	在线预览 Word、Excel、PPT、PDF、txt 及图片等格式文件	√	√	√	√	
设置标签	添加和移动文件标签	√	√			
移动文件或文件夹	将文件或文件夹移动到其他文件夹下	√	√			

续上表

权限	描述	管理	编辑	上传	下载	只读
复制文件或文件夹	复制文件或文件夹	√	√			

NO.006

对客户关系的管理

CRM（Customer Relationship Management），即客户关系管理系统。客户关系管理是一个不断加强与客户联系，了解客户需求，并对产品或服务进行改进和提高，以满足客户需求的过程。客户关系管理在企业办公中占有重要位置，Worktile中也具有客户关系管理的相关功能，帮助员工对其客户进行管理。

客户关系管理的第一步是添加客户。在Worktile首页中单击“销售”图标选项卡，然后单击右侧“添加客户”按钮，在打开的“新增客户”页面中输入客户的详细信息，如图7-5所示。单击“保存”按钮，这样一条客户资料信息就创建完成。

图7-5

TIPS *连续录入更便捷*

在“新增客户”页面的下方，有一个“开启连续录入模式”复选框，选中该复选框可以批量录入客户的信息，这样可以更高效地快速录入大量客户信息。

添加客户信息之后，返回客户列表页面，单击客户就可以查看到与客户相关的所有信息，员工们可以就客户的情况进行讨论沟通，如图7-6所示。

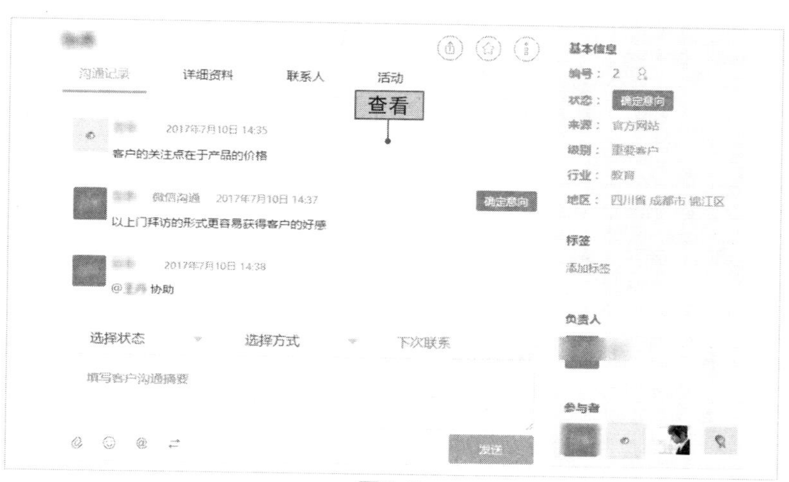

图7-6

除了添加客户，查看客户信息之外，客户模块中还有很多功能可以帮助管理客户关系，具体如下。

◆ **客户分类**：按照客户的特点对客户进行分类分组。单击客户后面的“…”按钮，打开“自定义筛选”页面，在页面中输入客户筛选分类的条件，如图7-7所示。然后单击“确定”按钮。

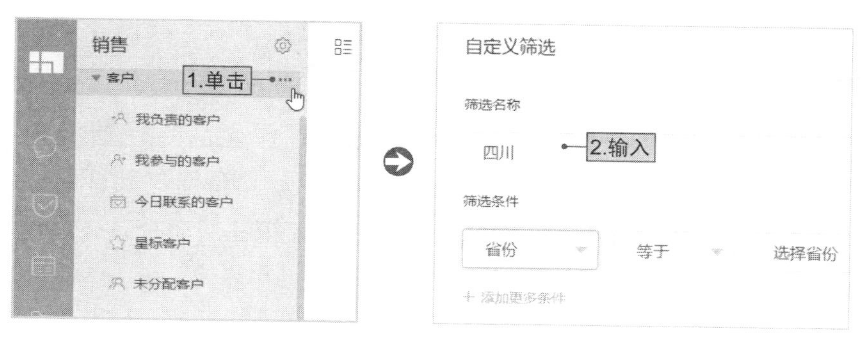

图7-7

◆ **快速查找客户**：在客户数量较多的情况下，为了快速查找客户，可以借助客户筛选工具。单击“客户排序”按钮，系统提供了多种客户排序方式，选择适合的方式对客户进行排列可以快速地查找客户，如图7-8所示。

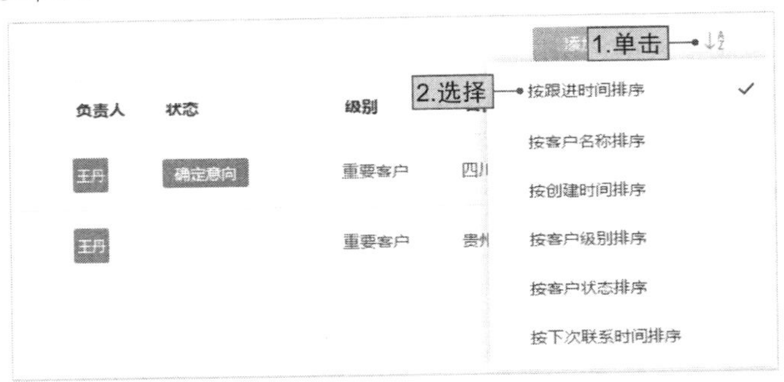

图7-8

◆ **根据条件搜索客户**：Worktile中提供了搜索功能，在搜索框中输入客户名称就可以快速查询到指定客户的位置。另外，在搜索框中输入客户的编号，一样可以快速查询到指定客户。

7.2 Worktile中的基础操作

想要利用Worktile来完成日常的企业办公，首先需要掌握Worktile中的基础操作。基础操作是Worktile办公的基础，也是每一个Worktile使用者都需要掌握的技能。

NO.007

Worktile中的账户设置

使用Worktile办公首先需要进入Worktile官方网站，单击“登录”按钮输入企业域名以及用户名密码进行登录。如果是通过邮件邀请或链接注册，需要单击超链接，通过手机号码或邮箱注册后登录。成功登录Worktile之后，需要对自己的账户信息进行设置和修改。

STEP 01 在Worktile的页面中，单击左下角的个人头像按钮，选择“账户资料设置”命令，进入“账户设置”页面，如图7-9所示。

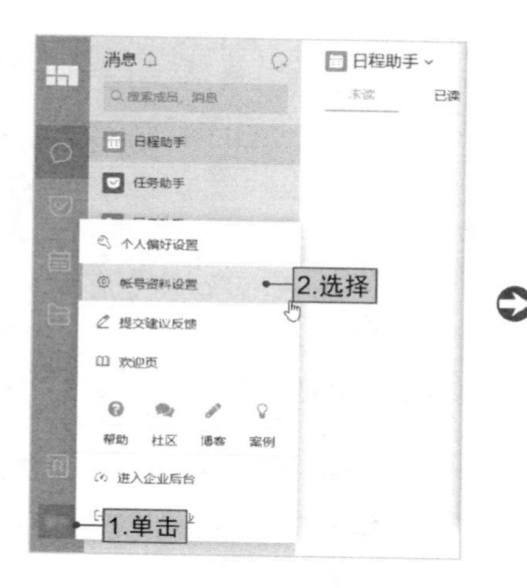

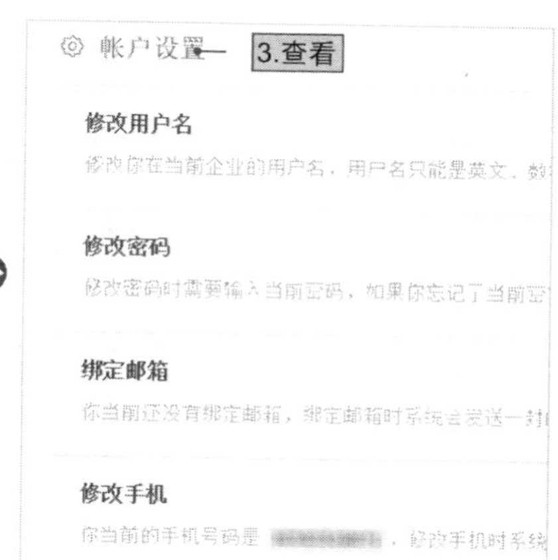

图7-9

STEP 02 可以看到Worktile中的账户资料设置由4个部分组成，包括：基本设置、个人资料、绑定设置以及反问日志。首先是基本设置，在基本设置中员工可以修改自己的用户名、密码、邮箱以及手机等账户信息。单击项目名称后的“展开”下拉按钮，即可进行修改，这里以修改密码为例进行介绍。单击修改密码后的“展开”下拉按钮，然后在页面中输入旧密码和新密码，再单击“保存”按钮，即可完成密码的修改，如图7-10所示。除此之外，还可以单击“通过邮件重置”超链接，完成密码的修改。

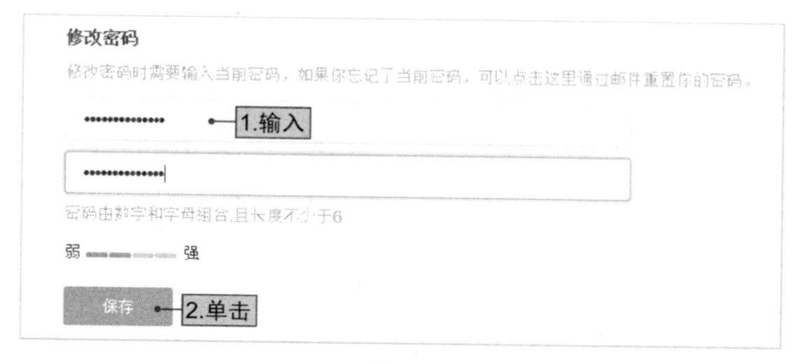

图7-10

STEP 03 单击“个人资料”选项卡，员工可以修改自己的头像、姓名以及职位，以便让其他同事快速了解自己，如图7-11所示。在“设置头像”页面中单击“选择照片并上传”按钮，可进行头像修改；在“个人资料”页面中输入“相关信息”并单击“保存设置”按钮，即可完成“姓名”和“职位”修改。

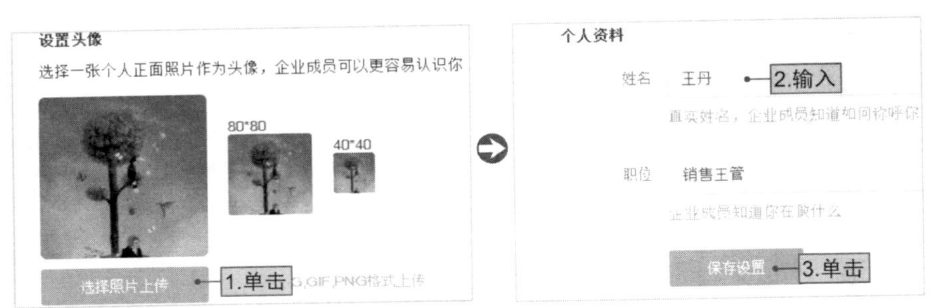

图7-11

STEP 04 单击“绑定设置”选项卡，页面上会显示企业所开通的第三方集成服务，绑定账号信息就可以开启第三方集成服务。集成服务主要是以Worktile作为其他第三方应用的一个统一信息入口，使员工可以更便捷的办公。Worktile的第三方集成有许多，包括微信、微博、印象笔记以及金数据等，员工只需要根据自己的需要添加即可运用。

STEP 05 单击“访问日志”选项卡，可以查看账户登录的地址、平台、设备以及登录时间，对自己的账户登录情况进行查看管理。一旦发现登录异常，例如，异地登录或陌生设备登录等，都可以随时更改自己的账户信息，从而对自己的账户起到一个保护的作用。

NO.008

协作式的任务处理法

Worktile作为企业协作办公平台，有别于传统的独立办公的邮件处理方式，是通过建立任务，对具体的工作进行协商、沟通、拆分协作，从而大幅度提高工作效率。另外，Worktile中的任务看板功能可以使每一个成员都可以清晰、直观地查看到每一项工作的进度，以便及时跟进和讨论工作的进度。协作式的任务处理法很简单，只需通过简单的操作步骤即可做到。

STEP 01 创建项目，单击“任务”图标，再单击“ ”按钮，打开“创建项目”页面。在页面中输入项目名称选择“颜色”，并输入项目描述，然后对项目的可视范围进行权限设置，添加项目成员，如图7-12所示。最后单击“确定”按钮，完成创建。

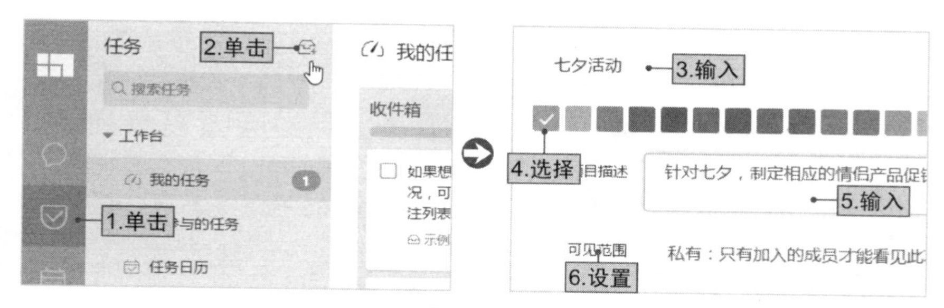

图7-12

STEP 02 除了自己创建空白项目之外，还可以利用模板来创建项目。Worktile中为用户提供了大量的模板，单击“从项目模板中创建”超链接，在打开的页面中选择需要的模板，如图7-13所示。单击“确定”按钮，再完善项目信息即可完成创建。

图7-13

STEP 03 创建项目之后还需要对项目进行基本的设置。在“任务”选项卡下的任务列表中打开一个项目，单击右上角的“⚙”图标，在下拉列表选择“项目设置”命令，在打开的页面中可以依次对项目进行设置，如图7-14所示。

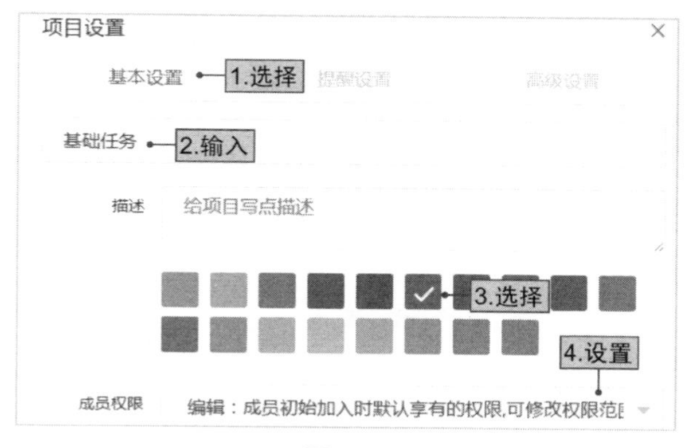

图7-14

TIPS *项目基本设置内容*

项目设置主要是对项目的4个方面进行修改设置，包括：①基本设置，修改项目名称、描述以及颜色等基本信息；②成员管理，添加或删除成员，并针对不同成员匹配对应的任务权限；③提醒设置，可以设置在任务开始或截止前，对任务执行者进行多种方式的提醒；④高级设置，对暂时不需要的项目进行归档，对不再需要的项目进行删除。

STEP 04 为了避免项目过多过杂的情况出现，在创建新项目之后，可以在项目之内创建任务列表，对任务进行分类管理。单击“+新建列表”按钮，在打开的项目列表标题文档中输入标题，再单击“确定”按钮即可，如图7-15所示。

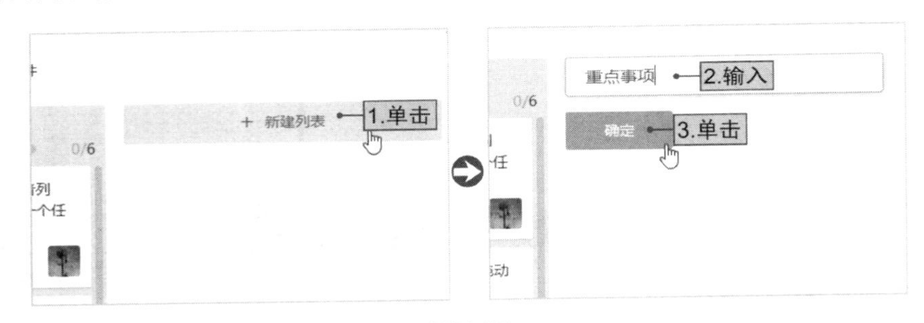

图7-15

NO.009

新建一个任务

Worktile其特点在于支持将一个项目拆分成为无数个任务，并且每个任务都设有负责人和参与人，方便成员之间协作完成工作，提高工作完成的时效性。另外，项目划分下的任务还可以继续拆分成为若干子任务，使原本笼统化、复杂化的任务，变得具体化、简单化，更方便任务的管理和执行。增加项目列表之后，可以针对该项目，在列表中创建新任务。

STEP 01 单击项目下的“+添加新任务”超链接，在打开的任务文本框中输入任务标题，再单击“确定”按钮，如图7-16所示。

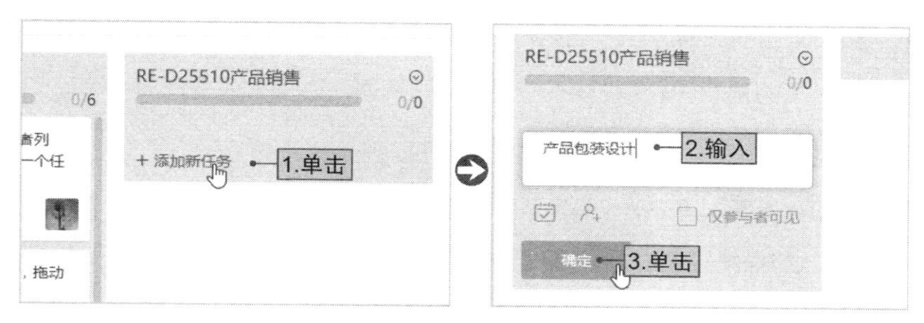

图7-16

STEP 02 任务添加完成之后，可以在项目列表中单独查看任务名称，并且每一个任务都标明具体的任务数量，当完成一项任务时，选中任务前的复选框，此时项目表的进度条便前进一步。这样一来，可以有效地对项目进度进行管理，如图7–17所示。

图7-17

STEP 03 单击任务名称，打开任务详情，可以对任务进行具体的功能设置，任务页面如图7–18所示。

图7-18

任务详情页面中包含着许多丰富的功能，可以帮助员工快速有效地完成任务，其功能介绍如下。

◆ **分配任务**：指定某位成员负责该任务。

◆ **开始时间和截止时间**：设置该任务的开始和截止时间。

◆ **工时**：是指对任务完成工时的预估工时和实际工时，通过实际情况和预估情况的对比可以查看工作完成效率。

◆ **标签**：为任务添加自定义标签，便于管理和筛选任务。

◆ **参与人**：添加任务相关人员为参与人，以便共同完成任务。

◆ **子任务**：添加子任务，对当前的任务进行进一步拆分，设置不同的负责人和截止时间等，以便让任务变得更加具体化、清楚化。

◆ **附件**：可以上传一些与任务相关的文件和图片资料，以帮助员工完成任务。

◆ **优先级**：任务中常常会出现多个子任务，为了更好地完成任务，将时间、资源以及人员分配得更加合理，可以对任务进行优先级别设置，优先处理重要的任务，然后再处理次级重要的任务。

◆ **点赞和评论**：针对该任务，员工们可以实时进行互动讨论。

◆ **任务提醒**：设置任务提醒，可以通过系统消息、短信、弹窗及邮件等多种方式实现。

NO.010

企业日程管理

员工在日常的办公中除了需要设置相应的任务和项目之外，还需要对日常的工作做一些规划和安排，如客户拜访活动、产品宣传推广以及客户回访等，这些都需要结合日历做出适合的日程安排。在Worktile中，可以使用其日历功能创建相应的日程，让自己和团队的日程安排变得一目了然。进行日程管理之前，首先要创建一个日历。

STEP 01 在Worktile操作页面中单击“日历”图标，打开日历设置页面。单击日历右侧的“ ”按钮，打开“新建日历”页面，根据页面提示输入日历名称，选择日历颜色，设置可见范围，并添加日历成员，再单击“确定”按钮，如图7-19所示。

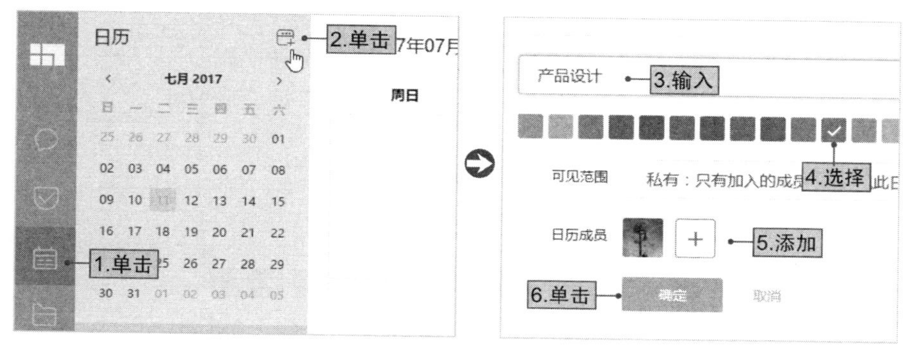

图7-19

TIPS 日历的可见权限

Worktile中创建的日历也有权限范围，并不是所有人都能够查看的。日历分为公开日历和私有日历两种，公开日历是指企业内每个员工都可以查看的日历；私有日历是指只有日历内的成员才可以查看到的日历。如果日历为私有日历，则需要为日历添加成员，只有被添加的成员才可以查看到日历的相关内容。

STEP 02 日历创建成功之后需要对日历做进一步的修改和设置，使日历更符合实际需要。在日历操作页面中，打开日历列表，单击日历后的“···”按钮，选择“日历设置”命令，打开日历设置的详细页面，如图7-20所示。

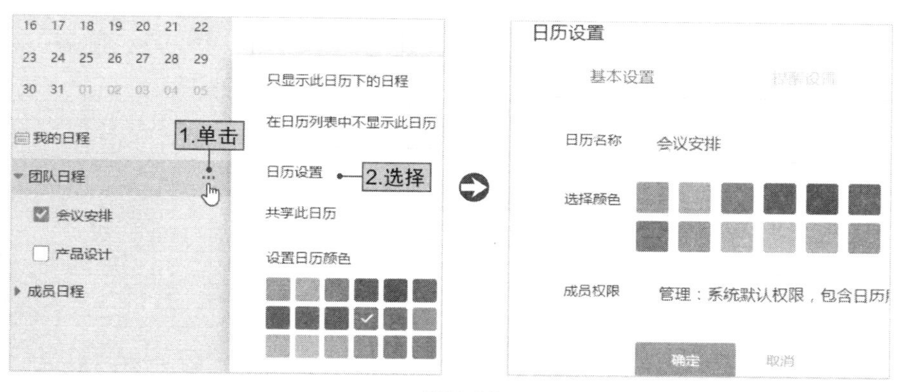

图7-20

STEP 03 日历设置中包括基本设置、提醒设置以及高级设置3个部分，首先是基本设置，主要是对日历名称、选择颜色及成员权限做修改。单击“基本设置”选项卡，在日历名称后的文本框中输入日历名称，选择适合的颜色，设置成员权限，如图7-21所示。单击“确定”按钮，完成设置

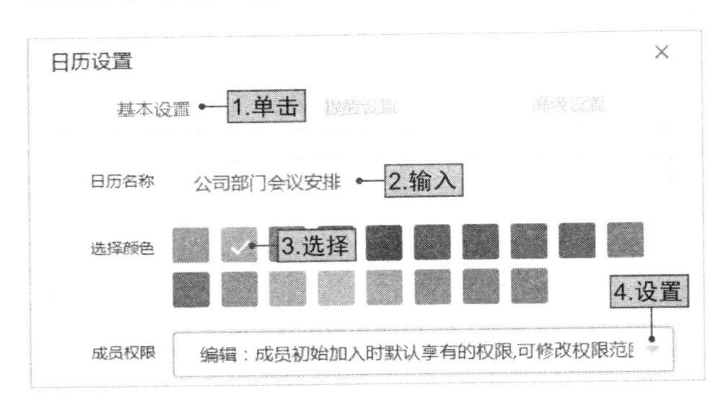

图7-21

TIPS *成员权限的管理*

Worktile中提供了3种权限，即管理、编辑和只读。管理不仅可以编辑日历内容，还可以设置其他成员权限；编辑可以创建和删除日程；只读只能够查看日程。

STEP 04 为了避免遗忘日程，可以对每个日历设置提醒方式，设置成功之后，日历中的每个日程都会按照相应的设置进行多种多次提醒。单击“提醒设置”选项卡，在打开的页面中选择提醒方式，输入时间，如图7-22所示。单击“确定”按钮。

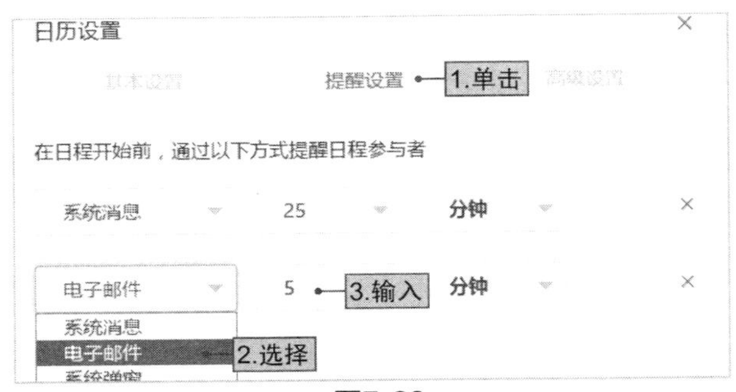

图7-22

TIPS *日程的3种提醒方式*

日程的提醒方式一共有3种，包括：①系统消息：由任务助手推送一条消息提醒员工；②电子邮件：通过发送邮件的方式提醒成员；③系统弹窗：系统直接弹出一个单独的弹窗提醒任务。

STEP 05 日历管理的高级设置主要是针对日历的删除而言，日历被删除之后，日历下的日程也会被一并删除，并且无法恢复。单击“高级设置”选项卡，再单击“删除日历”超链接，即可完成日历的删除，如图7-23所示。

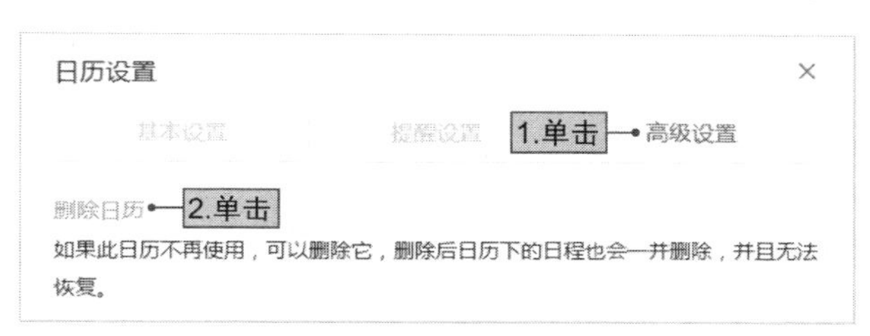

图7-23

虽然创建日历比较方便，利于日程的管理，但是如果建立的日历过多，就会使日历过于分散，容易造成信息的遗漏和分散，反而不利于日程的规划安排。

NO.011

企业网盘的运用

Worktile提供了不同容量的企业网盘、个人网盘以及回收站等功能，满足企业文件共享和储存的需求。在权限允许的情况下，成员不仅可以上传文件，还可以新建文件夹。

网盘中除了可以按照文件夹对文件进行分类和管理，还可以通过标签的方式，对文件进行分类，方便快速查找。运用标签来对网盘进行分类和管理，首先需要创建标签。

STEP 01 在Worktile操作页面单击网盘图标，打开网盘设置页面。单击“⊕”按钮，在标签管理页面，单击标签栏后的“+”按钮，进入“创建新标签”页面，输入标签名称，单击“创建”按钮，如图7-24所示。

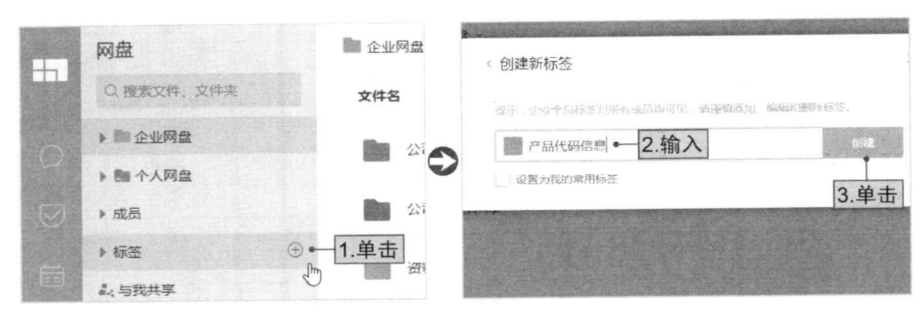

图7-24

STEP 02 单击“标签”按钮，可在下方查看到添加的标签。单击常用后的“…”按钮，可对该标签进行修改，包括取消常用标签、编辑标签和设置标签颜色，如图7-25所示。

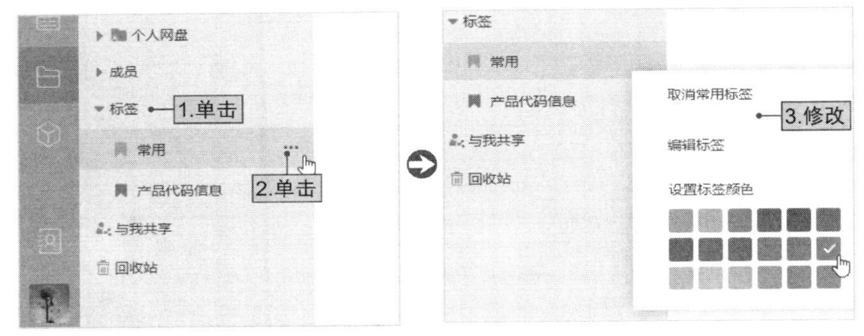

图7-25

NO.012

简报的提交与审核

简报是Worktile中的一个特色化功能模块，即Worktile可以根据员工完成任务的情况自动生成项目日报、周报以及月报，员工就不需要再另外填写简报汇报工作了。

在运用简报之前，要了解关于简报模板的3种权限，具体如下。

◆ **可见范围：**设置“简报”应用的可见范围。默认情况下全公司可见，也可以按照部门进行选择，不在可见范围内的员工则无法在首页查看到简报应用，也就无法提交简报。

◆ **模板对象：**每一个简报都需要设置适用对象。默认为所有成员，可以按照部门或者成员进行选择，不是模板对象的部门或成员在简报中看不到此模板。

◆ **提问对象**：设置简报模板中每个问题的提问对象。默认为所有成员，可以按照部门或者成员进行选择，不是某问题提问对象的部门或成员填写模板时看不到该问题。

在简报模板中，员工可以进行提交简报、评审简报、跟进问题以及查看简报统计等操作。员工选择一个简报模板，然后回答模板内的问提，就可以完成简报的填写，再选择“评审人”和“谁可以看”，就能够完成简报的提交。下面进行具体介绍。

STEP 01 单击“应用”图标按钮，选择“简报”选项，进入简报操作页面。单击“提交简报”选项卡，在页面的右侧可以查看到3种简报类型，即“日报”、“周报”及“月报”，选择“日报”选项。如图7-26所示。

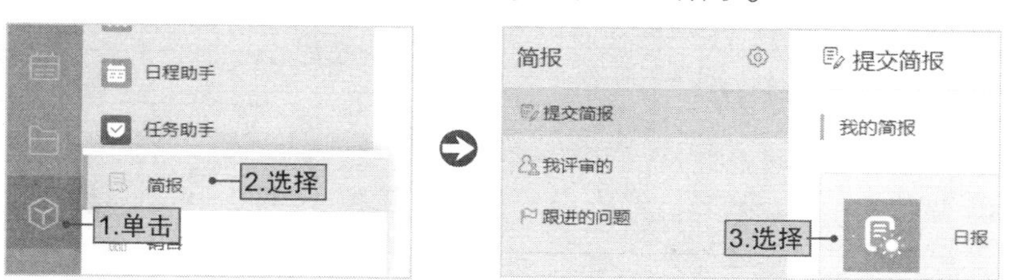

图7-26

STEP 02 进入日报填写页面。页面上出现4个问题，单击问题下的空白区域，开始答题。其中带有红色星号的问题，为必答题，如图7-27所示。

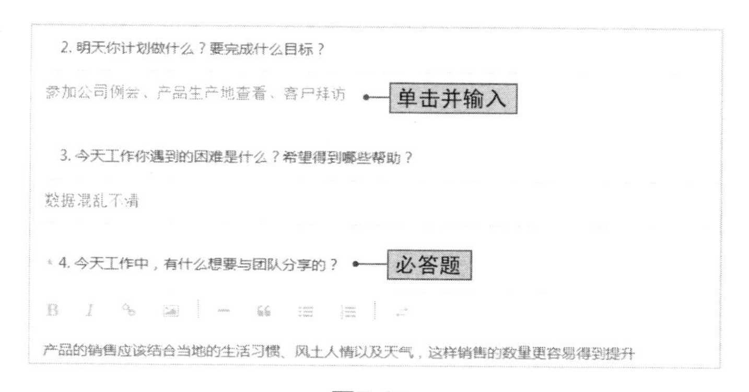

图7-27

STEP 03 问题回答完之后，需要为简报添加评审人，并设置简报的查看权限。单击“评审人”下的“+”按钮，并选择出适合的评审人，如图7-28所示。简报可见范围设置和评审人设置相同，单击“谁可以看”下的“+”按钮，选择查看人就可以了。

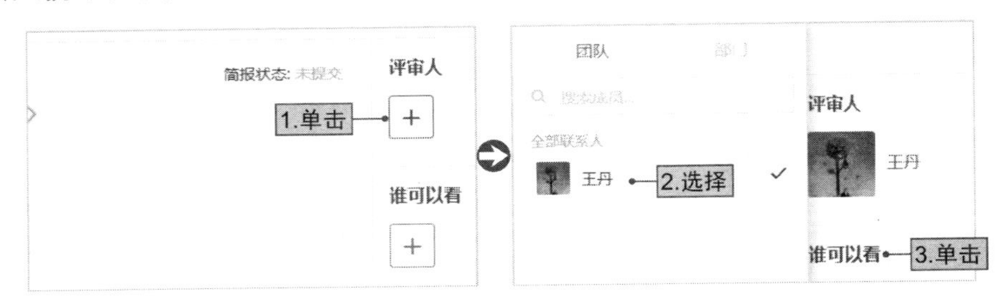

图7-28

TIPS *简报的填写注意事项*

简报内容的填写，除了红色带星号的问题和评审人必须填写之外，其余的项目都为非必填项目。

STEP 04 简报内的项目填写完成之后，单击“提交”按钮，即可提交。如果没有编辑完成，可以单击“保存草稿”按钮，对已经填写的内容进行保存，下次打开时，该内容会自动填充。

STEP 05 已经提交的简报会出现在评审人“我评审的”列表中。单击“我评审的”选项，可以在右侧页面查看到该简报的信息。单击该简报，即可查看简报的详细内容，单击“评审”按钮，即可完成对该简报的审核，此时页面显示“已评审”字样，如图7-29所示。另外，还可以对简报进行点赞和评论。

图7-29

7.3 利用Worktile管理企业

Worktile基本功能除了适合企业办公之外，管理人员也可以利用其部分功能来对企业中的部门和员工做日常的管理工作，管理起来更轻松，也更方便。

NO.013

设置公司的职能部门

为了便于管理，管理人员应该依照公司的职能情况，在Worktile中构建公司部门架构，使公司的管理工作更规范有序。

STEP 01 单击企业图标按钮，在打开的列表中单击“进入企业后台”选项卡。进入公司后台管理页面，单击“成员管理”选项卡，在右侧的页面中单击公司名称后的“ ”按钮，在弹出的下拉列表中选择“添加子部门”命令，如图7-30所示。

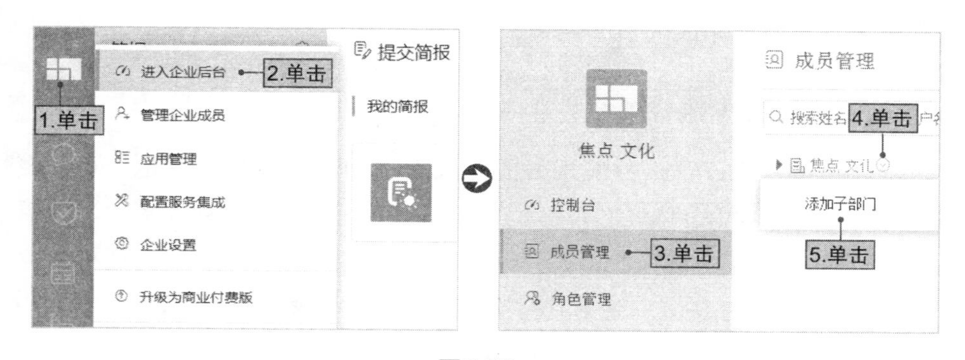

图7-30

STEP 02 在打开的“添加部门”对话框中，根据公司的实际情况，按照页面提示，输入部门名称、部门主管、部门编号以及所属部门，单击“确定”按钮。

STEP 03 部门设置完成之后，还可以对部门进行单一的管理，包括添加子部门、编辑部门、选择成员、移动部门以及删除部门。以人事部的编辑修改为例进行介绍，单击人事部后的“ ”按钮，在打开的下拉菜单中，单击“编辑部门”命令。打开“修改部门”对话框，在部门名称、部门主管以及部门编号后的文本框中输入修改的内容，再单击“确定”按钮，如图7-31所示。

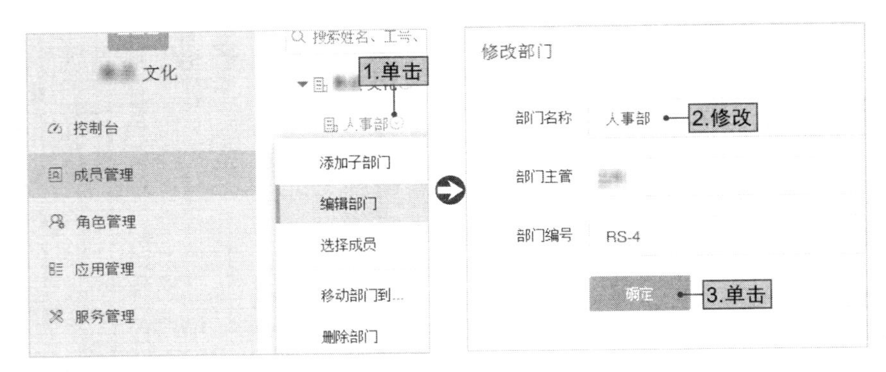

图7-31

NO.014

添加部门成员

企业的组织结构构建完成之后，还要为每个部门添加成员，使公司中的同事一起来使用Worktile，从而方便同事之间的沟通和管理。Worktile提供了包括Excel表批量导入在内的4种成员邀请方式，可以帮助管理人员快速地完成成员的邀请。

1. 直接分配账号添加成员

首先可以通过直接分配账号的方式来添加部门成员，这是一种比较直接，也比较简单的添加方式。成员可以登录用户名，输入密码，然后直接登录。单击页面右上角的“添加成员”按钮，在打开的对话框中，单击“快速添加成员”选项卡，根据页面提示输入成员信息，再单击“添加成员”按钮，完成成员的添加，如图7-32所示。

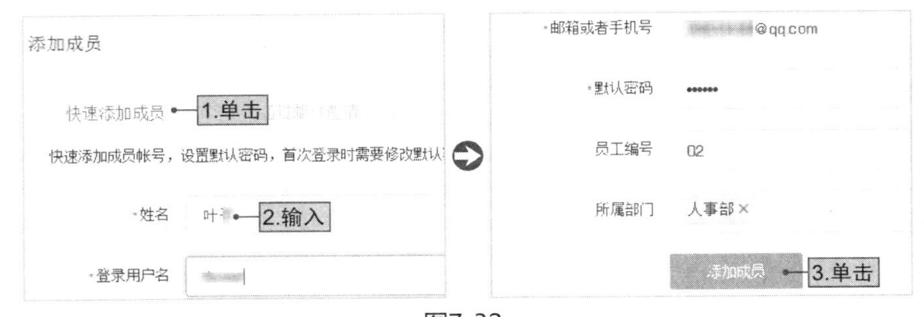

图7-32

2. 通过邮件邀请成员

邮件邀请成员是指向公司成员发送附有当前注册企业的邀请链接的邮件。公司成员在收到该邮件之后，单击链接，按照提示步骤进行注册即可完成邀请。

在打开的“添加成员”对话框中，单击“通过邮件邀请”选项卡，在邮箱后的文本框中输入邮箱地址，单击“发送邀请”按钮即可；如图7-33（左）所示。另外，系统在默认邮箱地址的添加文本框数量为两个，如果邮箱的地址数量大于两个，可以单击“增加一行”超链接，此时邮箱地址的文本框数量就会增加。

邮件邀请添加还支持批量地址添加，避免了单一添加邮箱地址的麻烦，简化了邮件邀请的操作。单击“批量粘贴地址”超链接，此时邮箱后的文本框变成了一个大的文本框，直接在文本框中粘贴邮箱地址即可，每行一个邮箱地址，如图7-33（右）所示。

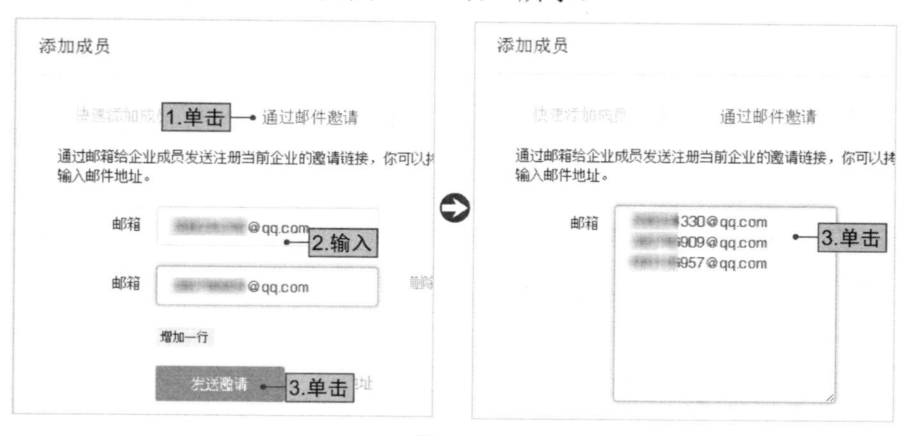

图7-33

3. 通过链接注册添加成员

通过链接地址和邮箱注册两种链接方式，成员可以单击指定的链接进行注册，或在注册时填写公司邮箱，即可默认加入企业，具体如下。

◆ **通过地址注册：**发送Worktile的注册地址给企业成员，成员通过该地址可以直接注册账号，完成添加。

◆ **通过公司邮箱注册**：如果公司有自己的域名邮箱，那么拥有该域名邮箱的成员则可以通过该邮箱注册账号。

需要注意的是，要想通过链接注册的方式添加成员，首先在企业设置功能中开启此项功能。进入企业后台，单击“企业设置”选项卡，单击“成员如何加入企业”后的展开下拉按钮，选中“允许任何人通过链接注册”单选按钮，再单击“保存更改”按钮，如图7-34所示。

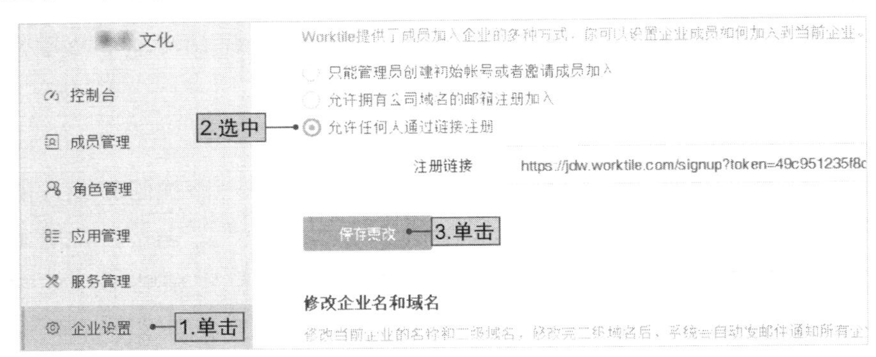

图7-34

4. 批量导入添加成员

除了前面介绍的成员添加方法之外，还有一种快速添加法，即批量添加法。在成员管理页面中，单击“更多”按钮，在打开的下拉列表中选择“Excel批量导入成员”选项，选择需要上传的文件模板，并单击“确定”按钮即可，如图7-35所示。另外，在直接分配账号添加法中，在“添加成员”对话框中，单击“批量导入”超链接，页面也会直接跳转至批量导入页面。

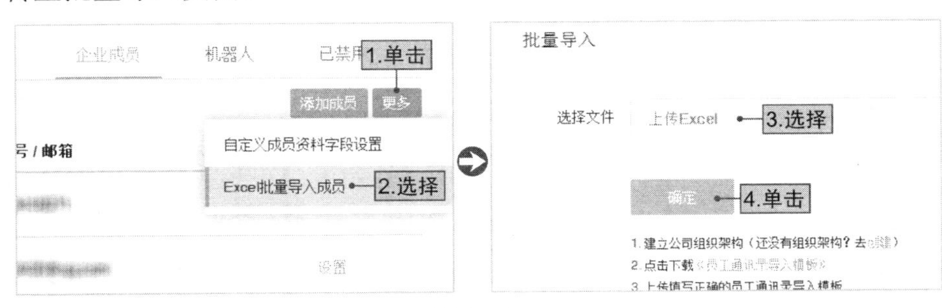

图7-35

NO.015
企业的设置

除了对企业中的员工进行管理之外，管理者还要在Worktile中对企业的信息进行设置，包括企业信息的编辑和设置，这是一个公司的基本信息，也是公司员工和其他人了解公司的重要途径，非常重要。

1. 企业的基本信息设置

首先是企业的基本信息设置，它是企业设置的基础。进入企业后台管理页面，单击“企业设置”选项卡，在企业设置页面中单击右侧的“基本设置”选项卡，可以看到基本信息设置中的各个项目，具体内容如下。

- **成员如何加入企业**：是指企业对成员的加入方式进行选择，管理人员可以根据公司的实际情况选择适合的方式来进行添加。
- **修改企业名或域名**：可以对企业的二级域名和企业名称进行修改。
- **修改企业信息**：可以对企业的地区、规模以及人数等信息进行修改。
- **多语言**：Worktile支持中文简体、中文繁体和英文3种语言形式，管理者可以根据公司实际需要进行语言设置。
- **转让企业**：是指如果管理者不想再管理当前的企业，可以转让给企业其他成员。但是转让之后，管理者将无法再管理当前企业，并且转让的操作也无法撤销。
- **删除企业**：如果管理者决定自己的企业不再使用Worktile工具，可以选择删除当前企业，删除之后Worktile中的所有数据都将被删除，并且该项操作无法撤销。

2. 企业的Logo设置

在账号注册之初，系统会为账号提供一个默认的Logo图片，但是默认的Logo既不能代表企业文化，也不能够传达企业宗旨，所以管理者需要设置出能够代表企业文化的Logo，通常是企业的图标。

企业的Logo设置分为主页Logo和登录页Logo两项，它们的设置方式相同。下面以主页Logo为例，介绍设置的方法。

在企业设置页面中，单击“企业标识”选项卡，单击“上传Logo”按钮，在“打开”对话框中选择Logo图片，如图7-36所示，并单击“打开”按钮，最后单击“上传”按钮即可。

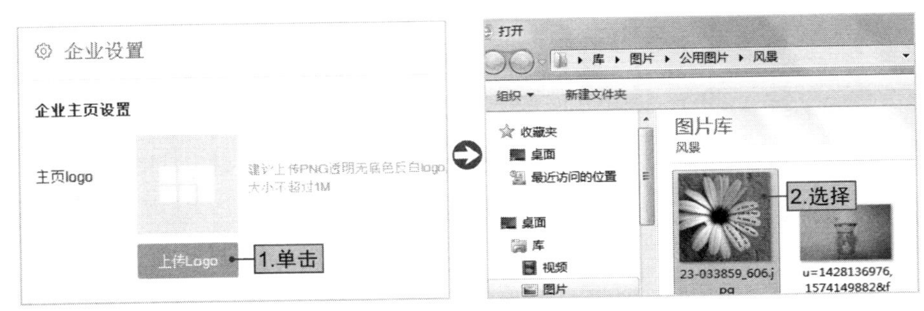

图7-36

第8章

Evernote:工作必备效率应用

在实际的生活工作中，灵感就在不经意间出来让自己欣喜，但正当我们急于找纸笔记录的时候，却发现这个想法的具体内容已经忘记了，而Evernote就是这样一个捕捉点滴灵感，轻松收集资料，协作分享办公的工具，利用Evernote工具可以帮助员工随时随地记录和分享，以达到高效办公的目的。

8.1 使用Evernote管理笔记

Evernote（印象笔记）是一款多功能笔记类应用软件，其中笔记功能是Evernote的基础功能，因此想要利用Evernote工具，实现高效办公，首先就要从Evernote的笔记功能入手（Evernote的版本包括iOS、安卓、电脑客户端以及网页版，下面根据实际需要具体介绍）。

NO.001

认识Evernote

在使用Evernote之前，需要对Evernote中的各项功能有所了解。进入Evernote的官方网站（https://www.yinxiang.com/），登录自己的邮箱账号，便可以进入Evernote的编辑应用页面。Evernote的功能介绍分为两个部分，即侧边栏和编辑工具栏。登录账号之后，可以看到Evernote页面左侧的各项功能按钮，如图8-1（左）所示，在创建编辑笔记内容时，则可以在页面上方可以看到编辑栏，如图8-1（右）所示。

图8-1

侧边栏中的功能介绍如下：

◆ “新建笔记”按钮，是指在当前笔记本内创建一条新笔记。

◆ “搜索笔记”按钮，是指使用关键词、地点以及标签等条件来对笔记进行搜索，以便及时找到所需笔记。默认情况下，Evernote将会把所有标题、内容以及图片中含有关键词的笔记作为搜索的结果。

◆ “快捷方式”按钮★，可以将所有的笔记、笔记本或标签设置为快捷方式，在快捷方式列表中实现快速访问。

◆ “笔记”按钮，在笔记列表中显示账户中所有的笔记，并对其进行管理和查看。

◆ “笔记本”按钮，主要是显示账户中的所有笔记本。

◆ “标签”按钮，主要是显示账户中所有的标签。

编辑栏中的各个按钮功能介绍，具体如下。

◆ “提醒”按钮，为该条笔记设置一个提醒。

◆ “快捷方式”按钮☆，将当前的笔记加入到快捷方式当中。

◆ “信息”按钮ⓘ，主要是查看本条笔记的信息，包括笔记创建的时间、更新的时间、来源网址、定位低点、同步状态、历史记录以及其他的信息等。

◆ “删除”按钮，删除选中的笔记。

◆ “更多”按钮•••，进行更多的操作，例如，复制笔记链接等。

了解掌握了Evernote中的这些功能之后，即可进入Evernote的笔记应用。

NO.002

创建笔记

使用Evernote的第一步在于创建笔记，用户可以在笔记中保存任何形式的信息，包括工作中的灵感、项目计划、会议录音以及扫描的名片等。在Evernote中创建笔记非常简单，只需两个步骤即可完成。

STEP 01 单击“新建笔记”按钮⊕，跳转至笔记编辑页面。

STEP 02 在页面中单击“写下笔记标题”文本框，然后输入标题，再单击标题下方的空白区域，并编辑笔记正文，最后单击“完成”按钮，如图8-2所示。

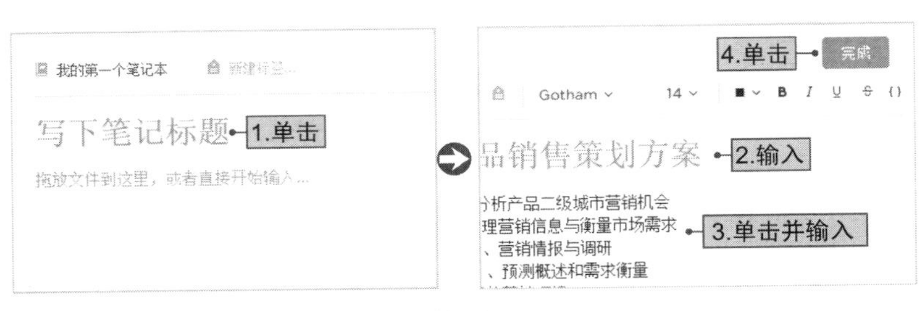

图8-2

NO.003

利用笔记本整理笔记

刚开始使用Evernote的办公人员常常会犯一些错误，例如，创建的笔记数量增多之后，就使页面混乱不清，找不到自己需要的笔记，也无法及时找到存储的文章。此时，可以借助笔记本功能来对笔记进行整理。

笔记本是所有笔记的一个集合地，用户在Evernote中创建的每条笔记都会被保存在一个笔记本当中。在创建新账户时，Evernote便会自动创建一个默认笔记本。在默认情况下，所有新建的笔记都会被存入该默认笔记本。用户整理笔记，可以根据自己的实际需求，针对笔记的不同类别创建不同的笔记本，这样有助于日后的搜索和查看。常用的笔记本整理方法有以下两种。

1. 建立暂时笔记本

可以在Evernote中创建一个暂时笔记本，并将其命名为“待处理”。这样做的好处在于，当用户看到好文章，或者是速记之后尚未处理的笔记，以及浏览的网页，都可以统统地将其放到该笔记本中，等时间空闲之后再来处理。

STEP 01 单击侧边栏中的“笔记本”按钮，打开笔记本管理页面。单击页面上方的“创建笔记本”按钮，如图8-3（左）所示。

STEP 02 打开“创建笔记本”页面，单击“给笔记本起个名称”文本框，输入“待处理”，然后单击“创建笔记本”按钮，完成笔记本创建，如图8-3（右）所示。

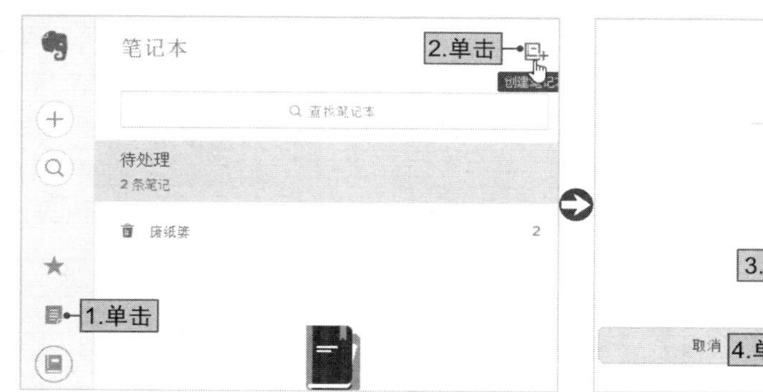

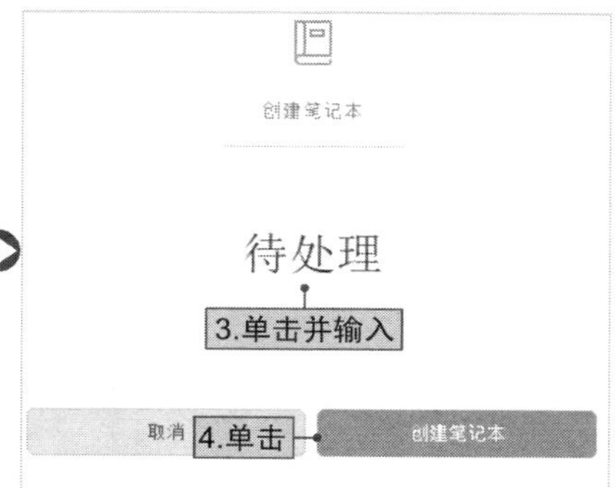

图8-3

2. 按照类别对笔记进行划分

可以按照自己的查看和编辑习惯，结合笔记的类别，对笔记进行划分，然后创建笔记本，将笔记归纳整理到适合的笔记本中。常见的办公笔记本归纳法有以下4种。

- ◆按项目、产品、部门或活动分类。
- ◆按顾客、公司或客户分类。
- ◆按项目阶段或产品开发周期分类(如“研发”“设计”“开发”或“测试”)。
- ◆按周、月、季、年的截止期限或目标分类。

NO.004

利用标签整理笔记

笔记中记录的文章多了之后，寻找起来是一件很烦琐的事情，所以在导入之后一定要给文章多添加一些标签，尤其是当笔记不只属于一个类别，或想通过某关键词在一个笔记本过滤结果时，都可以使用标签。用户可以通过表格将笔记与类别、记忆或地点相互关联。

例如，项目管理笔记本中的笔记，可以按照项目进行的状态情况来添加标签，包括运行中、跟进中及已完成等，还可以按照项目的编号来对负责的项目添加标签。

添加笔记标签非常简单。打开笔记，单击笔记上方“新建标签”超链接，然后在文本框中输入标签内容即可。Evernote支持多级标签，因此添加一个标签之后，系统会自动增加空白标签文本，如图8-4所示。

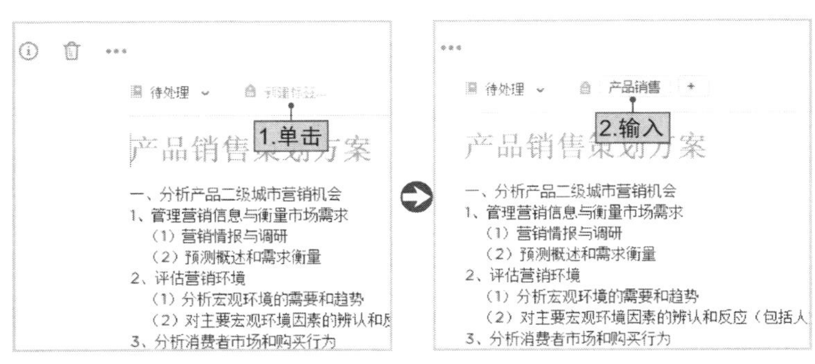

图8-4

NO.005

共享Evernote中的笔记内容

Evernote还为用户提供了共享笔记功能，能够有效提升团队成员的协作办公效率。共享的内容比较广泛，包括会议议程、浏览的网页、行程单、工作报表以及任务清单等。Evernote中有多种共享笔记的方式，下面依次进行介绍。

1. 通过复制公开链接共享笔记

Evernote中的每一条笔记都会自动生成一个独一无二的公开链接，复制该笔记的公开链接，将其粘贴至其他应用中。那么其他用户单击该链接就可以查看该笔记的内容，且链接中将显示该笔记内容的最新版本。如果浏览笔记的用户也为Evernote的用户，那么他还可以直接将该笔记保存至自己的Evernote账户中。只要是拥有该公开链接的人都可以访问笔记内容，除非用户停止共享该公开链接。

STEP 01 在笔记列表中选择需要共享的笔记，再单击“分享笔记”按钮，即可进入笔记共享编辑页面。除此之外，在笔记列表中单击需要共享的笔记，打开笔记详细页，单击“共享”后面的下拉按钮，选择“共享笔记”选项，也可以进入笔记共享编辑页面，如图8-5所示。

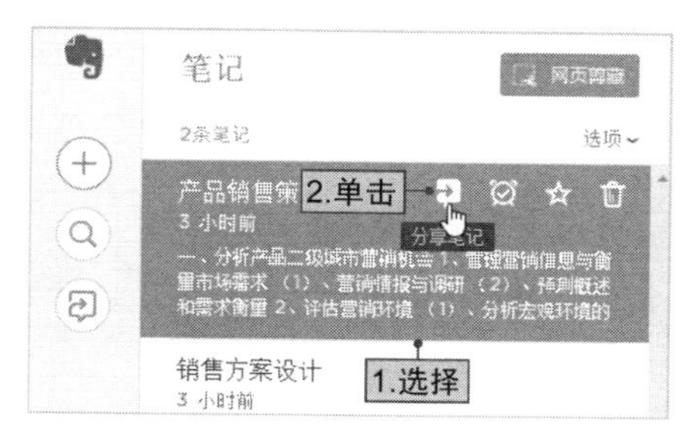

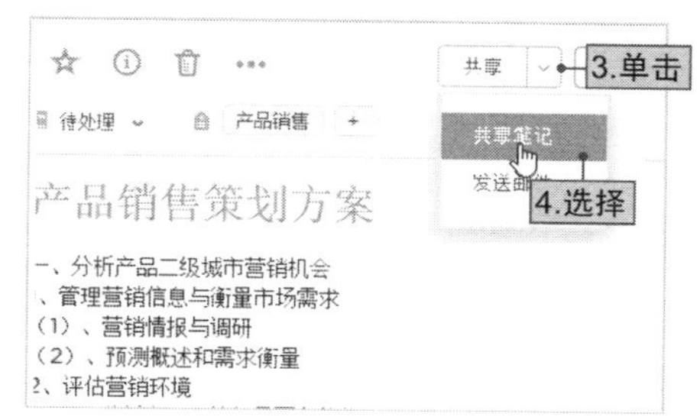

图8-5

STEP 02 在“收件人”后面的文本框中输入对方的电子邮箱地址，单击“共享笔记”后面的下拉按钮，设置共享笔记的权限，在下方空白处输入邮件消息，单击“发送”按钮，完成共享，如图8-6（左）所示。

TIPS *共享笔记权限范围*

Evernote为共享提供了3种权限，分别是可以编辑和共享、可以编辑以及可以查看，用户可以根据共享笔记的内容和重要性来对其进行设置，如图8-6（右）所示。

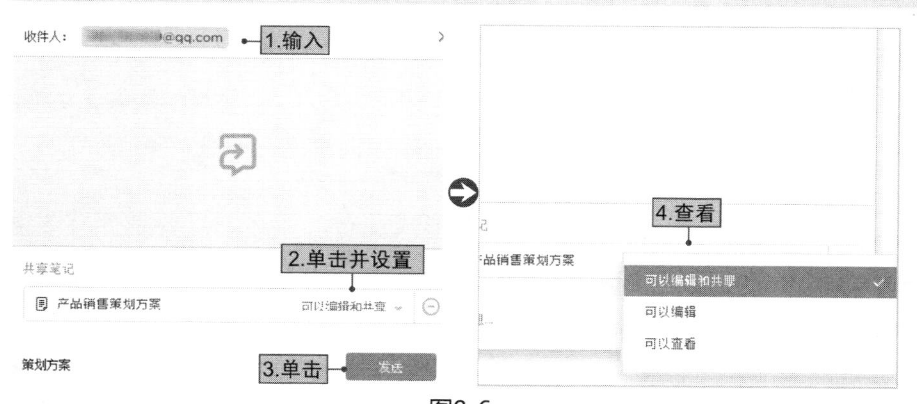

图8-6

2. 通过电子邮件共享笔记

笔记共享还可以通过电子邮件的形式完成。电子邮件，简单来说就是笔记快照，一旦发出，笔记的内容就无法修改了。即便是自己单方面地在Evernote中修改笔记内容，对方也不会查看到修改后的内容。

在笔记内容页面中，单击“共享”后面的下拉按钮，选择“发送邮件”选项，打开邮件发送页面，在第一个文本框中输入电子邮箱，在第二个文本框中输入文本消息，如图8-7所示，再单击“继续”按钮。完成验证之后单击“发送”按钮，即可完成共享。

图8-7

NO.006

共享笔记本

除了单条的笔记之外，笔记本也可以共享。在日常的工作中直接和同事共享笔记本，可以相互借鉴学习，快速提高自己的工作能力。共享笔记本分为3种形式。

1. 使用URL链接共享私人笔记本

由于可以将笔记本以URL链接的形式发布，那么，只要是拥有该链接的人都可以访问该笔记本。用户可以决定链接具体对哪些人可见。但是该共享方式只适用于桌面版。

将私人笔记本以链接的形式发布，首先需要打开笔记本列表，选择需要发布的笔记本，再右击某个人的笔记本，Windows桌面客户端用户选择共享设置，然后单击发布即可。

2. 同单人或多人共享笔记本

同单人或多人共享笔记本是指直接将笔记本共享给一个人或者是多个人，这是最为常见的一种共享方式，能够直接有效地将笔记本信息共享给指定的人。打开笔记本列表，选择需要共享的笔记本，单击“共享”后面的下拉按钮，选择“共享笔记本”选项，打开共享编辑页面。在页面中“收件人”后的文本框中输入收件人电子邮件地址，设置共享笔记本的权限，输入邮件消息，单击“发送”按钮即可，如图8-8所示。

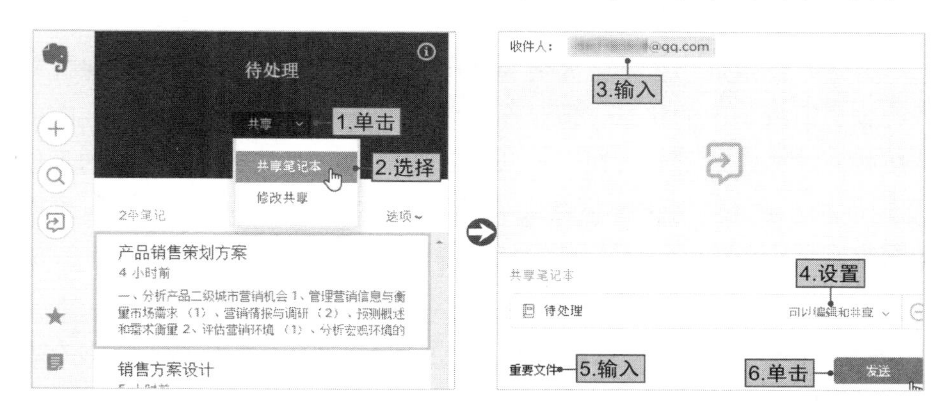

图8-8

3. 与Evernote企业账户中的所有人共享笔记本

除了对个别人的笔记本进行共享之外，还可以共享整个公司的笔记本，这样公司Evernote账户中的所有人便都可以查看该笔记本的内容，也可以将笔记本的内容添加到自己的笔记本列表中。对于办公过程中经常需要运用到的资料信息，可以将其共享到企业账户当中，使所有人都能查看到。例如，公司的客户清单列表和项目资料信息等。

打开笔记本列表，确保企业笔记本也在列表中，并选择要发布的笔记本。右击某企业笔记本，然后选择发布笔记本，单击“发布”按钮，并为笔记本添加描述，那么任何在企业主页浏览笔记本的人都可以看到该描述。

8.2 如何使用Evernote的基本功能

Evernote除了有关笔记之外，还有很多的功能可以运用于日常办公，这些功能都可以在不同程度对办公起到一定的帮助，可以大幅度地提高办公人员的工作效率。

NO.007

随时随地保持高效办公

高效办公是每一个办公人员都期望的理想办公状态，即时刻保持着一种精力高度集中的状态，但是在实际的工作中难免会被各种各样的事情所打断，当事情得到解决，返回到工作中时，却无法回到当初的工作状态中，这无疑对工作效率造成了影响。但是，Evernote的企业版可以帮用户实现高效办公，即使是没法连接网络的情况下，也能够继续之前的工作。

- **移动办公**：Evernote支持多台设备登录，所以办公人员即使在离开办公桌的情况之下也能够通过移动设备随时随地实现办公。在计算机端存储的笔记信息，通过同步功能就可以将信息同步到移动端口，方便用户随时查看办公使用。
- **离线工作**：Evernote企业版提供离线访问笔记功能，即使不在办公桌前，仍然可以通过合理设置Evernote工作空间来实现对所需资料的快速访问。只要事先设置了离线笔记本，就可以在任何离线环境中访问笔记。除了文本、照片、录音和扫描文档，也可以在移动设备上剪藏网页中的内容。在使用浏览器访问网站时，单击“分享”按钮，选择分享到Evernote当中，当前的页面会自动被剪藏到Evernote中。
- **回到办公室继续工作**：办公人员回到办公室之后，打开计算机登录Evernote账号，就可以用计算机继续之前的工作了。而通过移动设备临时存储的记录和信息，也可以在计算机上整理归纳。

Evernote将移动设备与离线功能相结合，使办公人员的办公不再局限于办公室和计算机，在一定程度上实现了真正意义上的随时随地办公，大幅度地提高了办公人员的工作效率。

NO.008

Evernote让会议变得更加高效

会议是每一个办公人员工作中不可缺少的一部分，公司的例会、部门会议以及项目会议等。但是在实际的会议中，办公人员参加的会议是低效的，无用的，甚至是浪费时间的会议。但是借助Evernote工具可以有效地改变会议效率低下的情况。

1. 创建会议议程

在会议之前创建会议议程。很多人参加会议之所以没有效果，是因为他们既不知道自己为什么要参加会议，也不知道会议的目的是什么。为了防止这类情况的发生，可以提前在Evernote中创建一条以会议时间和会议主题命名的笔记，分享给参会人员，如图8-9所示。

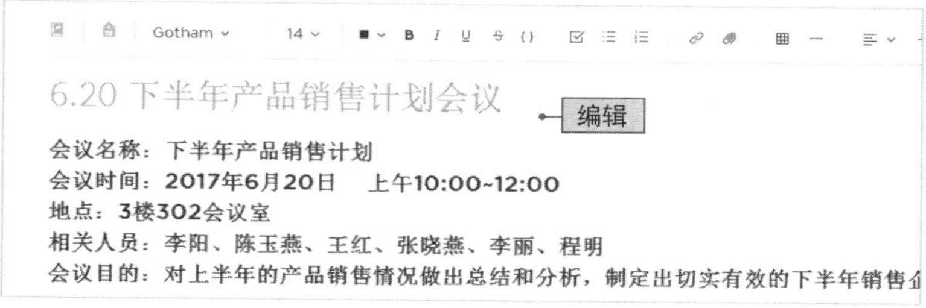

Gotham 14

6.20 下半年产品销售计划会议

编辑

会议名称：下半年产品销售计划
会议时间：2017年6月20日　上午10:00~12:00
地点：3楼302会议室
相关人员：李阳、陈玉燕、王红、张晓燕、李丽、程明
会议目的：对上半年的产品销售情况做出总结和分析，制定出切实有效的下半年销售

图8-9

2. 提前用Evernote收集会议资料

开会过程中通常会运用到一些项目文件、数据资料以及财务报表等，为了提高会议效率可以提前将这些文件汇总在一起。

Evernote提供添加附件功能，可以在笔记中添加各类附件，包括PDF、Word文档以及Excel报表等，在笔记中可以将这些文件直接打开。因此，可以在会议议程笔记中添加公司内部资料。

打开会议议程笔记详细页面，单击“添加附件”按钮。打开“添加附件”页面，单击“选择文件”文本框，在“打开”的对话框中选择需要添加的附件，单击“打开”按钮，再单击“保存文档”按钮，完成附件的添加，如图8-10所示。

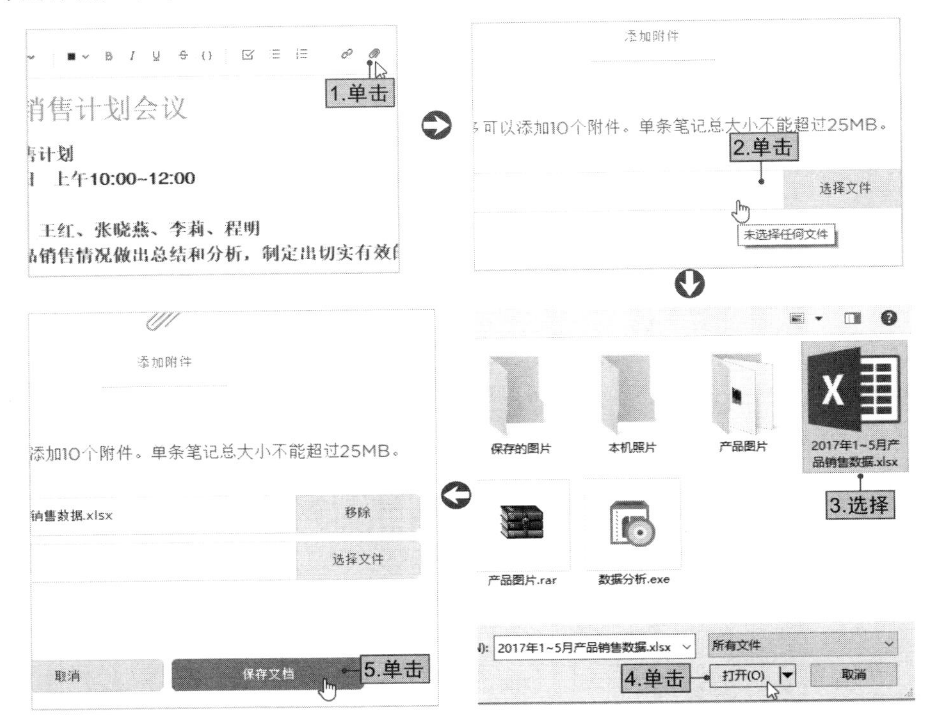

图8-10

Evernote除了可以随时随地记录灵感和信息之外，还可以随时在笔记中搜索查找所需的资料，利用该功能可以快速查找会议所需要的资料。Evernote的搜索功能可以快速识别文字、图片、PDF和Office文档中的内容。单击Evernote侧边栏中的搜索按钮，跳转至搜索页面。单击"搜索笔记"文本，输入搜索关键词，按【Enter】键，页面显示出搜索的笔记结果，如图8-11所示。

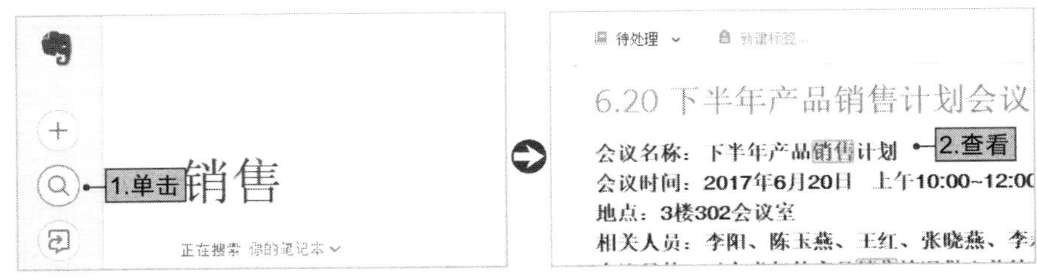

图8-11

3. 开启演示模式

日常工作中，为了提高会议演示效果常常需要制作PPT，帮助参会人员理解会议内容。运用Evernote的演示模式功能，可以直接以精美的版式全屏演示会议议程，不再花费大量的时间来做PPT。另外，会议议程笔记中如果包含大量的图片、表格或者其他文件也不用担心，因为这些内容也可以全屏显示。但是，Evernote的演示模式功能目前只适用于Mac版和Windows桌面版，下面以Windows桌面版为例进行介绍。

STEP 01 打开Windows桌面版Evernote选择需要演示的笔记，单击右侧“▾”下拉按钮，选择“演示”选项，此时，Evernote会在自动将笔记完整地显示出来，如图8-12所示。

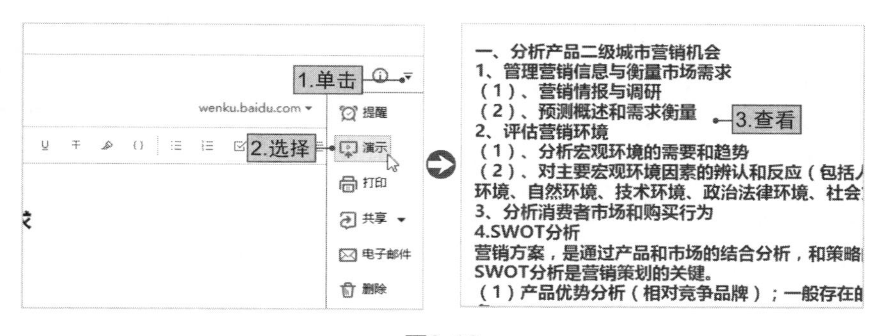

图8-12

STEP 02 完整地显示整条笔记，通常不符合查看习惯，因此，需要调整笔记的分页布局，使每页显示适量的内容。单击屏幕右侧“▣”按钮，进行翻页设置。使用翻页设置对笔记进行分页时，可以通过右侧的缩略图查看分页情况，如图8-13所示。

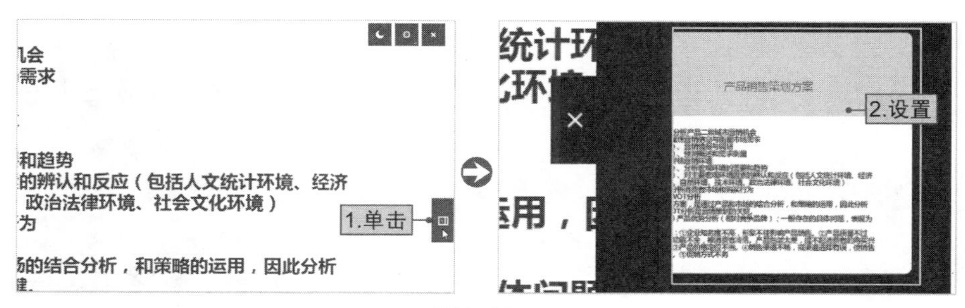

图8-13

TIPS *将笔记分为多页的好处*

将笔记进行分页处理具有许多好处，包括：使演示逻辑更加清晰，分页显示相比整页显示其逻辑性更加明显，也能帮助分析理解；集中注意力，单页显示减少了演示内容，使听众注意力更集中于当前演示内容；操作简单，单页显示完整，仅需按键空格键，即可完成页面的跳转。

NO.009

快速保存网页

在浏览网页的时候，难免会遇到一些有用的和无效的网页信息，将这些信息快速地进行整理分类，并对有用的信息进行保存，可以提高工作效率。但如果仅仅依靠简单的复制粘贴，不仅浪费时间，还有可能将大量的广告和不需要的内容一并复制过来。Evernote提供的快速保存网页功能可以有效地解决这一难题。

Evernote官方网站推出了一款名为“Evernote·剪藏”的浏览器插件，可以快速轻松地将网页上发现的任何内容保存到Evernote笔记中。

STEP 01 在浏览器中输入Evernote的官方网站地址，下载并安装Evernote电脑客户软件，再安装Evernote·剪藏。安装完成之后，可以在浏览器的扩展区域中看到Evernote的大象图标。在浏览器中看到需要保存的网页时，单击“印象笔记”图标按钮，然后选择剪藏的类型，这里选择“网页正文”选项，然后单击“保存”按钮即可，如图8-14所示。

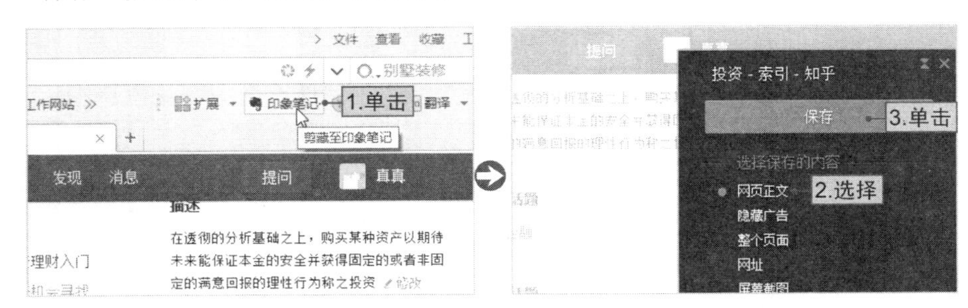

图8-14

STEP 02 对于网页中的一些重要信息还可以进行标注。选择“屏幕截图”选项，截取屏幕后，系统会自动出现标注工具，可以添加标注工具栏中的各项工具对信息进行标注，完成之后单击“保存”按钮即可，如图8-15所示。

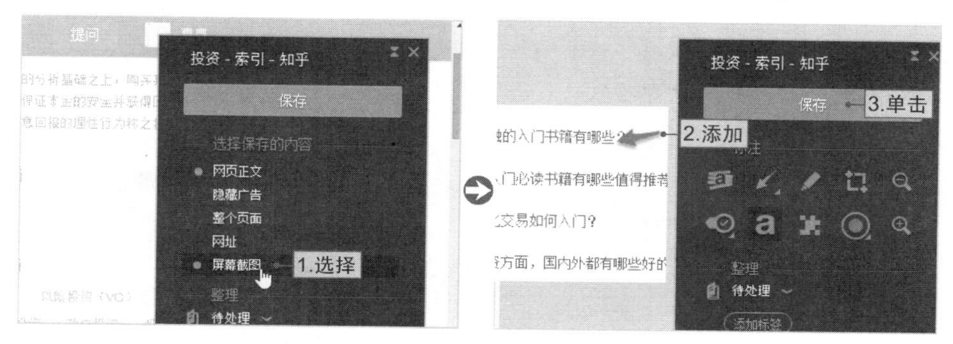

图8-15

STEP 03 保存的有用网页信息也可以共享给其他同事，以便同事之间一起讨论，协作办公。单击“保存”按钮之后，页面会显示网页信息的保存情况，单击“共享”按钮，打开共享信息页面，输入对方的邮箱地址，如图8-16所示，单击“发送”按钮，完成共享。

图8-16

NO.010

保存微信信息

微信已渐渐成为人们日常生活和工作中不可缺少的社交软件，并且随着微信的快速发展越来越多的订阅号、公众号出现在人们面前，人们在接受这些订阅号和公众号的推送信息时，常常会遇到一些有用的信息想要收藏起来，此时可以借助Evernote保存和收藏微信信息。

Evernote开发的“我的印象”微信公众号可以帮助办公人员快速实现微信文章和消息的保存和记录，即使出现原文被删除的情况，依然可以在Evernote笔记中查看到。

STEP 01 在微信主界面搜索“我的印象笔记”公众号，并点击“关注”按钮，之后会收到一条Evernote的信息，点击“点这里绑定印象笔记”超链接，绑定自己的Evernote账号，如图8-17所示。

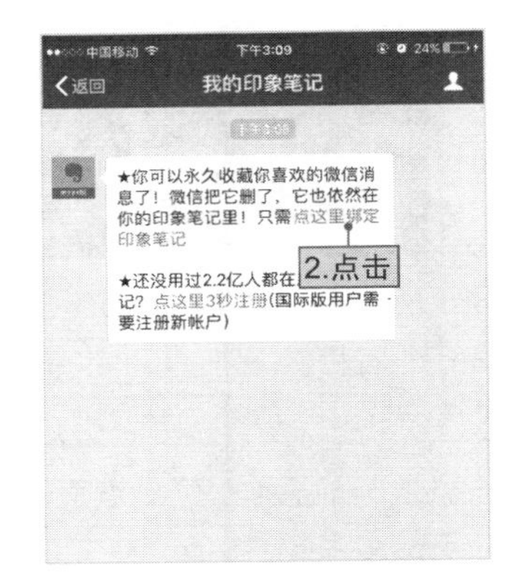

图8-17

STEP 02 当在微信中看到有用的文章时，可以点击右上角的“■”按钮，在页面下方的分享地址中选择“我的印象笔记”，该信息将会被永久保存，可以在自己的Evernote设备的笔记列表中同步查看到刚刚保存的文章信息，如图8-18所示。

图8-18

STEP 03 微信用户较多，使用比较方便，所以许多人会和同事通过微信来交流工作。而Evernote除了文章之外，还可以将聊天记录快速保存。选中需要保存的消息，长按消息，点击“更多…”超链接，点击右下角“…”按钮，再点击“我的印象笔记”按钮即可，如图8-19所示。

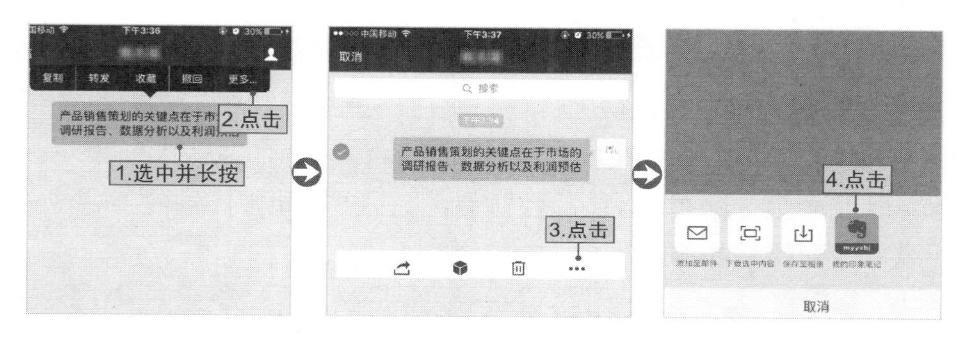

图8-19

NO.011

对重要邮件的保存

邮件是工作中必备的交流工具，办公人员常常需要借助邮件来发送重要的文件、资料以及交流信息。但是随着收件箱中邮件数量的增多，使重要信息被覆盖，查找起来很不方便。此时，可以借助一键转发功能，将重要的邮件保存在Evernote中，即使不小心删除了邮件，依然可以在Evernote中查看到邮件内容。

每一个Evernote的用户都有一个属于自己独一无二的私有邮箱地址，其地址是以“@m.yinxiang.com”结尾的，只要将邮件发送到这个地址，就可以将邮件保存在Evernote的默认笔记本中。

STEP 01 将邮件发送至私有邮箱地址之前，要查看了解自己的私有邮箱地址信息，不同版本的Evernote查看方式有所不同，这里以Windows版的Evernote为例进行介绍。在Evernote中单击“帮助”选项卡，在下拉列表中选择“我的账户页”选项，进入“账户一览”页面。在页面的下方查看“发送电邮到”后的邮件地址，如图8-20所示。

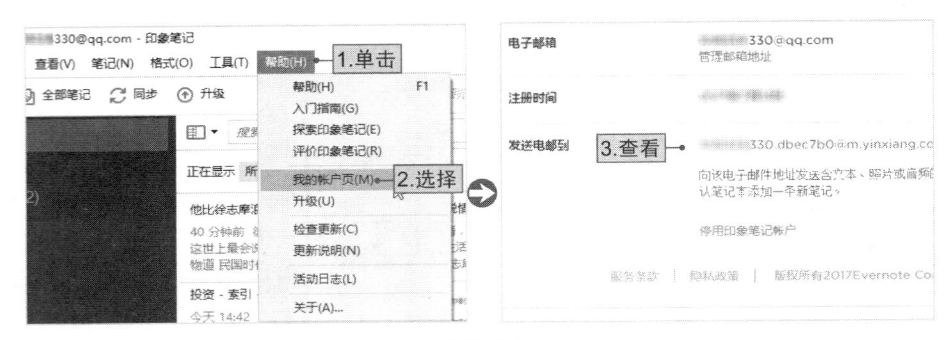

图8-20

STEP 02 新写的邮件，只要在发送意见时，在收件地址中添加私有邮箱即可；对于收到的邮件，将其转发到Evernote的私有邮箱即可。

8.3 Evernote的进阶技巧

除了简单的基本功能操作之外，Evernote还有一些进阶性的操作技巧，掌握这些操作技巧可以使办公人员在日常的办公过程中更加得心应手。

NO.012

如何使用Evernote高级搜索语法

使用Evernote的时候，搜索功能表面上看起来似乎只是一个简单的搜索文本框，但是它的高级搜索语法可以不通过笔记的创建日期，所含媒体类型，以及创建地点来搜索相关笔记，非常强大。表8-1所示为所有可用的搜索运算符，以及相关例子。

表 8-1　Evernote 中的搜索运算符

操作符	描述	范例
intitle:	在笔记标题中搜索	intitle: 销售，可以搜索标题中含有“销售”的笔记
notebook:	在指定的笔记本中搜索笔记	notebook: 销售，将只搜索“销售”笔记本中的笔记内容

续上表

操作符	描述	范例
any:	将显示匹配任一搜索关键词的笔记。若不使用该操作符，Evernote 搜索将只显示匹配全部关键词的笔记	any: 销售 数据，将搜索所有含有“销售”或“数据”的笔记，如果去掉 any，将只显示同时包含“销售”和“数据”的笔记
tag:	搜索含有指定标签的笔记	tag: 销售，将搜索含有“销售”标签的笔记
−tag:	搜索无指定标签的笔记	−tag: 销售，将搜索所有不含有“销售”标签的笔记
crcatcd:	搜索在特定日期或之后创建的笔记，但给定的日期格式是：YYYYMMDD（YYYY 表示年，MM 表示月，DD 表示日）或者与当前日期相关的日期，例如，day−1 代表昨天，week−2 表示两周之前	created:day−2 搜索结果将显示最近两天内创建的笔记
updated:	搜索在特定日期或之后更新的笔记，如果某个笔记自创建之日起就从未修改过，那么该日期将与创建日期相同	updated:day−2，将会搜索最近两天内修改过的笔记
resource:	搜索包含特定媒体类型（音频和图像等）的笔记	resource:application、pdf，将搜索所有包含 pdf 文件的笔记；resource:image/jpeg，将会搜索所有内含 jpeg 格式图片的笔记；resource:audio/*，将会搜索所有内含音频文件的笔记
latitude: longitude : altitude:	搜索创建于给定坐标值上或附近的笔记	latitude:37，将搜索其纬度值大于 37 的所有笔记。添加 −latitude:38 搜索将显示其纬度介于 37~38 度之间的结果。“longitude：”和“altitude：”的作用基本相同
source：	通过应用程序搜索笔记或者通过其他途径来创建它们	source：mobile* 将搜索所有创建于移动版应用某一类型的所有笔记；source：web.clip 搜索结果将显示所有通过 web Clipper 创建的笔记

续上表

操作符	描述	范例
todo:	搜索包含一个或者多个复选框中的笔记	todo:true，搜索结果将显示所有包含选中的复选框的笔记；todo:false，搜索所有包含未选中的复选框的笔记；todo:* 将搜索包含复选框的所有笔记，无论它是否被选中
encrytion:	搜索使用 Evernote 内置加密系统进行部分加密的笔记	此操作不需要再添加额外的值

NO.013

将多条散乱的笔记合并为一条

Evernote属于笔记记录性工具，更多的是随时随地的突然有感而发的灵感、想法及策划等，所以很多办公人员真正查看自己的笔记内容时，常常会发现自己的笔记内容过与散乱，比较杂乱，为了将自己的各种记忆、记录的零碎知识以及散乱的资料全面整合到一起，可以利用Evernote的多条笔记合并功能。网页版不支持合并功能，下面以Windows版为例进行介绍。

STEP 01 打开Evernote，选择想要合并的笔记，按住【Ctrl】键单击多条笔记，选中的笔记会以缩略图的形式显示在右侧的页面中，如图8-21所示。

图8-21

STEP 02 在缩略图的下方有笔记的相关功能按钮，单击“合并笔记”按钮，选中的笔记将会合并成为一条笔记，笔记标题与选中笔记中排列在笔记列表最靠前的一条保持一致，其他笔记的标题将会以大字体和添加背景颜色的形式出现在新笔记的正文中，以便能清晰查看每条笔记的起始位置，如图8-22所示，另外合并之前的笔记，系统会将其删除到废纸篓中。

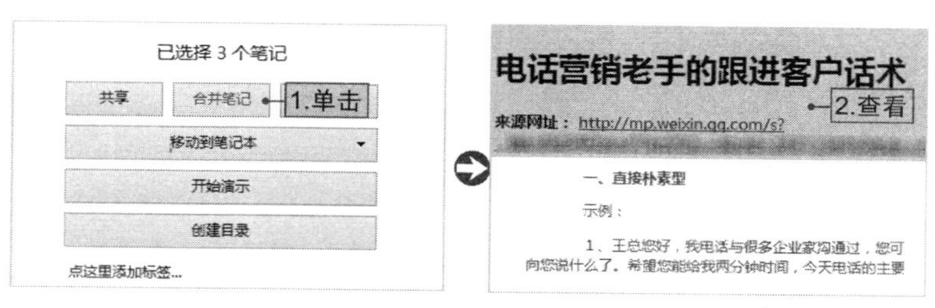

图8-22

TIPS *合并的注意事项*

Evernote的其他应用，比如食记、人际关系和圈点创建的笔记，在笔记合并后将无法在应用中继续呈现。如果想在应用中保留，从废纸篓中将这些原始笔记还原到任意笔记本下即可。

NO.014

使用笔记内部链接来链接笔记

Evernote Windows版和Mac版中的“笔记链接”功能可以将不同的笔记链接起来，从一条笔记跳转到另一条笔记中。在实际的工作中，可以利用其功能来整理项目信息、数据资料以及相关材料等。下面以A笔记链接B笔记为例进行介绍。

STEP 01 打开Evernote Windows版，在笔记列表中选择需要链接的笔记右击，然后选择“复制笔记链接”命令，如图8-23所示。

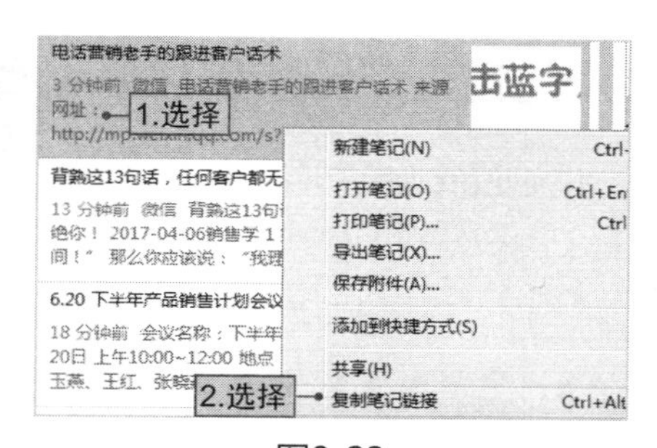

图8-23

STEP 02 在笔记列表中选择笔记A，在笔记A的正文中选择链接文本框右击，选择“超链接”命令，再选择“添加”命令。在打开的对话框中，单击“地址”文本框，再右击选择“粘贴”命令，如图8-24所示，最后单击“确定”按钮。

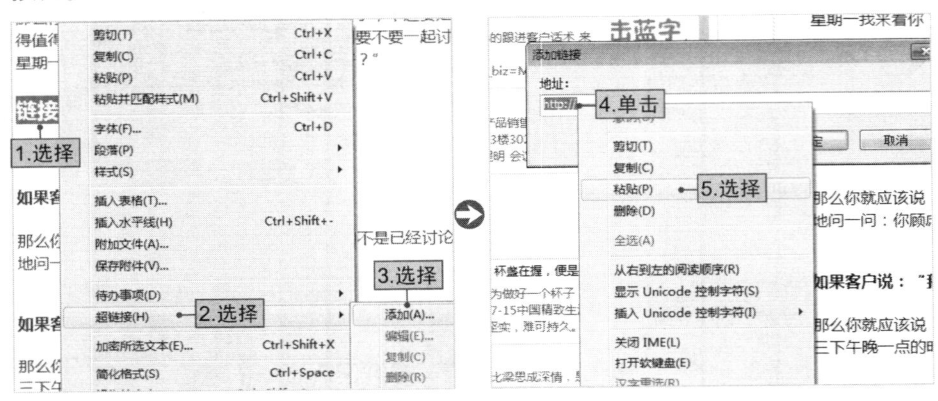

图8-24

STEP 03 此时链接的文本变成蓝色，鼠标放在上面会变成手指形状，单击该文本即可直接进入链接的B笔记，如图8-25所示。

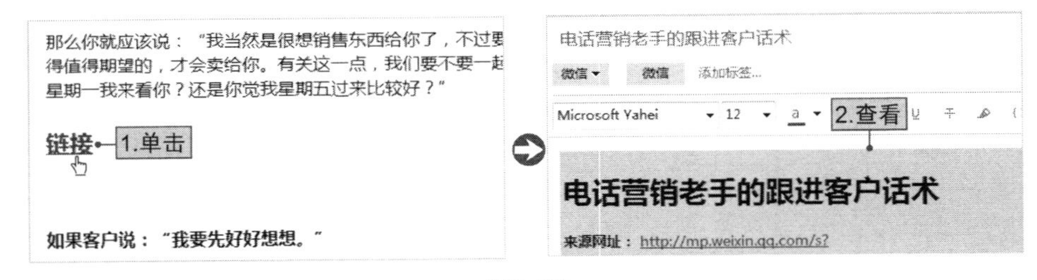

图8-25

NO.015

利用笔记内部链接创建笔记目录

Evernote除了可以将不同的笔记进行链接之外，还可以利用其内部链接功能为笔记本中的一组笔记创建目录，这样以目录的方式查看笔记更加一目了然，也使笔记变得更加整洁。

STEP 01 打开需要笔记目录的笔记本，在笔记列表中选择需要的笔记，按【Ctrl】键，再单击笔记进行多选，在页面右侧单击“创建目录”按钮，如图

8-26所示。

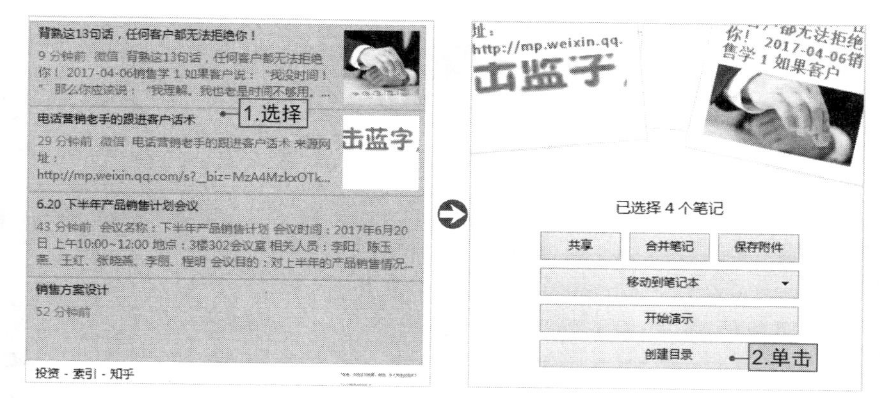

图8-26

STEP 02 此时系统自动生成一条标题为“目录”的笔记，置顶于笔记列表中，笔记右侧显示置顶标识，单击该笔记，打开笔记超链接列表，单击该链接便可直接转至该笔记，如图8-27所示。

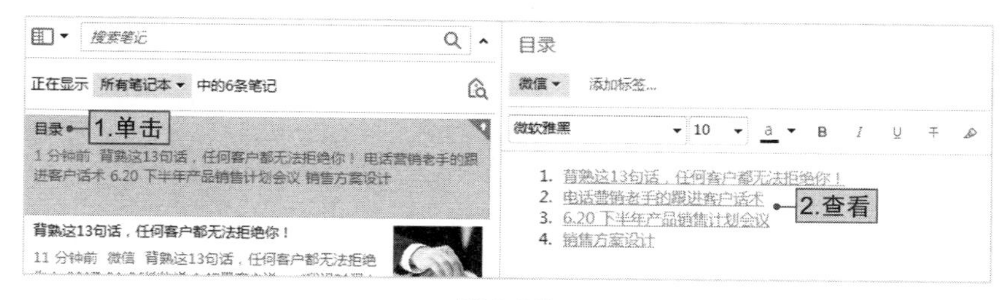

图8-27

NO.016

加密笔记中的内容

大部分的人都会习惯性地在Evernote中记录一些重要信息，包括公司材料、客户资料以及私人信息等。这些信息的重要性不言而喻，所以需要对其做出一系列的保护措施，以确保信息的安全。Evernote也为每一个用户提供了笔记内容加密的功能。

STEP 01 在笔记列表中选择重要的笔记，打开笔记内容，选择想要加密的文本内容右击，选择“加密所选文本”命令。打开“笔记加密”对话框，在“请选择一个加密口令”下的文本框中输入加密口令，在“再次输入加密口令”下的文本框中输入加密口令以确认密码。为了防止遗忘口令，Evernote提供了一个提示文本框，可在其中输入密码的相关信息，帮助记忆，选中“记住口令直到退出印象笔记”复选框，再单击“确定”按钮，如图8-28所示。需要注意的是，因为以后每次解密文本时都需要输入该口令，并且Evernote也不会在任何地方自动存储该口令，所以需要牢记该口令。

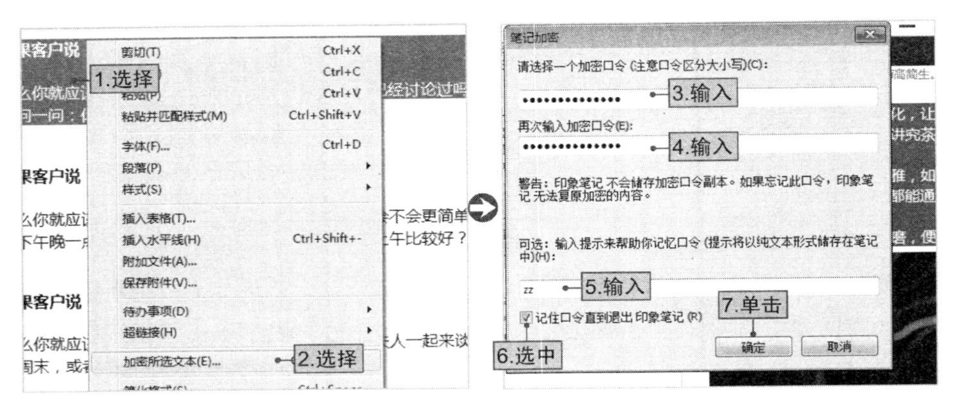

图8-28

STEP 02 加密后的文本将会显示锁的形状，因为选中“记住口令直至退出Evernote”，所以此时查看加密文本双击就可以查看。但退出账号重新登录之后，想要查看加密文本，就要双击加密文本，打开“解密笔记”对话框，在“输入解密口令”下的文本框中输入口令，单击“确定”按钮即可，如图8-29所示。

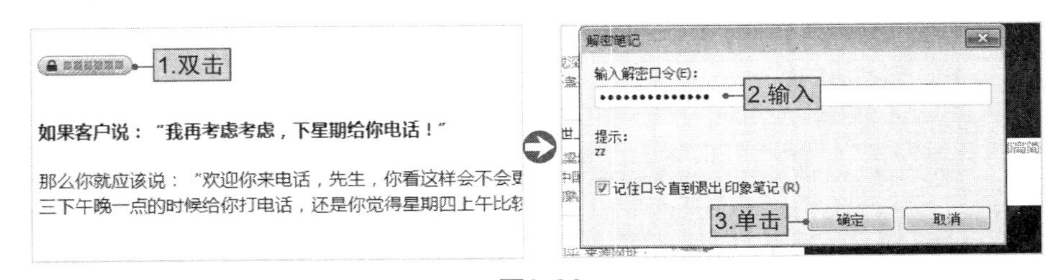

图8-29

TIPS 笔记加密的局限性

目前Evernote的加密功能还存在一定的局限性，即目前只能够对笔记内的文本提供一层额外的保护，但是无法对整个笔记以及笔记本加密。

NO.017

开启双因素身份验证

虽然Evernote中的加密功能只能够针对笔记内的文本，安全性较低。但是为了提高笔记的安全性，Evernote提供了两步验证功能，也被称为双因素身份验证，可以为用户增加一道安全防线，提高笔记的安全性。用户开启该功能之后，除了需要提供以往登录所需的用户名以及密码之外，还需要提供手机验证码来登录，用户也可以通过短信、语音电话或者移动应用来接收验证码。这样一来，他人想要查看笔记，不仅需要用户名和密码，还需要用户的手机号码，大大增强了笔记的安全性。

STEP 01 登录网页版Evernote，单击页面左侧下方的“账户”按钮，再单击“设置”选项卡，在账户设置页面中选择左侧菜单栏中的“基本设置”命令，如图8-30所示。

图8-30

STEP 02 在“确认密码”页面中，输入账户密码，单击“验证”按钮，转至“基本设置”页面，单击“两步验证”后面的“启用”超链接，如图8-31所示。

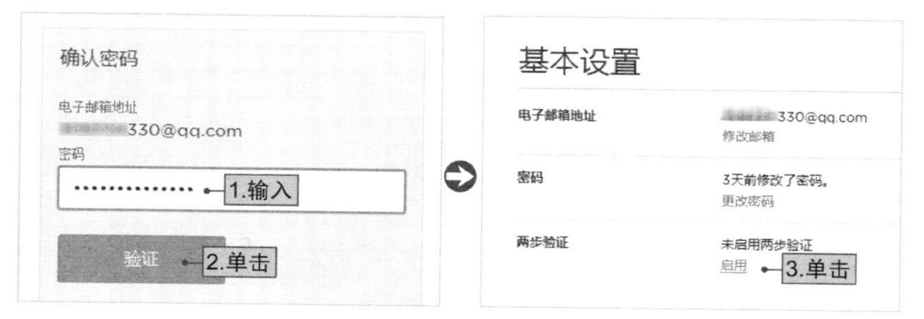

图8-31

STEP 03 在页面提示的对话框中单击“继续”按钮，直至出现“确认你的邮箱地址”对话框，确认邮箱地址无误之后，单击“发送确认邮件”按钮，如图8-32所示。

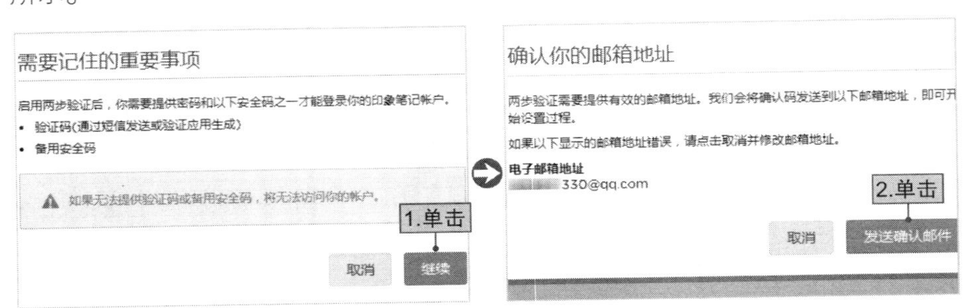

图8-32

STEP 04 在登录邮箱，确认邮箱地址之后，跳转至“基本设置”页面，在“输入手机号码”下的文本框中输入验证手机号码并单击“继续”按钮，在“请输入验证码”对话框中输入手机接收的6位数验证码并单击“继续”按钮，如图8-33所示。再设置根据页面提示设置备用手机号码。

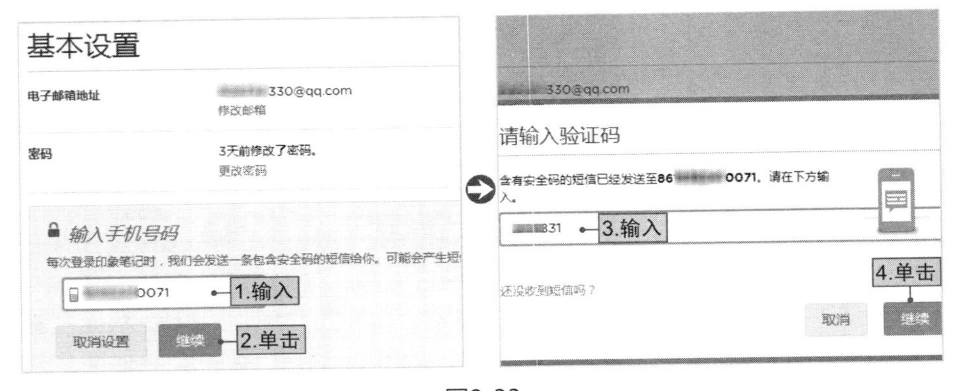

图8-33

STEP 05 设置谷歌身份验证器，用户可以在智能手机（iPhone、Android或黑莓）上安装一个认证应用程序：谷歌验证器（Google Authenticator），就可以在手机上生成动态验证码了，使用的方法和Google账户的两步验证过程一样。

第9章

文件云存储：安全存储，资源共享

日常办公会有各种各样的文件需要进行存储管理，文件管理的关键是方便保存和迅速提取。目前，我们的大部分文件都是以电子档的形式存储在计算机中的。许多办公人士都遇到过硬盘空间不够、计算机性能跟不上或存储不安全等问题，而坚果云和云盒子可以帮助我们解决这些问题。

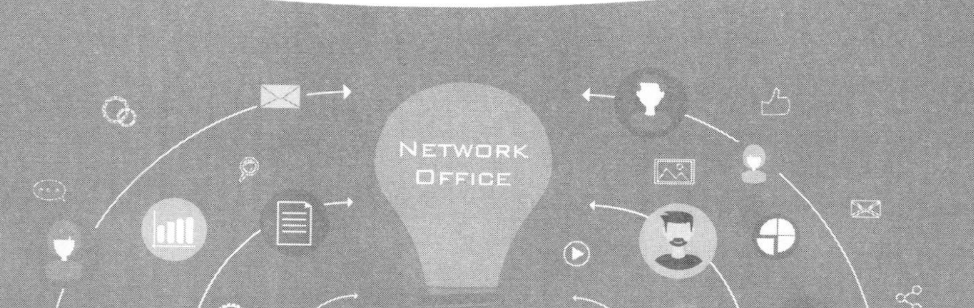

9.1 坚果云，企业的专业文件管理专家

坚果云是一款便捷、安全的专业网盘产品。用户可以将计算机上的任意文件夹同步到坚果云，随时随地便捷地访问自己的文件，并安全地保存它们。

NO.001

同步任意文件夹

同步文件夹是坚果云最重要的功能之一，要将计算机中的文件同步到坚果云首先需要在计算机中安装坚果云客户端。进入坚果云下载页面（https://www.jianguoyun.com/s/downloads）可以查看到不同版本的坚果云，在“Windows”栏中单击“单击下载”按钮，即可实现坚果云电脑版客户端的下载，如图9-1所示。

图9-1

安装好坚果云客户端后，客户端会自动创建一个名为“我的坚果云”的文件夹。在“我的坚果云”文件夹中的文件会自动上传到坚果云中，这也是“我的坚果云”文件夹与其他文件夹的区别，下面介绍如何使用坚果云创建其他同步文件夹。

STEP 01 在坚果云主界面单击“创建同步文件夹”超链接。在计算机中选择要同步的文件夹，将其拖动到虚线框中，如图9-2所示。

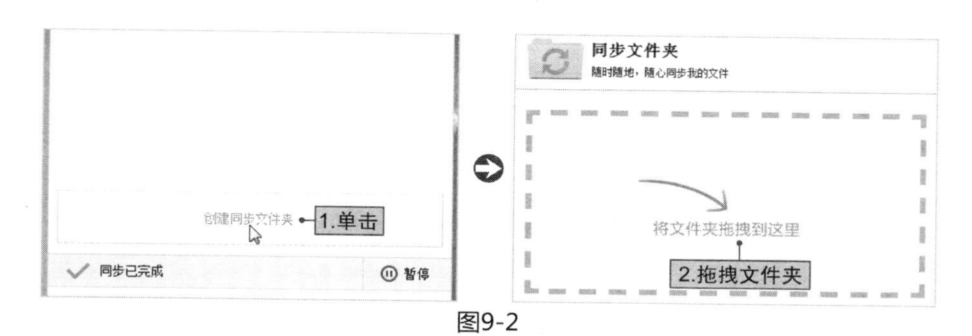

图9-2

STEP 02 在打开的“创建同步文件夹”对话框中单击“确定”按钮，再单击“完成”按钮，如9–3所示。

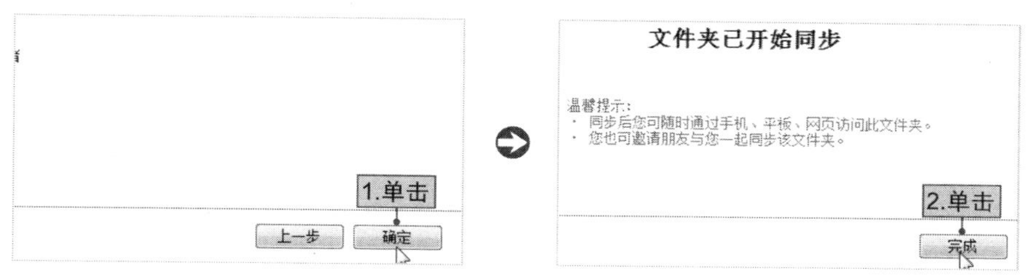

图9-3

NO.002

邀请同事一起同步文件夹

如果同事间需要共享和交换文件，可以使用坚果云邀请同事也同步文件夹，这样可以方便双方修改和交换文件，具体操作如下。

STEP 01 在坚果云主界面中选择要邀请同事同步的文件夹，单击“多人同步”按钮，在打开的“设置共享权限”对话框中输入共享人的坚果云账号，单击“添加”按钮，如图9–4所示。

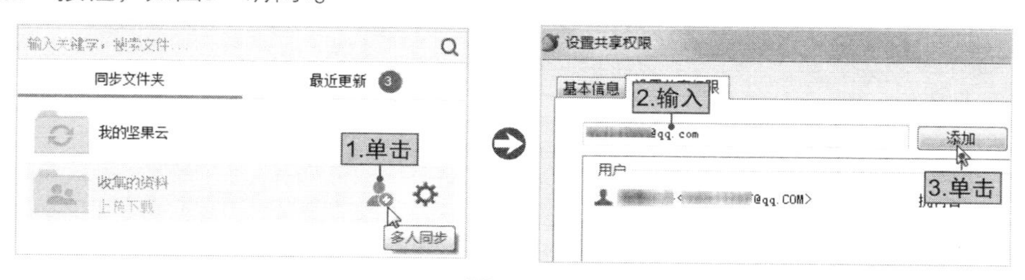

图9-4

STEP 02 选择共享人，单击“确定”按钮，在打开的对话框中单击“确定”按钮，如图9–5所示。

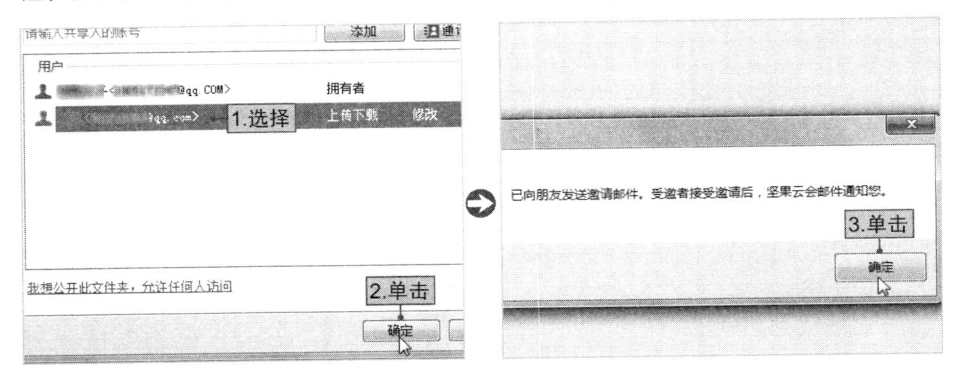

图9-5

对邀请同步共享文件夹的共享人还可以设置文件夹访问权限，如要将共享人的访问权限设置为“仅下载”。只需在“设置共享权限”对话框中单击被邀请人账户右侧的“修改”超链接，选择“访问权限/仅下载”命令即可，如图9-6所示。

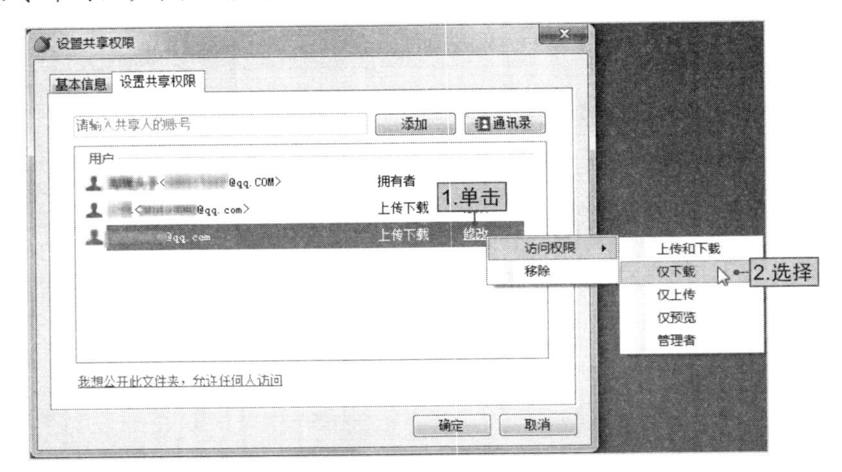

图9-6

在邀请同事同步文件夹时需要注意，“我的坚果云”文件夹只能用于存放私人文件，不支持和同事一起同步。

NO.003

文件实时共享，紧密协同办公

在坚果云中实时共享文件有两种方法，一种是通过邮件共享文件，另一种是通过网页链接共享文件。下面介绍如何通过邮件共享文件。

STEP 01 在坚果云主界面单击文件夹，打开同步的文件夹，如图9-7所示。

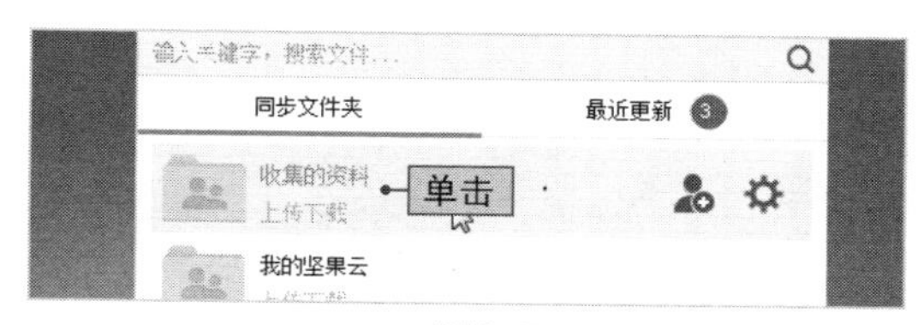

图9-7

STEP 02 选择文件并右击，在弹出的快捷菜单中选择“坚果云/通过邮件发送”命令，如图9-8所示。

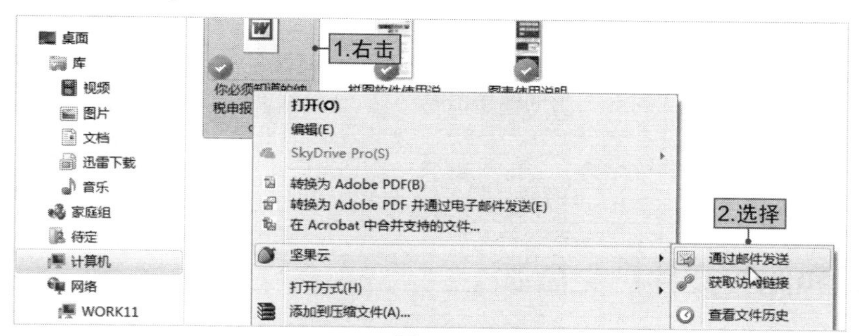

图9-8

STEP 03 在打开的对话框中单击“通讯录”按钮，在打开的“通讯录”对话框中选中联系人复选框，单击“确定”按钮，如图9-9所示。

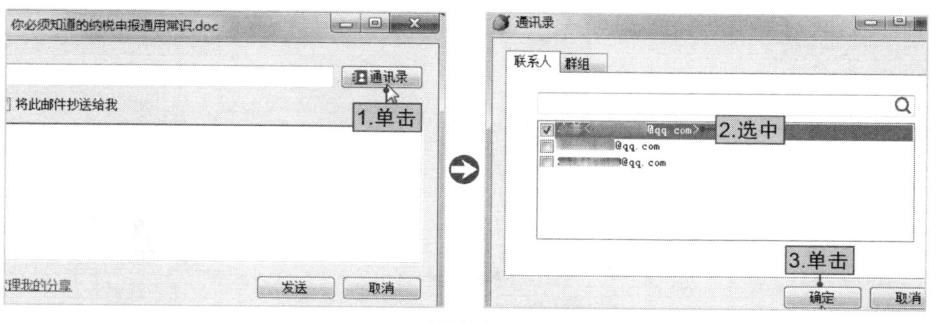

图9-9

STEP 04 在返回的“正文”文本框中输入正文内容，单击“发送”按钮，如图9-10所示。

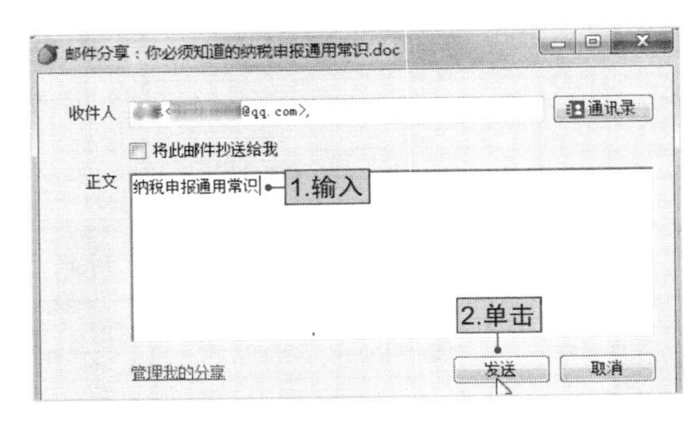

图9-10

TIPS 如何通过网页分享文件

如果要通过网页共享文件，则在文件上右击，在弹出的快捷菜单中选择“坚果云/获取访问链接”命令。在打开的对话框中单击“复制并关闭窗口”按钮可复制链接。获取到访问链接后可以通过QQ或微博等方式将链接发送给指定用户。

NO.004

查看和比较文件历史版本

在编辑文件时有时可能会因为误操作，导致文件内容修改错误。对于同步到坚果云中的文件，程序会自动保留其历史版本，用户可随时查看历史版本，以进行比较，查出不同版本文件的差异。具体操作如下。

STEP 01 选择同步的文件并右击，在弹出的快捷菜单中选择“坚果云/查看文件历史”命令，如图9-11所示。

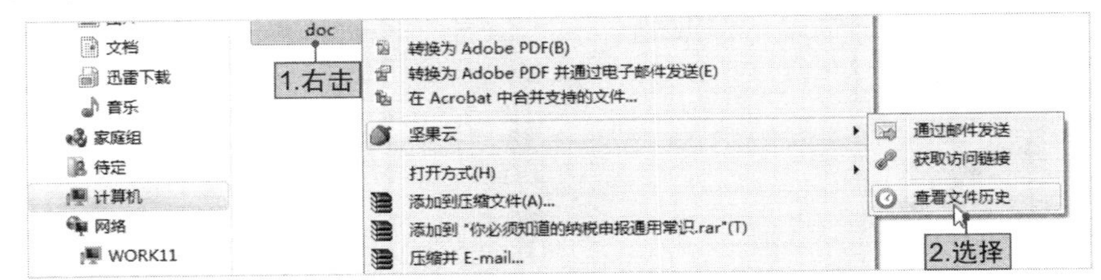

图9-11

STEP 02 在打开的对话框中选择创建的文件，单击“版本比较”按钮，程序会自动打开不同的版本，如图9-12所示。

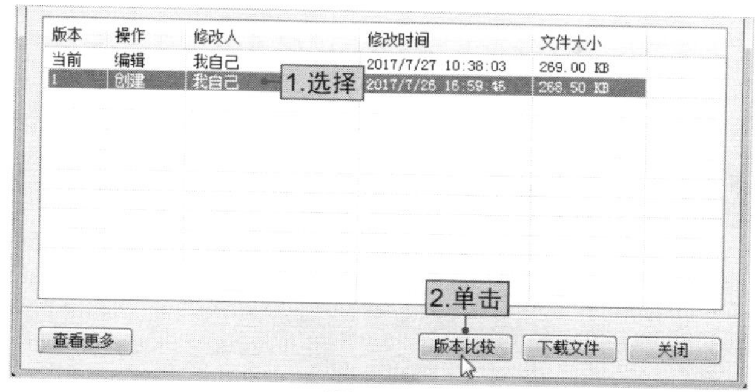

图9-12

NO.005

恢复已经删除的文件

对于因误操作而删除的文件，可以在坚果云“回收站”中进行恢复，具体操作如下。

STEP 01 在坚果云主界面中单击“坚果云”超链接，进入“我的坚果云”网页，选择文件夹，如图9-13所示。

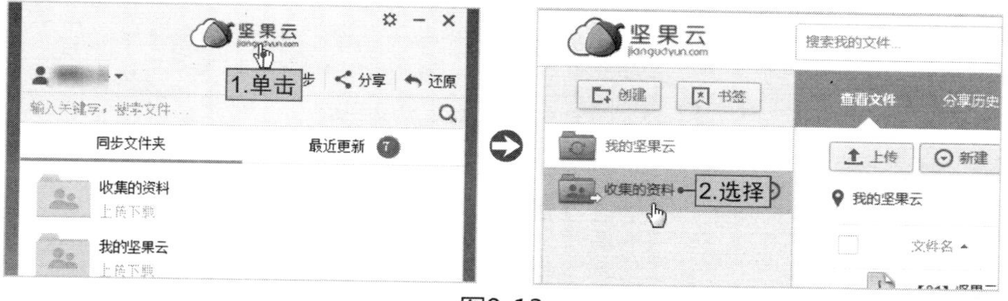

图9-13

STEP 02 在打开的页面中单击“回收站”超链接，选中要恢复的文件的复选框，单击“恢复”按钮，如图9-14所示。

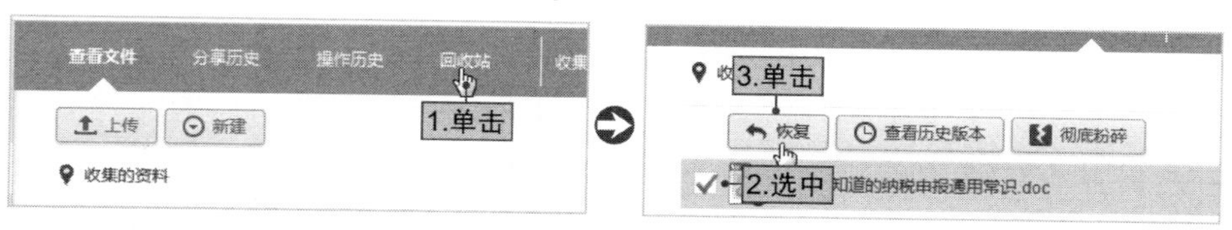

图9-14

在回收站中可以查看删除文件的不同版本，并选择不同的版本恢复。选中文件复选框，单击“查看历史版本”按钮，在打开的页面中选择版本，单击“恢复”超链接，如图9-15所示。

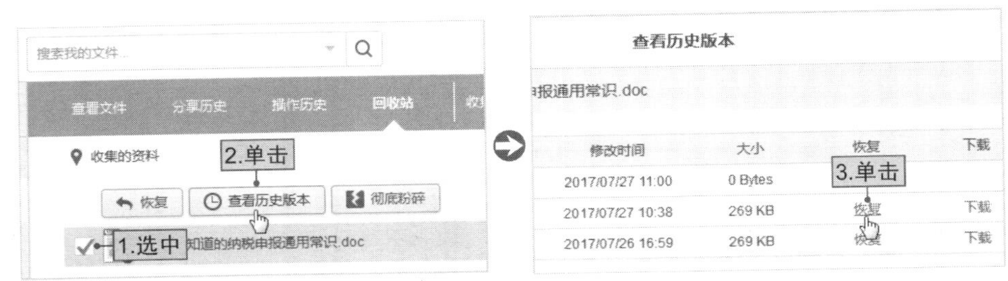

图9-15

除以上方法可以恢复删除的文件外，单击“操作历史”超链接，在打开的页面中找到删除的文件，单击“撤销”按钮也可以恢复删除的文件，如图9-16所示。

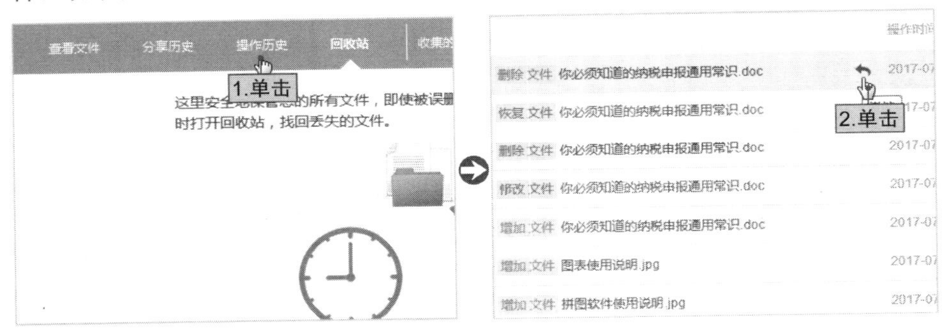

图9-16

NO.006
手机访问文件，真正实现移动办公

对于计算机中同步的文件，在手机坚果云客户端中也可以随时随地访问，下面来看看如何在手机坚果云客户端访问文件。

登录坚果云手机客户端，在打开的主界面中选择要访问的文件夹，在打开的文件夹中单击要查看的文件，如图9-17所示。

图9-17

手机坚果云客户端拥有“离线收藏”功能，启动“离线收藏”功能后，Wi-Fi环境下会自动同步感兴趣的文件夹，供离线访问，不耗流量且快捷省电。

在打开的文件夹中选择要进行离线收藏的文件，单击“⋮”按钮，在打开的下拉列表中选择“离线收藏”选项，在打开的页面中单击“确定”按钮，如图9-18所示。

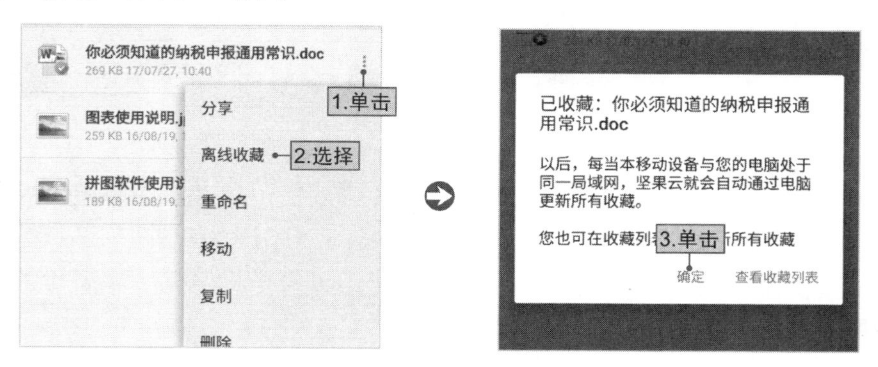

图9-18

NO.007

自动备份照片并同步计算机

在手机坚果云客户端中可以自动备份手机中的照片，并可以同步计算机，具体操作如下。

STEP 01 在手机坚果云主界面的“⋮”下拉列表中选择“设置”选项，在打开的页面中选中“照片自动备份”复选框，如图9-19所示。

图9-19

STEP 02 在打开的页面中单击“备份照片”按钮，然后单击“我已了解”按钮即可，如图9–20所示。

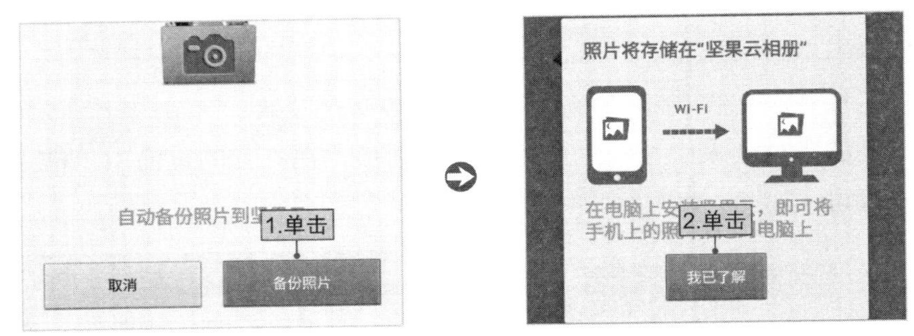

图9-20

如果计算机已登录了坚果云，那么程序会自动打开“您有新的同步文件夹”对话框，单击“同步到本地”按钮，在打开的“同步文件夹：坚果云相册”对话框中单击“确定”按钮，可将手机坚果云中备份的照片同步到计算机中，如图9-21所示。

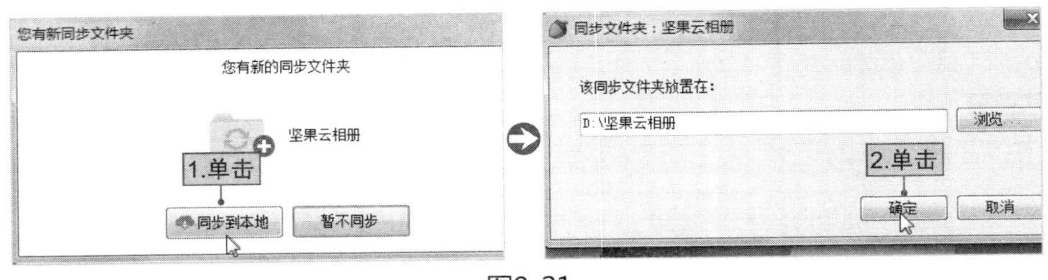

图9-21

自动备份照片会备份手机中的所有照片，对于某些不需要的照片可以将其批量删除。在手机坚果云客户端打开“坚果云相册”文件夹，在打开的页面中选中照片，再单击“⋮”按钮，最后选择“删除”选项，如图9-22所示。

图9-22

NO.008

移动文件到其他文件夹

如果文件保存在错误的文件夹中，可以将其移动到其他文件夹中，具体操作如下。

STEP 01 在手机坚果云客户端主界面选择文件夹，在打开的页面中单击“⋮”按钮，选择“移动”选项，如图9-23所示。

图9-23

STEP 02 在打开的页面中选择文件夹，然后单击“移动”按钮，如图9-24所示。

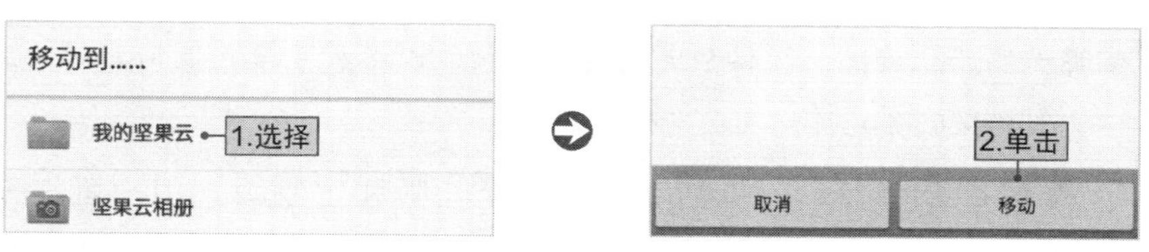

图9-24

9.2 云盒子私有云，真的可以“私有”

云盒子是一款企业网盘，与其他网盘不同的是云盒子拥有特有的一步分享技术，能解决在文件数量巨大、变动频繁、人员众多的企业环境中，导致磁盘占用高、网络阻塞和服务器过载的问题。

NO.009

云盒子有哪些优势

云盒子企业网盘提供业务文档的在线存储、分享、协作管理和即时通信功能，其具有以下产品优势。

- **速度快、空间省**：用户可以自主控制文件上传和下载的顺序，能够节省超过80%的硬盘空间以及网络带宽占用。
- **硬盘文件上锁**：如果没有密码，即使打开计算机，也无法访问任何文件。关机时自动清空计算机缓存，不留任何蛛丝马迹，并且可远程一键清除丢失设备中的所有数据。
- **纯净无扰办公**：云盒子自带即时通信，提供纯净的内部沟通环境，能有效地屏蔽社交软件的干扰，将文档传输与协作沟通无缝地结合起来。
- **极速部署私有云**：拥有国内首创的网络穿透技术，无须专业人员，可实现180s一键极速、零配置架设私有云。
- **外部邮件抓取**：可以自动抓取电子邮件的附件，集中保存到分类目录中，无须频繁登录到多个邮箱查找文件。
- **文档协作**：可根据具体业务自定义工作流程和节点负责人，控制每一个节点对文档的可见性及操作权限，对节点负责人推送待办提醒，全面支持移动办公。
- **强大的后台管控**：提供强大的后台管控，以多种手段控制用户的使用行为，确保服务的性能及稳定性。

云盒子有多个版本，包括免费版、企业版和定制版。用户可在云盒子网页端登录界面（http://www.121.41.229.96/webfolder/index.action）下载云盒子，如图9-25所示。

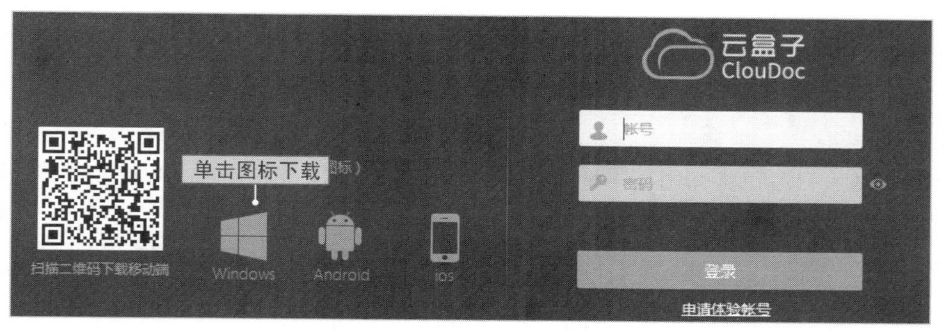

图9-25

NO.010

添加和删除部门

部门管理需要在云盒子网页端进行，在云盒子网页端登录界面输入账号和密码，单击“登录”按钮即可登录云盒子网页端。下面介绍如何在云盒子网页端进行部门管理。

1. 添加部门

STEP 01 登录云盒子网页端，在主界面中选择“管理设置”下拉列表中的“人员管理”选项。进入“员工管理”页面，选择组织机构，如选择“设计部”组织机构，如图9-26所示。

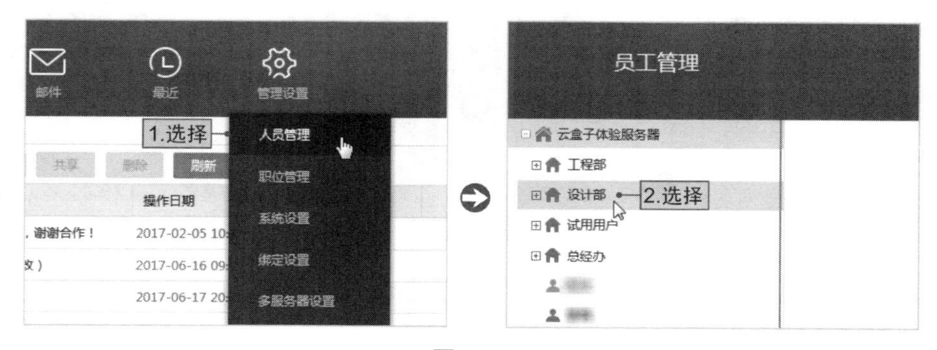

图9-26

STEP 02 在打开的页面中单击“添加部门”按钮，如图9-27所示。

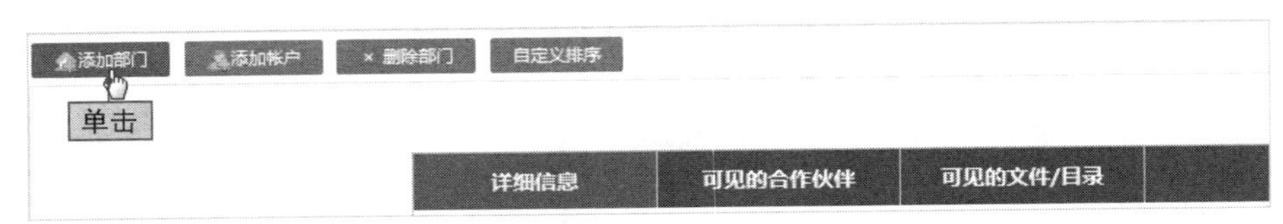

图9-27

STEP 03 在打开的页面中填写部门名称、单文件大小和个人文档容量，单击“保存”按钮，如图9-28所示。

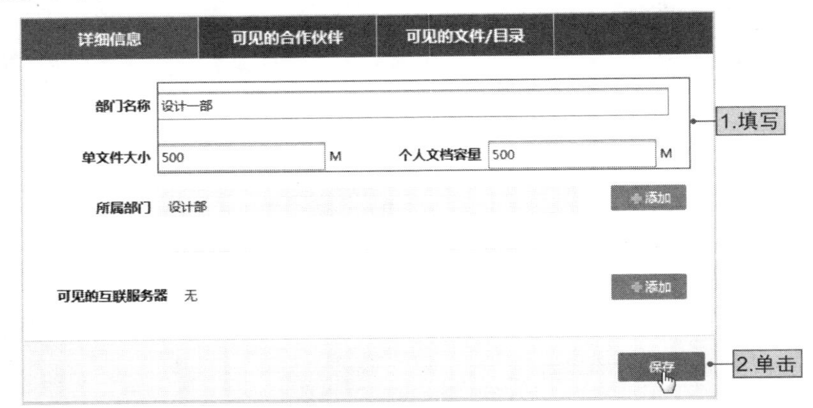

图9-28

2. 删除部门

在员工管理页面选择组织机构，单击“删除部门”按钮，在打开的对话框中单击“确定”按钮即可删除部门，如图9-29所示。

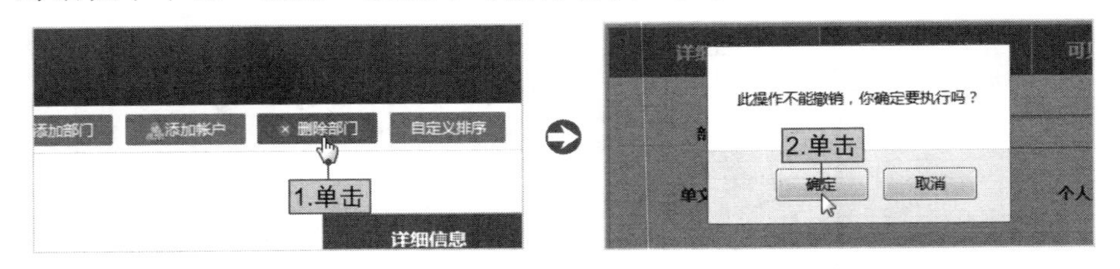

图9-29

NO.011

为部门添加人员

如果部门新增了人员，那么可以在云盒子网页端为部门新增人员，具体操作如下。

STEP 01 在“员工管理”页面选择组织机构，单击“添加账户”按钮，如图9-30所示。

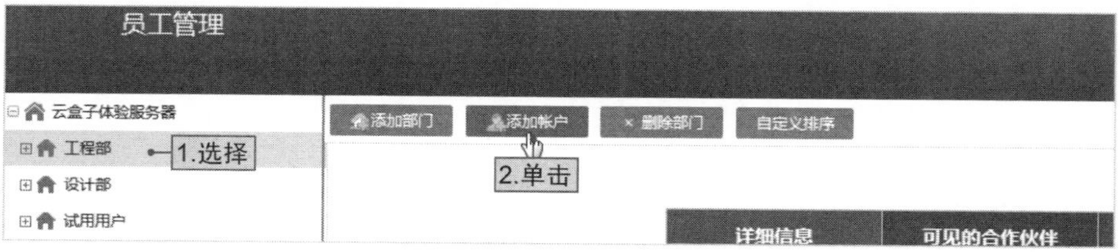

员工管理

云盒子体验服务器
工程部
1.选择
设计部
试用用户
添加部门
添加帐户
删除部门
自定义排序
2.单击
详细信息
可见的合作伙伴

图9-30

STEP 02 在打开的页面中填写新增人员的详细信息，如姓名、账号和密码等，然后单击“保存”按钮，如图9-31所示。

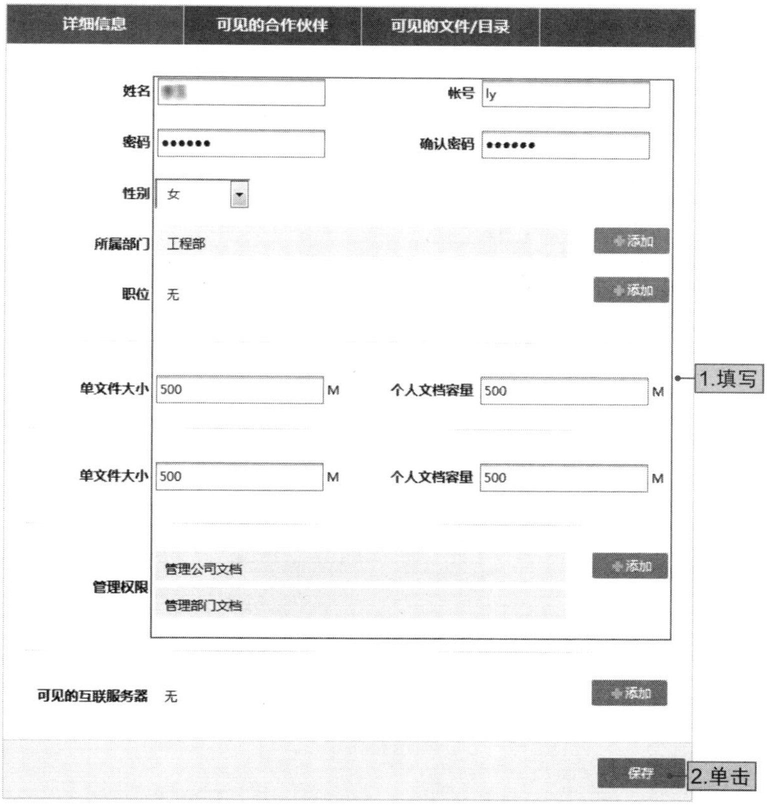

详细信息 | 可见的合作伙伴 | 可见的文件/目录

姓名
帐号 ly
密码 ••••••
确认密码 ••••••
性别 女
所属部门 工程部 添加
职位 无 添加
单文件大小 500 M　个人文档容量 500 M
1.填写
单文件大小 500 M　个人文档容量 500 M
管理权限 管理公司文档 管理部门文档 添加
可见的互联服务器 无 添加
保存
2.单击

图9-31

TIPS *单文件大小和个人文档容量*

单文件大小可用于限制公司、部门或个人所上传的单个文件的大小。个人文档容量可用于限制公司、部门或个人的“我的文档”的存储容量。

NO.012

为企业设置员工职位

每一个企业都会有多个不同的职位。在云盒子中，可以为企业员工设置职位，以便于更好地进行员工管理。下面介绍如何添加职位。

STEP 01 登录云盒子网页端，在打开的主界面中选择“管理设置/职位管理”选项，在打开的页面中单击“添加职位”按钮，如图9-32所示。

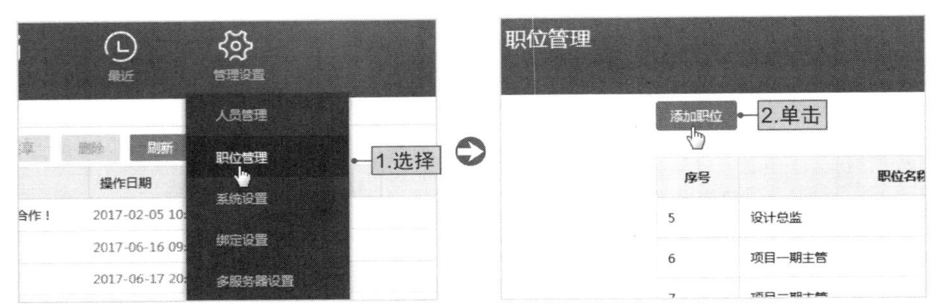

图9-32

STEP 02 在打开的“添加职位”对话框中填写序号和职位名称，单击“确定”按钮，如图9-33所示。

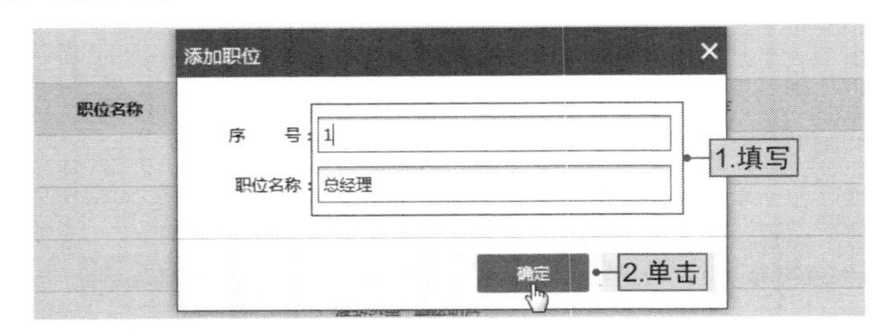

图9-33

设置好职位后可以为部门人员设置职位，下面介绍如何为人员设置职位。

STEP 01 在云盒子网页端的“员工管理”页面中选择组织机构下的人员。在打开的页面中单击“职位”后面的“添加”按钮，如图9-34所示。

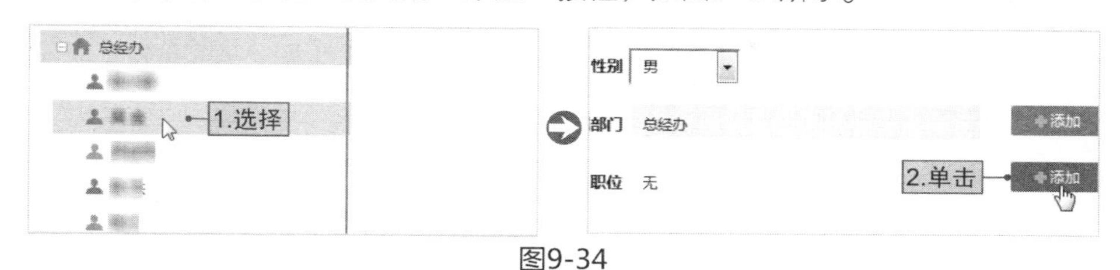

图9-34

STEP 02 在打开的“设置职位”对话框中选中职位复选框，单击“确定”按钮，如图9-35所示。

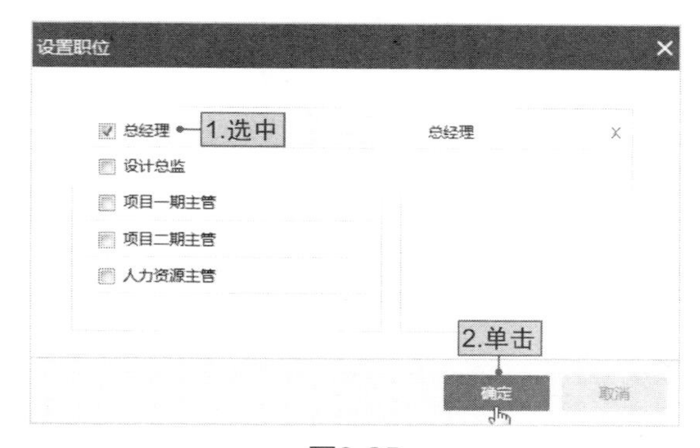

图9-35

对于企业已经取消了的职位，可以在网页端进行删除。在网页端主界面选择“管理设置/职位管理”选项，在打开的页面中单击职位名称后面的“删除职位”超链接。在打开的对话框中单击“确定”按钮，如图9-36所示。

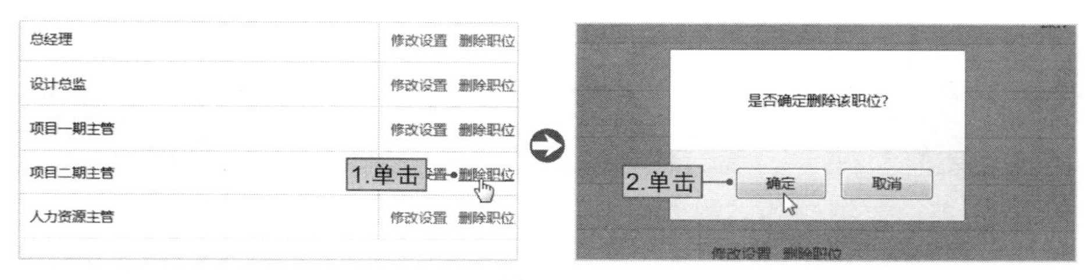

图9-36

NO.013

限制文件上传类型

如果企业要限制员工上传到企业网盘中的文件类型，可以在云盒子网页端的“系统设置”页面进行设置，具体操作如下。

STEP 01 登录云盒子网页端，在打开的主界面中选择“管理设置/系统设置”选项，在“系统设置”页面中单击“+”按钮，如图9-37所示。

图9-37

STEP 02 在打开的文本框中输入文件扩展名，如输入“pdf、mp3”，再单击“保存”按钮，如图9-38所示。

图9-38

企业除了可以限制文件上传类型外，还可以限制文件的传输速度，使员工在进行文件下载时不影响整体网速。下面介绍如何限制文件的传输速度。

STEP 01 在“系统设置”页面中选择“文件传输设置”选项，如图9-39所示。

图9-39

STEP 02 在打开的页面中填写限速数值，单击“保存”按钮，如图9-40所示。

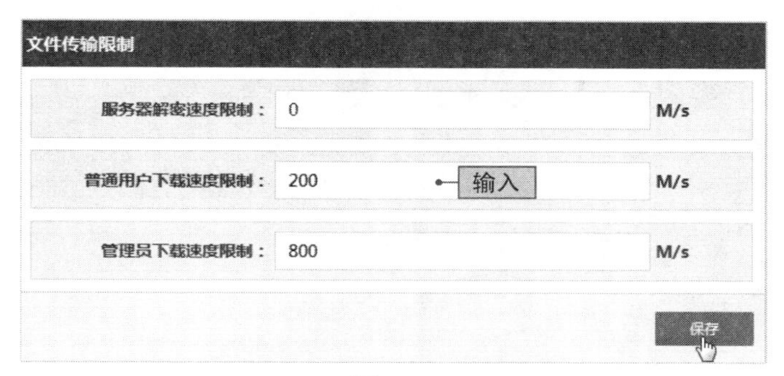

图9-40

NO.014

上传文件和文件夹

云盒子支持上传文件和文件夹，文件和文件夹的上传可以在云盒子客户端进行，具体操作如下。

STEP 01 双击云盒子快捷方式打开云盒子客户端登录窗口，输入账号和密码，单击“登录”按钮。在打开的主界面中选择文件夹，在空白处右击，在弹出的快捷菜单中选择“上传文件”命令，如图9-41所示。

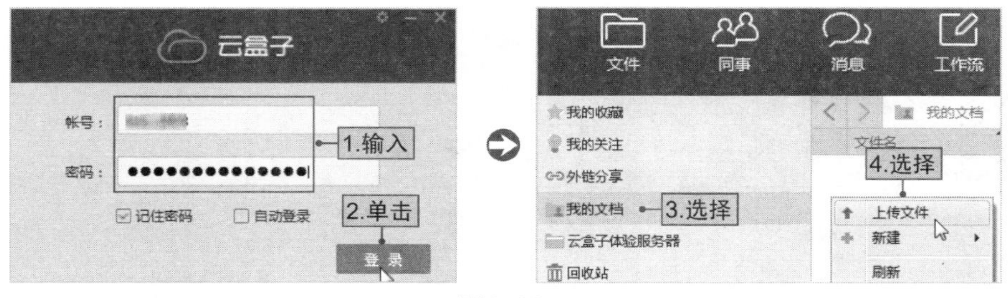

图9-41

STEP 02 在计算机中选择文件，然后单击“打开”按钮，如图9-42所示。

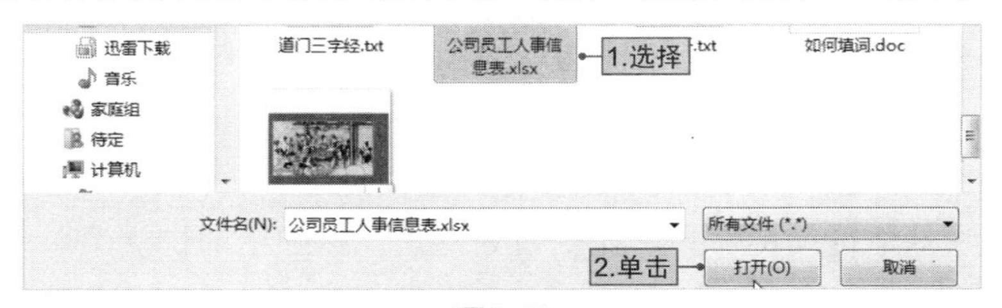

图9-42

如果要上传文件夹到云盒子客户端中，可以在本地计算机中选中文件夹到将其拖动到云盒子文件夹的空白处，如图9-43所示。

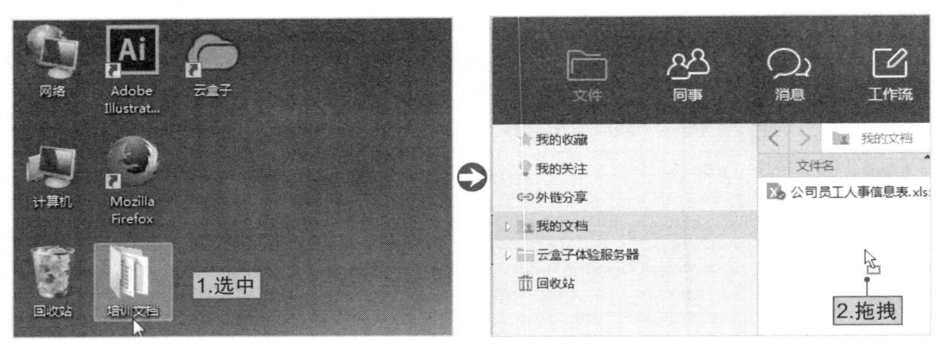

图9-43

NO.015

文件和文件夹的下载

云盒子客户端文件或文件夹的下载方法有3种，下面介绍如何操作。

（1）直接拖动

选中云端文件或文件夹将其拖动到本地目标文件夹空白处，如图9-44所示。

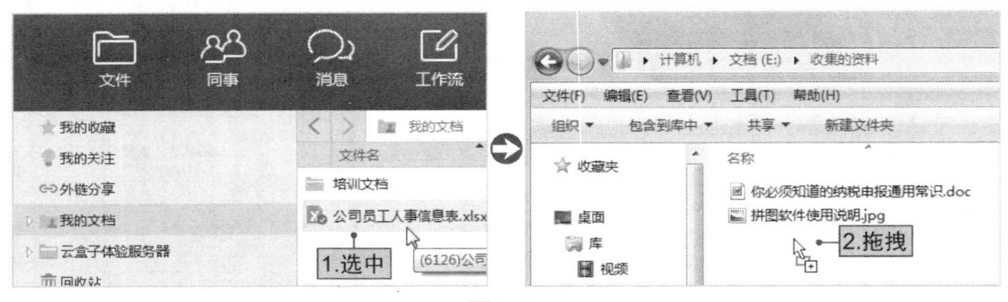

图9-44

（2）复制粘贴

选中云端文件或文件夹右击，在弹出的快捷菜单中选择“复制”命令。打开本地目标文件夹，在空白处右击，在弹出的快捷菜单中选择

"粘贴"命令，如图9-45所示。

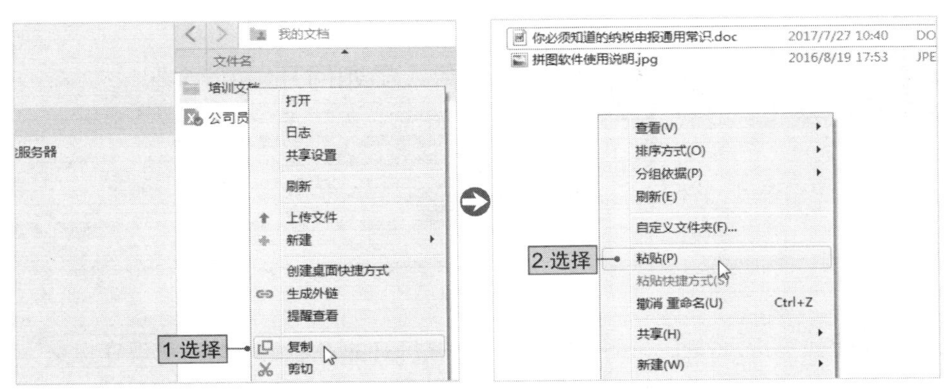

图9-45

（3）另存为

对于单个文件，可以采用"另存为"的方式将文件保存到本地文件夹中。选中云端文件并右击，在弹出的快捷菜单中选择"另存为"命令。在本地计算机中选择文件保存位置，单击"保存"按钮，如图9-46所示。

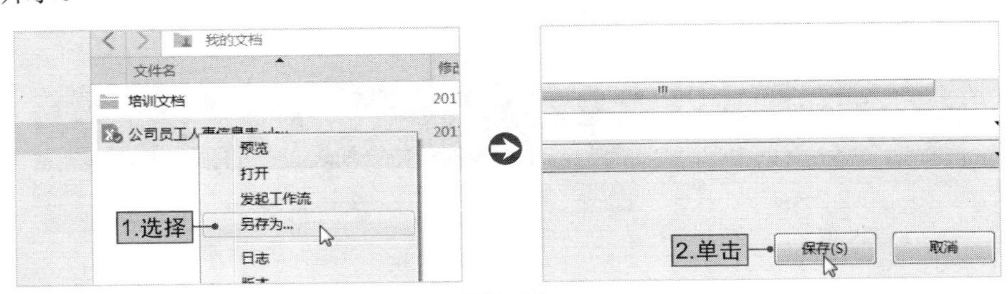

图9-46

NO.016

云端在线编辑文件

在云盒子客户端中可以在线编辑文件，无须下载。编辑后可保存至云端，使他人打开时即是编辑后的最新版本。从而避免传统的下载→编辑→上传的多余操作。下面介绍如何在云端在线编辑文件。

STEP 01 在云盒子客户端的文件夹中双击要进行在线编辑的文件，程序会自动打开文件，在打开的文件中进行编辑，如图9-47所示。

图9-47

STEP 02 编辑完成后按【Ctrl+C】组合键，在打开的对话框中单击“现在提交”按钮，如图9-48所示。

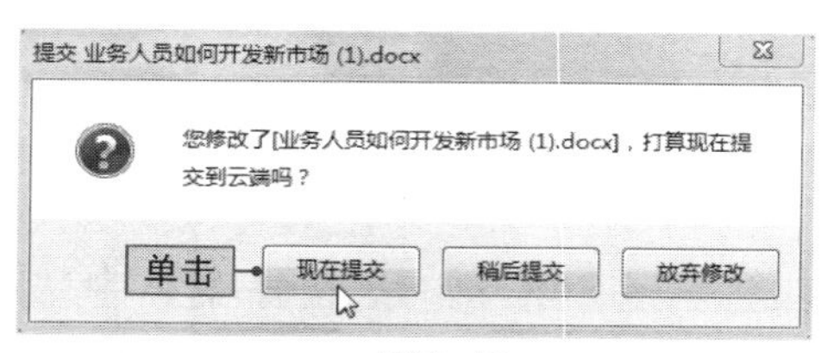

图9-48

在线编辑文件时，系统会自动为正在编辑的文件锁上编辑锁，如图9-49所示。

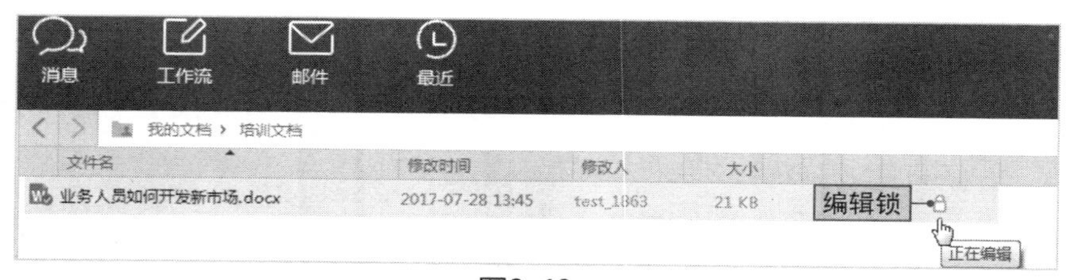

图9-49

在多人协作修改同一个文件时，会产生多个版本，此时会导致不知道谁的版本是最终完整版。而编辑锁的作用是确保最先打开的人将获得编辑权，其他人只能查看，不能编辑。编辑锁有3种状态，具体如下。

◆ 灰色：表示无人编辑。

◆ 绿色：表示自己正在编辑。

◆ 红色：表示他人正在编辑。

TIPS *他人在编辑的时候如何让自己优先编辑*

双击打开需要编辑的文件，在打开的“申请解锁”对话框中，单击“请求对方解锁”按钮。待对方同意后，系统会自动上锁并打开文件，此时即可开始在线编辑。

NO.017

设置文档管理权限

在云盒子客户端存储的文档有5种权限控制方式，包括只读、可写、不可见、全权和受限制。

- ◆ **只读**：只允许查看和下载，不允许进行在线编辑和重命名。
- ◆ **可写**：可以在平台上进行在线编辑和重命名等操作。
- ◆ **不可见**：无法查看到设置此权限的文件。
- ◆ **全权**：除拥有可写的权限外，还可以将文件共享给别人。
- ◆ **受限制**：受限用户仅可看到自己上传的文件。

用户可以根据具体情况为文档设置权限，下面介绍如何为文档设置“不可见”权限。

STEP 01 选择要设置权限的文件夹并右击，在弹出的快捷菜单中选择“共享设置”命令。在打开的“共享设置”页面左侧选择部门或人员，如图9-50所示。

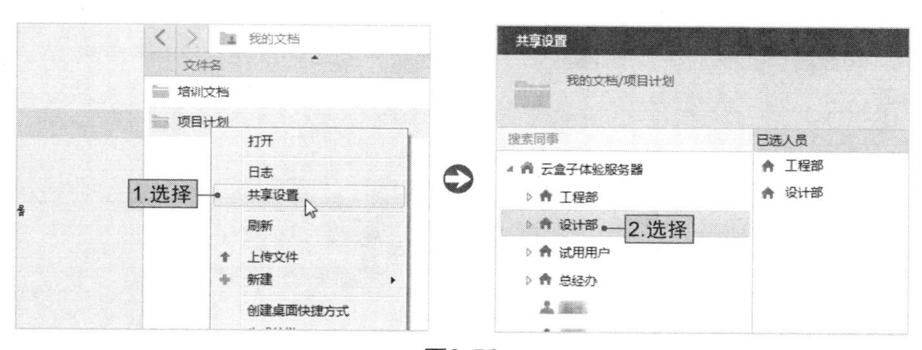

图9-50

STEP 02 选择完对象后，单击右侧权限下拉按钮，选择“不可见”选项，然后单击“保存”按钮，如图9-51所示。

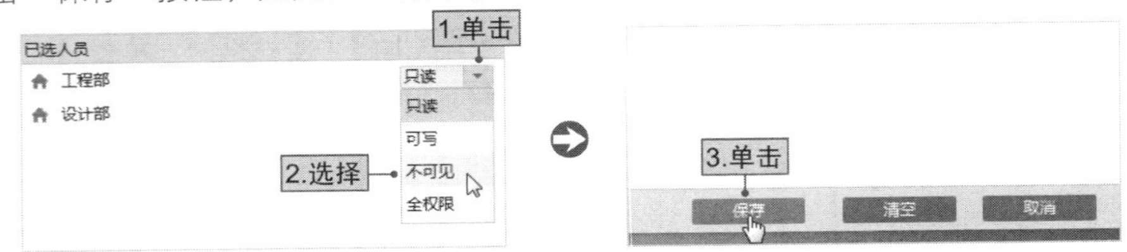

图9-51

NO.018

发起与同事的对话

云盒子自带即时通信功能，和同事所进行的聊天记录可以永久保存，为事后问责提供依据。下面介绍如何向同事发起对话。

STEP 01 在云盒子客户端主界面单击“同事”选项卡，在打开的页面中双击要发起对话的对象，如图9-52所示。

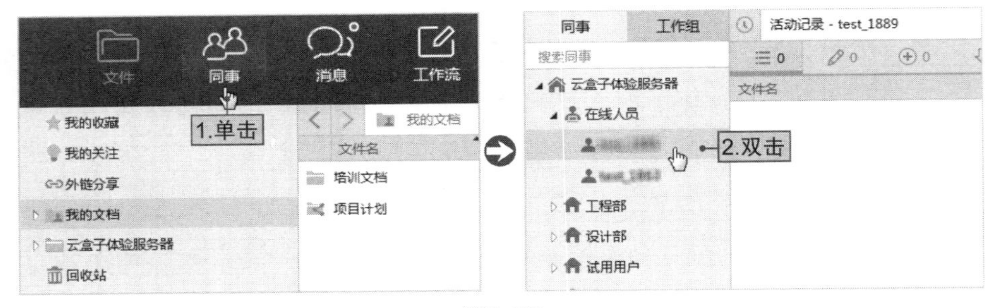

图9-52

STEP 02 在打开的对话窗口输入对话内容，单击“发送”按钮，如图9-53所示。

图9-53

除了可以和单个同事发起对话外，还可以发起多人工作组对话。具体操作如下。

STEP 01 在客户端主界面中单击“同事”选项卡，在打开的页面中选择“工作组”选项。在“工作组”列表中选择需要发起对话的工作组，双击工作组名称，如图9-54所示。

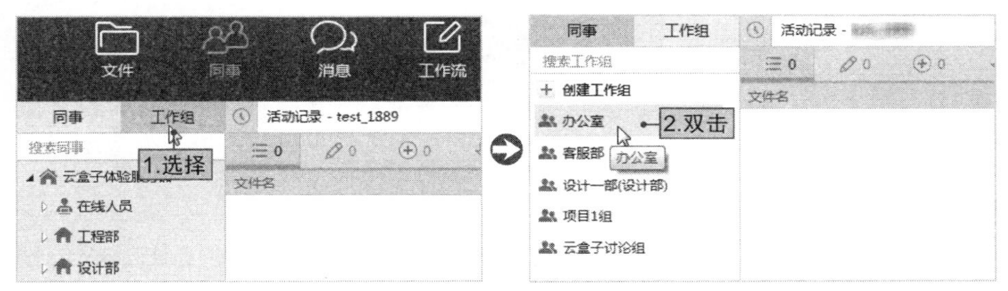

图9-54

STEP 02 在打开的对话窗口中输入内容，单击“发送”按钮，如图9-55所示。

图9-55

NO.019

创建工作组并添加人员

在日常工作中，若需要多个部门的员工协同处理业务，那么可以创建工作组并添加人员，以便进行工作交流，具体操作如下。

STEP 01 在“工作组”列表中单击“创建工作组”按钮，在打开的“输入工作组名称”对话框中输入工作组名称，单击“确定”按钮，如图9-56所示。

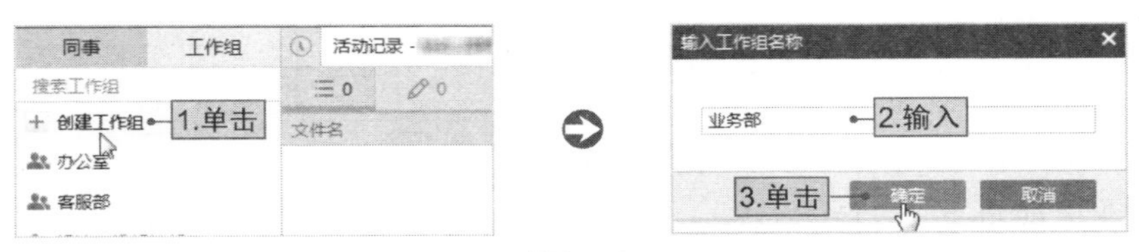

图9-56

STEP 02 单击“同事”选项卡，将主面板切换至“同事列表”页面，在“同事”列表中选择要添加到工作组的部门或人员，将其拖动至工作组对话窗口的“参与人”框内，如图9-57所示。

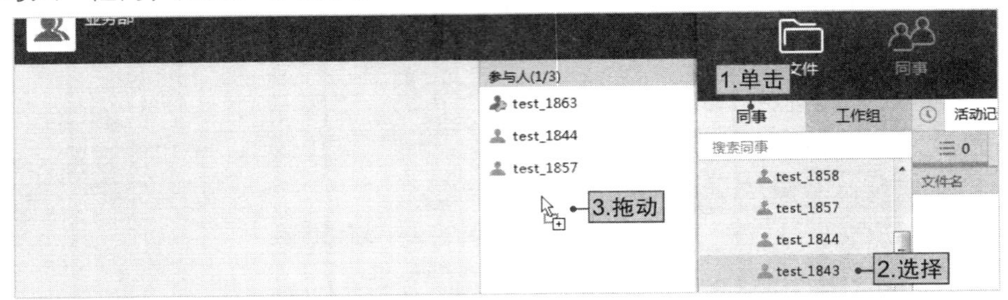

图9-57

工作组创建者可以上传常用文件至工作组中，以方便工作组成员使用文件。打开工作组对话窗口，将主面板切换至文件列表页面，在文件列表中选择需要添加的常用文件或文件夹，将其拖动至工作组的文件框中，如图9-58所示。

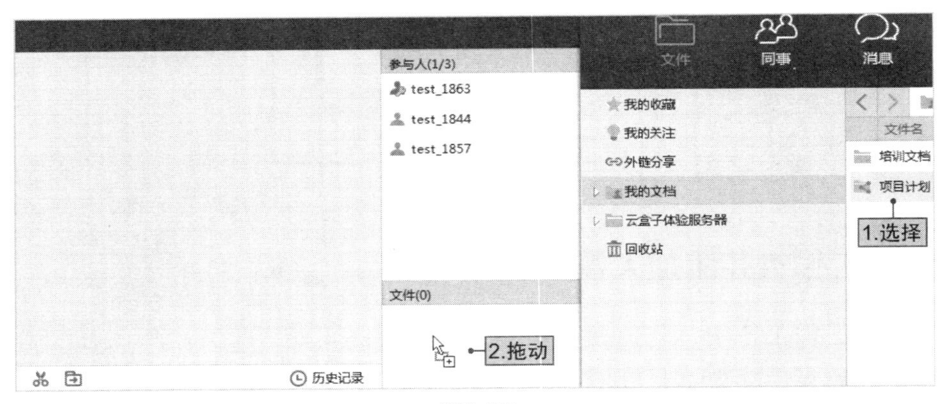

图9-58

NO.020

用外链分享文件夹给同事

外链分享是将文件或文件夹以链接的形式分享给他人的一种分享方式，在生成外链时可对链接设置相应的访问权限。下面介绍如何生成文件外链分享。

STEP 01 在文件列表中选择要生成外链的文件或文件夹，右击，在弹出的快捷菜单中选择“生成外链”命令，在打开的“分享外链”对话框中设置访问权限和设定，然后单击“确定”按钮，如图9-59所示。

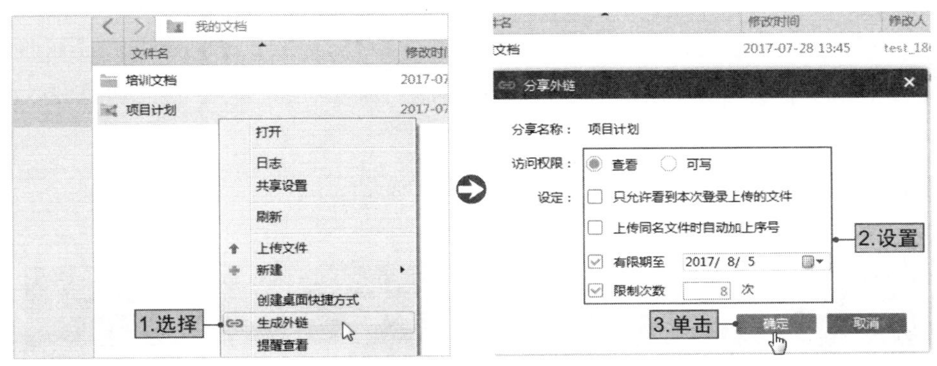

图9-59

STEP 02 在打开的“设置分享外链”对话框中单击“复制”按钮复制链接，再通过其他途径将外链地址和提取密码分享给同事，如图9-60所示。

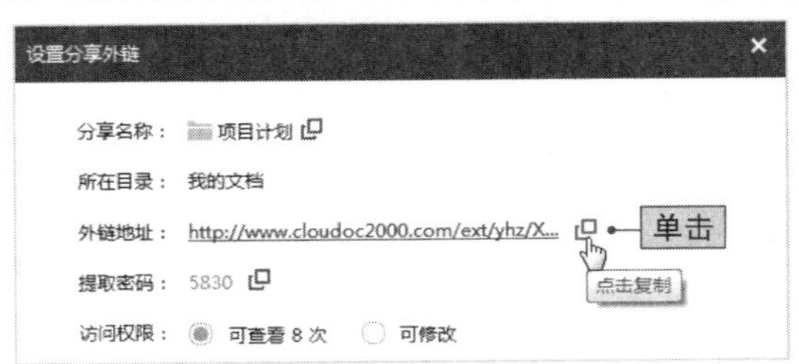

图9-60

所有生成外链的文件或文件夹可在“文件列表”的“外链分享”中查看，如图9-61所示。

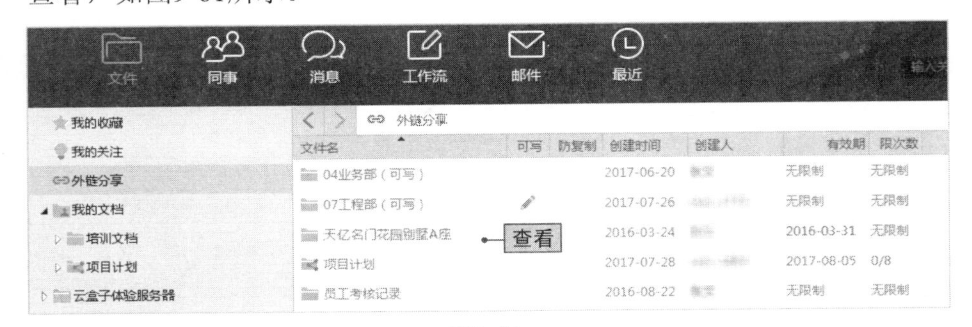

图9-61

NO.021

发起工作流文件审批

工作中常常需要将项目文档在多个环节间流转或审批，如果以人工发送文件，并相互提醒、催促的方式进行协作，不仅效率低下，还可能因遗忘而延误审批流程。使用“工作流”可以大大提高文档协作的效率，下面介绍如何发起工作流。

STEP 01 在客户端主界面中单击“工作流”选项卡，单击“发起工作流”按钮，如图9-62所示。

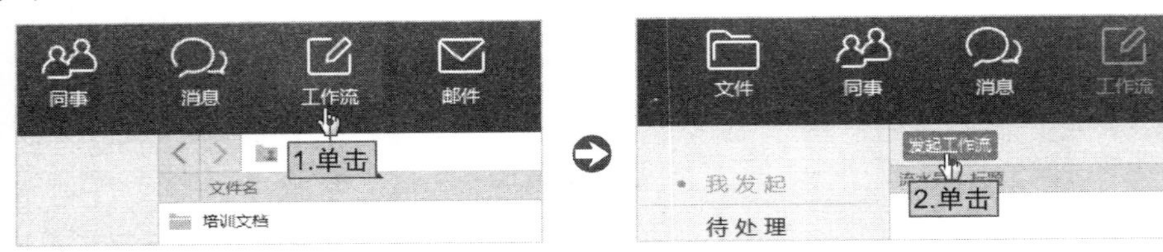

图9-62

STEP 02 在打开的“选择模板”对话框中选中模板复选框，单击“确定”按钮，如图9-63所示。

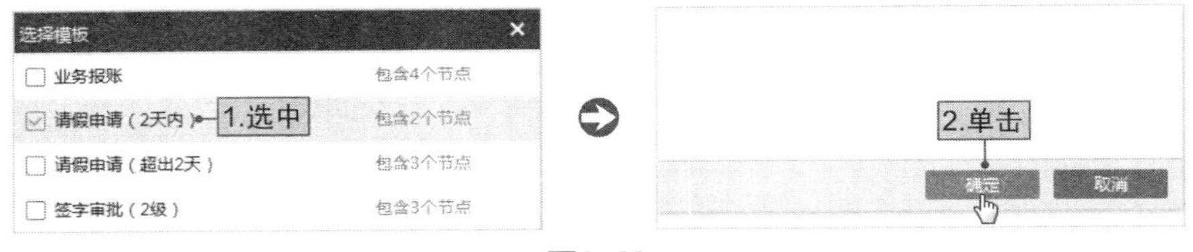

图9-63

STEP 03 在打开的页面中单击“提交”按钮，在打开的“填写工作流信息”文本框中填写工作流标题和备注（选填），然后单击“确定”按钮，如图9-64所示。

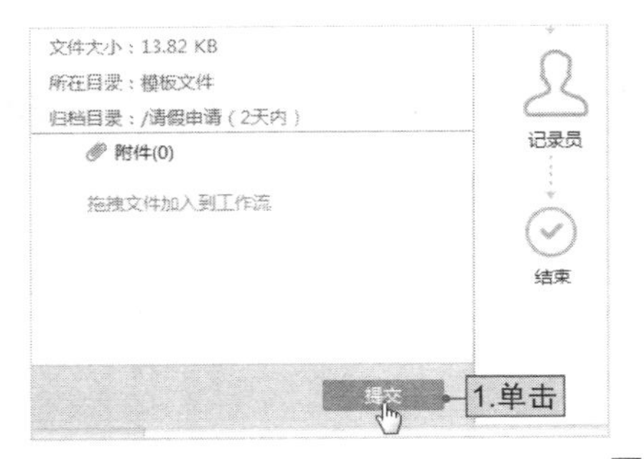

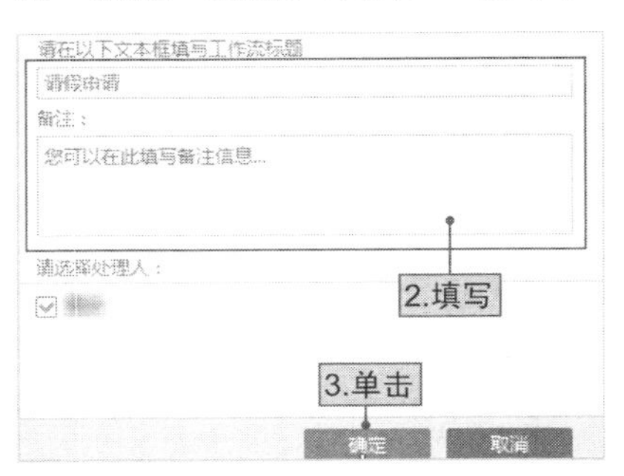

图9-64

工作流的状态有3种，包括未提交、流转中和已归档。红色向上箭头表示该审批未提交；橙色省略号表示该审批正在流转中；绿色的对号表示该审批已归档。如图9-65所示为未提交和流转中两种状态。

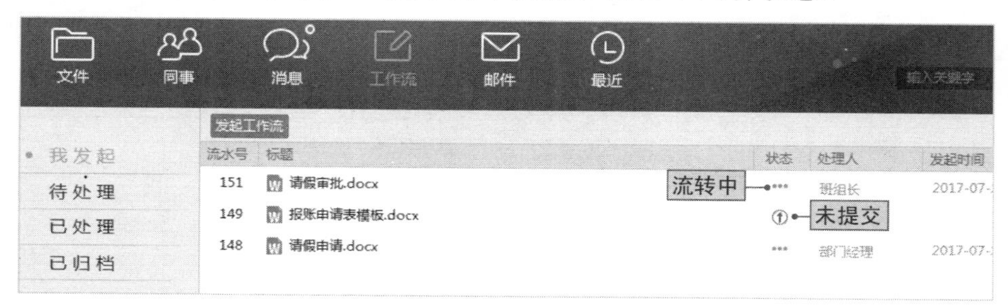

图9-65

NO.022

绑定邮箱，自动抓取电子邮件附件

电子邮件是日常工作中重要的工具之一，个人邮箱中由于保存了大量的邮件，如果要查找某一文件会变得比较困难。将个人邮箱绑定云盒子后，系统会自动抓取邮箱内的附件，集中保存到“我的文档—邮箱附件”目录下，且支持按文件名、时间和类型等组合查询文件，大大提高了文件的查找效率。下面介绍如何在云盒子中绑定邮箱。

STEP 01 在客户端主界面中单击“邮件”选项卡，在打开的页面中单击“添加邮箱”超链接，如图9-66所示。

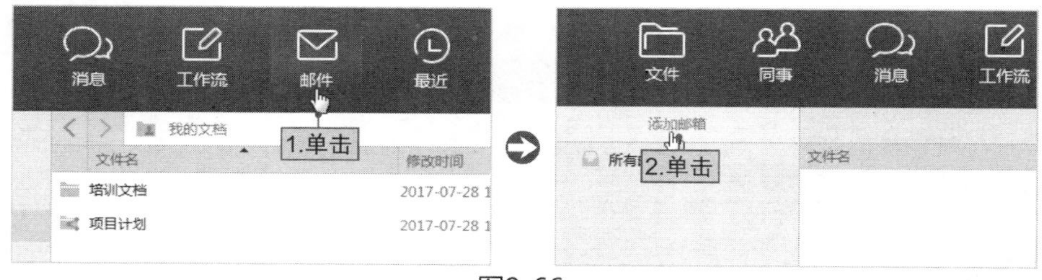

图9-66

STEP 02 在打开的网页中单击“+”按钮，在打开的“添加邮箱”对话框中单击“邮箱类型”下拉按钮，选择邮箱类型，这里选择“QQ邮箱”选项，如图9-67所示。

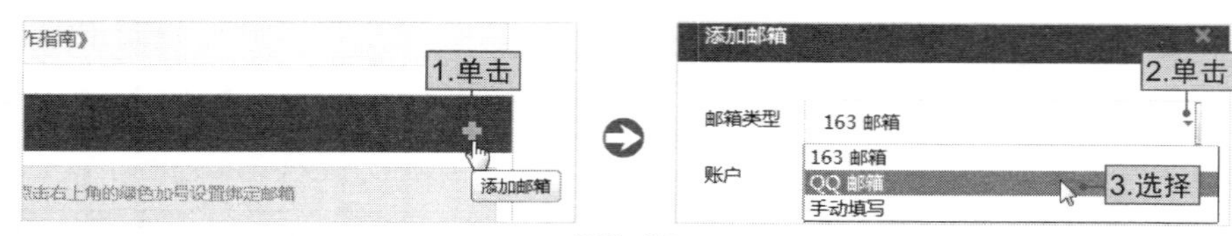

图9-67

STEP 03 输入账户和密码（为授权密码），单击“保存”按钮，如图9-68所示。

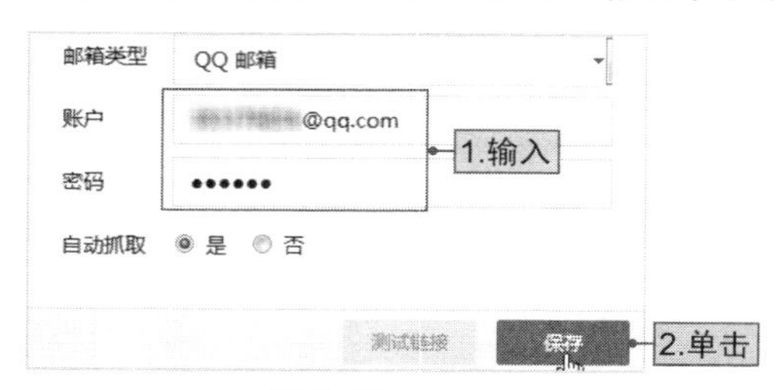

图9-68

云盒子支持的邮箱类型有3类，包括163邮箱、QQ邮箱和手动填写，在设置时需要注意以下事项。

- **163邮箱：**须先在163邮箱网页端开通POP服务，并获得授权密码。
- **QQ邮箱：**须先在QQ邮箱网页端开通IMAP服务，并获得授权密码。
- **手动填写：**须知晓邮箱的SMTP地址，以及POP或IMAP地址的其中一项。

登录163邮箱或QQ邮箱网页版后，在其“设置”页面可开通POP或IMAP服务。如登录QQ邮箱网页版，单击“设置”超链接，在打开的页面中单击“账户”选项卡。再单击“IMAP/SMTP服务”后面的“开启”超链接，可开启QQ邮箱的IMAP服务，并获得授权密码，如图9-69所示。

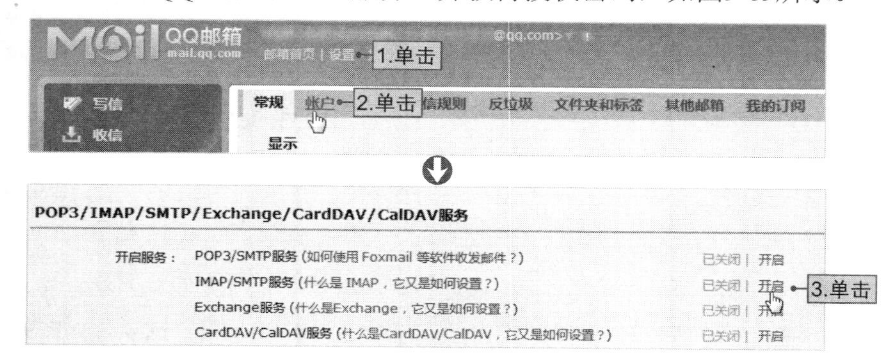

图9-69